新型职业农民培育规划教材

现代农业
综合实用技术

◎ 宋建华　王飞兵　贾永贵　主编

U0306816

中国农业科学技术出版社

图书在版编目（CIP）数据

现代农业综合实用技术／宋建华，王飞兵，贾永贵主编．—北京：中国农业科学技术出版社，2015.11

ISBN 978 - 7 - 5116 - 2307 - 2

Ⅰ.①现…　Ⅱ.①宋…②王…③贾…　Ⅲ.①农业技术　Ⅳ.①S

中国版本图书馆 CIP 数据核字（2015）第 243599 号

责任编辑　白姗姗
责任校对　贾海霞

出 版 者　中国农业科学技术出版社
　　　　　北京市中关村南大街 12 号　邮编：100081
电　　话　(010)82106638(编辑室)　　(010)82109704(发行部)
　　　　　(010)82109709(读者服务部)
传　　真　(010)82106650
网　　址　http://www.castp.cn
经 销 者　各地新华书店
印 刷 者　北京富泰印刷有限责任公司
开　　本　850mm ×1 168mm　1/32
印　　张　11.5
字　　数　299 千字
版　　次　2015 年 11 月第 1 版　2015 年 11 月第 1 次印刷
定　　价　34.00 元

《现代农业综合实用技术》
编 委 会

主　编　宋建华　王飞兵　贾永贵

副主编　徐恒玉　李红军　宋艳敏　石玉吉

　　　　穆长安　姜秋菊

编　者　刘建立　赵启光　崔旭红　杨秀利

　　　　张良军　卜祥勇　杨文德　李　源

　　　　于文斌

目　　录

模块一　现代农业产业发展与投资规划

任务一、现代农业产业现状

一、国外现代农业生产特点

第二次世界大战以来，发达资本主义国家的农业先后实现了现代化，农业机械得到了广泛应用，人们开始用现代经济管理的方式管理农业生产，世界性的农产品初步形成，农业在国民经济中所占的比重进一步降低，农村与城市的差距逐步缩小。20世纪70～80年代以后，信息化技术的发展，计算机的普及应用，进一步将发达国家的农业推向了新的阶段。从世界范围来看，发达国家因为自身所处的自然环境和社会发展阶段不同，致使各自农业的发展道路不尽相同。我国幅员辽阔，各地农业环境存在很大差异，研究不同国家农业生产方式的特点，有利于我们因地制宜地借鉴他们的经验，促进我国农业生产方式向现代化的转变。

美国经济学家弗农·拉坦通过实证研究，提出了世界各国农业现代化的3条道路：一是劳均土地在30公顷以上的国家，基本上采用的是机械技术型发展道路；二是劳均土地在3～30公顷的国家，基本上采取的是生物技术—机械技术交错型的发展道路；三是劳均土地不足3公顷的国家，则多采用的是生物技术型的发展道路。目前，发达国家现代农业发展有3种主要的模式，即以美国为主要代表的规模化、机械化、高技术化模式，以日本、以色列等国为代表的资源节约和资本技术密集型模式，以及以法国为代表的生产集约加机械技术的复合型模式。

（一）以美国为主要代表的规模化、机械化、高技术化模式

美国是当今世界上农业最为发达的国家之一，也是世界上唯一的人均粮食年产量超过 1 吨的国家，还是世界上最大的粮食出口国，其中，大豆、谷物、家禽、猪牛肉、奶类等农产品的出口在世界市场上占有重要地位。这些是与美国优越的自然条件分不开的。美国国土面积为 936.3 万平方千米，其中，耕地面积 1.88 亿公顷，草场和牧场面积 2.4 亿公顷，林地 2.65 亿公顷。1999 年全国人口 2.6 亿，人均耕地 0.7 公顷，草牧场 0.9 公顷，林地 1.02 公顷。人均占有农业资源水平居于世界前列。当代美国农业资本主义发展还有以下特点。

1. 高度商业化的家庭农场经营形式

1862 年 5 月美国总统亚伯拉罕·林肯颁布了《宅地法》，由此催生了为数众多的家庭农场。但是，正如列宁所说，农业资本主义演进的美国式道路"是在用革命手段割断农奴制大地产这一长在社会肌体上的'赘瘤'之后按资本主义农场经济的道路自由发展的小农经济"。美国内战以及"西进"运动之后建立的为数众多的家庭农场，还只是一种小农经济。据统计，直到 1900 年，美国土地面积在 809 ~ 7 042 亩（1 亩 ≈ 667 平方米；15 亩 = 1 公顷。全书同）的农场主占到了全国农户总数的 69.7%。如果以《宅地法》中提出的 6 475 亩土地作为"小农"的标准，那么 19 世纪末与 20 世纪初之交的美国仍然是一个以小农经济为主要的农业经营形式的国家。但是，在美国发达的金融、工商业资本的共同作用下，到 20 世纪初期，美国农业已经实现了完全的资本主义市场化，全国形成了统一的农产品市场，家庭农场中使用雇佣工人的家庭私人农场占到了全部农户的 46%，而 17.2% 的大农场产值却占到了全国的 52.3%，资本主义租佃制、抵押制以及雇佣劳动制形式得到了广泛发展。至 2000 年，美国有农场 217.2 万个，平均每个农场的土地面积为 175.6 公顷。农业合作组织的出现和发展也进一步推动了农业规模化经营。美国最早的农业合作

组织是 1810 年由康涅狄格州的奶牛农场主组建起来的奶牛协会。全美农业协会是一个农民自发组织，成立于 1919 年，至今已有近 100 年的历史。现有 600 万名会员，主要是农民（全国有 80%的个体农民参加协会）和与农业有关或对农业感兴趣的小型生产商或个人。农协的主要职责是，通过遍及全国各州的协会收集会员意见、建议，每年 1 月召开年会，制定相应的、代表多数农户意愿的政策，如农业税收、环境保护、政府投入等，代表农户到国会游说，力争使农户的建议变为联邦政府的政策支持。1996年，全美共有 3 884 个农场主合作社，平均每个社有 1 030 名社员，年营业额约为 2 500 万美元。农业合作社已经成为推动美国农业经济发展、实现农业和农村现代化的重要组织形式之一。作为将百万小农场与统一大市场联系起来的主渠道，农业合作社在推动农业现代化和农村经济发展方面起着不可替代的作用，它维护了农场主的经济利益，促进了农业专业化与一体化的进步，有力地推动了美国农业的均衡发展。

2. 高度机械化的农业生产形式

高度规模化的农业经营形式为农业机械的广泛应用提供了基础，而国家工业化则为农业机械的使用提供了必要条件，农业机械的广泛使用也进一步提高了农业劳动生产率。美国农业机械化的进程大致可以分为 3 个阶段。

第一阶段是半机械化阶段（1850—1910 年）。美国南北战争扫除了资本主义发展道路上的障碍，国内统一的市场迅速形成。大量农民在西部地区进行垦荒种植，耕地面积迅速扩大，而劳动力的不足促进了各种畜力牵引的农机具的产生和应用，并逐渐取代了原来落后的简单农业生产工具。根据 1910 年的统计，畜力在农用动力中比重占到 75.7%，生产中使用的农用机械主要是铧、犁、铁制耙、收割机、收割脱粒联合机等。19 世纪末期和20 世纪初期，少量使用蒸汽机或以石油产品为动力的农业机械也随之出现。1900 年，美国小麦产量约占世界小麦总产量的 23%。

第二阶段是全面使用机械动力的机械化阶段（1910—1940年）。这是美国农业机械化的重要阶段。第一次世界大战的爆发使欧洲国家对国外农产品的需求急剧增加，极大地刺激了美国农业的发展。而在美国国内劳动力缺乏的问题只有依赖农业机械得以解决。1910年美国农业开始使用拖拉机，到1925年拖拉机就取代畜力成为农业生产的主要动力来源。1935年，政府成立了"农村电气化管理局"，并对农业建立发电站或电力供应网提供贷款。到1940年，畜力在农用动力中的比例已下降到不足7%，全国拥有农用拖拉机156万台，谷物收割机19万台，玉米摘拾机11万台，载重汽车105万辆，基本上实现了农业机械化。

第三阶段是农业机械化高度发展的阶段，即从二次大战期间至今。二战中，由于美国远离战火，工农业都获得了大发展。战后，由于国际市场的需要，农产品大量外销，促进了农业机械化的全面发展。1946年到1953年，美国耕地和小麦、玉米播种机械化程度达到100%，牧畜业机械化也有较大发展，并出现了许多新的农业机械，如摘棉机、间苗机、饲草捆拾机等。畜力在农用动力中的比重，到1960年时已下降为0.9%。在这一时期，美国农业的电气化在机械化的基础上迅速发展，到1973年，由中心电站供应电力的农场数占98.5%。由于农业机械化的进展和农业生产率的提高，农业人口和农场就业人数急剧减少。1950年农业人口和农业就业人口分别为2 304.8万人和992.6万人，1973年则分别下降到947.2万人和433.7万人。

3. 高技术化的现代农业生产形式

20世纪80年代以后，电脑在美国农场中普及迅速。据美国农业部下属的国家农业统计局公告，2005年31%的农场运用电脑经营农场业务，而1997年仅为20%。互联网方面，2005年有51%的农场上网，1997年只有13%的农场上网；2005年9%的农场通过互联网购买农业投入品，9%的农场通过互联网进行农产品营销，均比2001年提高3个百分点。20世纪90年代初以信息技术为支撑的精准农业也在美国开始出现。它是建立在信息技术与农业生产模拟技术基础上的。精准农业信息技术根据农作物的需要或生产潜力因地制宜确定种子、化肥、农药、灌溉水等生产投入品的数量成为可能。产量显示器、产量地图、地理土壤地图、遥感地图及全球定位导航系统，是支撑精准农业发展的重要物化信息技术。美国政府高度重视农业科技的教育、研究和推广，并为此采取了一系列的措施：一是高度重视农业科技的作用，构建了教育、研发和推广的系统化体系。美国政府把农业科学技术的教育、研究和推广作为自身的重要职能，同时州农学院将以上3项工作有机结合在一起，使之相互促进，共同为农业发展服务。二是通过现代信息技术不断丰富农民的科学技术知识。相当部分美国农民都具有大学以上文化水平，他们的知识和科技水平比较高。在农业生产中，这部分人不仅是生产者，同时也是经营者和销售者。鼓励、引导他们在农业生产各个环节广泛采用计算机和互联网等，为农民掌握国际市场信息、获取农业技术指导提供了极大的便利。三是健全农业社会化服务体系。现代农业越来越依赖于工业和科技的发展。从这个角度入手，美国政府建立了多形式、多层次、多类别、系统化、专业化和多元化的农业社会服务保障体系，从农业技术的教育、科研、推广，到农产品的购买、销售，以及保险、金融等各个领域给予相应的支持，保障农业生产的正常进行，保护农民的生产积极性。

（二）以日本、以色列等国为代表的资源节约和资本技术密集型模式

日本和以色列等国土面积较小的国家，由于受自然环境的限制，耕地面积有限，可利用的自然资源较少，因此农业只能选择一条资源节约和资本技术密集型的发展道路。

1. 日本农业的特点

第二次世界大战前，日本农村仍然是半封建的地主土地所有制占据主要地位，工业化也没有延伸到农业领域，农业生产仍然

是以一家一户生产和经营的小农经济为主，农业机械和农业科技还没有普及开来。二战后，在麦克阿瑟主持之下日本进行了1947—1950年的农地改革。通过改革，农民完全获得了土地所有权，农产品价格一路上涨，农民生产积极性不断提高，大大推动了农业生产的发展，农业也再次出现较高增长，1945—1965年间，日本农业总产出增长率达到了3.25%，出现了第二次世界大战后农业大丰收局面。随后日本整体经济的迅速恢复和高速发展，带动了农业的快速发展。从1950年到1975年的短短25年间，日本就完成了农业现代化、农村城市化和农业人口非农化转移的过程，农业无论在生产技术还是管理水平上都走到了世界的前列。目前，日本有312万从事农牧业的农户，其中，有234万个属于商业性农户，分别比1985年下降了26%和30%。农业劳动力占总劳动力的比例不到10%，同时农户大部分转向以兼业收入为主要经济来源，务农收入占农户总收入的比重不到20%，而农户家庭平均收入水平不低于全国平均水平。但是，由于日本国土面积狭小，无论是可耕地数量还是人均耕地数量都比较少，城市和工业的发展也占用了大量农业用地，日本就是在众多不利因素的影响下不得不走上了"精品农业"之路。

第一，政府对农业的全面干预和强有力宏观调控。农业立法方面，1945年日本土地改革之后，于1961年颁布实施的《农业基本法》，确立了农业的基本方针和政策，确立了农业基本经济制度，并对农业生产、农产品的价格及流通、农业结构的改善、农业行政机关及农业团体、农政审议会议等作出了规定。随后，配套制定了200多部农业法律，形成了较完善的农业法律体系。农业政策方面，为了促进农业发展，制定了一系列的政策，其中财政支持政策主要用于支持农地建设、水利建设、机械化设备购置和稻谷生产，稳定农产品价格，保障农民的各种社会福利等；信贷支持政策主要是通过债务担保形式（即国家对银行涉农贷款的损失进行一定的补偿）、农协系统金融机构的低息资金投入、各级农林渔业金融公库发放的财政资金贷款等方式，引导银行或社会金融机构资金投入农业生产，并用于农业基本建设、土地开垦、救灾等项目；农产品价格补贴政策建立了稳定的价格制度、最低价格保障制度和差价补偿制度，保护了农民的生产积极性，使日本 70% 以上的农产品的价格受到政府不同程度的支持和管理。

第二，建立网络化的农业合作组织。日本建立了各种类型的合作组织，以此克服小农经济本身对农业现代化的阻碍。主要有3 种：第一种是农业协同组织。这是日本网络最庞大、功能最齐全的合作组织。从中央到都道府、市町村，日本都建立了经济上、经营上彼此独立而又相互联系的民间农协组织。农协的事业范围主要包括 3 个方面：一是共同销售。主要从事农户生产的各种农产品的收购和销售工作。据介绍，日本农产品生产总量的80% ~90% 要进入批发市场，属于农协系统组织集货批发的要占60% 以上。由于农协只收取一定手续费，这样基本消除了商业资本的剥削，有效地保护了农民的利益。二是共同采购。农协大规模地购买农业生产资料和部分生活资料，为农户节省了开支。三是信贷、保险事业。农协的金融机构是农林中央金库，资金来源于农户的存款，还接受一部分国家的财政补贴，为农户提供各种优惠贷款；农村保险事业包括养老保险、子女保险等，几乎将农户的全部生产和财产都纳入农协的保险网。第二种是农业生产合作组织。这类组织是由两个以上农户组成的经营性组织，主要是共同利用大型设备进行作物生产。这类组织根据需要而随时建立，不太稳定，主要形式有共同利用组织、集体栽培组织、畜牧生产组织等。第三种是地区农业集团。这类组织以村为基础，把区域内所有农户组织起来，对生产进行统一的调整、指导和管理。

第三，大力发展资源节约型和资本技术密集型农业。日本农业为了克服耕地少、人口多、主要农产品依赖进口的缺点，以提高耕地单位面积产量和发展地方特色农业为目标，大力发展资源节约型和资本技术密集型农业。日本耕地面积约500万公顷，户均耕地不足1.2公顷，小土地所有制是主要的所有制形式，采取类似于美国的规模化生产是不现实的。明治维新以来，日本就开始了以品种改良和肥料增投为主的农业技术革新，以加大农业生产技术投入的方式来提高单位面积产量，特别是20世纪50年代开始的绿色革命，生物技术的发展，土地节约技术的发明和推广，大大提高了土地产出率。此外，日本经济的高速发展也为农业带来大量资本。农业基础设施、农民福利保障、农村生活设施等不断得到改善，农村与城市生活差距得以大大拉近。

第四，日本还大力发展特色农业。日本的主要农产品，如大米、蔬菜等主要依赖于进口，但日本同时也是一个重要的农产品出口国，这得益于它的特色农业。1979年，日本大分县知事平守松彦为振兴农村经济，发起并在全日本70%的农村开展了"一村一品"运动。"一村一品"运动的原意是一个村生产一种农业特产，以提高农业附加值和农民收入。它有3条准则：一是全面与国际接轨，力求特色产品进入国际市场，获得国际社会的认可；二是当地农民在产品研发、销售等环节上发挥主要作用，政府给予相应的扶持和帮助；三是大力加强农业科学技术的应用，采取示范带头的形式带动周围农民形成规模效应。经过20多年的发展，日本出现了一大批具有高附加值的农产品，创造了不菲的价值。如享誉世界的日本"和牛"肉等，已经成为日本农业的重要品牌。

2. 以色列农业的特点

以色列国土面积为2.1万平方千米，60%的面积为沙漠，可耕地面积只有约44万公顷，占总面积的20%，其中，一半以上的耕地还需要提水灌溉。以色列的水资源也十分匮乏，平均每年降雨只有2~3次，各地每年平均降雨量是为25~800毫米。就是在这种严酷的自然环境下，以色列创造了世界的农业奇迹。它的农业已经与军火工业、钻石加工业并列为国民经济与对外贸易的三大支柱产业，现在一个农业人口可养活90~100人。以色列农业的主要特点是：

第一，先进的农业灌溉技术和富有特色的节水农业。水资源是十分宝贵的，这在以色列显得尤为突出。每年农业所用12亿立方米水中，有9亿立方米是可饮用水，剩余部分则来自河流、洪水、盐水和盐井。自以色列建国至今，尽管农产品产量增长了12倍，但每亩土地的耗水量仍然保持在原有水平，这与他们先进的农业灌溉技术密不可分。为了优先节约水资源，农业生产中基本不用常见的漫灌、沟灌、畦灌方法，滴灌、喷灌等压力灌溉是以色列农业灌溉的主要方法。20世纪70年代末，农业生产中以喷灌为主，占灌溉面积的87%，滴灌占10%。20世纪80年代后，滴灌技术得到普遍推广，目前已占灌溉面积的90%，主要用于蔬菜、水果、花卉、棉花等作物的种植上。目前，这些节水灌溉方法都是由电脑进行控制，自动监测作物生长情况，滴灌效果精确可靠，节省大量人力。以色列还十分重视灌溉设备及系统产品的研发与生产。如耐特费姆基布兹是一家生产灌溉系统产品的专业公司，该公司1965年开始生产滴灌设备，到目前为止，耐特费姆基布兹公司已推出了4代产品，每一代产品都有较大的革新。公司的产品和技术已经覆盖70多个国家，生产滴头达200亿支以上。

第二，重视良种培育和种子商品现代化。以色列十分重视研发作物新品种。为此他们投入了大量的资金，在全国建立了众多的农业科研院所和实验室，聚集了一大批优秀的遗传学家、生物学家和工程学家，利用生物遗传基因技术和其他手段，不断培育出品质优良、抗病抗虫、适宜当地自然条件的种子和种苗。同时他们利用网络化的农业科技推广系统，指导农民采用先进的栽培技术进行种植。以色列每年向世界市场出口达3 000万美元的种子。

第三，完善的农业技术研发和推广体系。以色列十分重视农业技术的研发和推广，从政府到科研机构，再到一家一户的农民，都将农业技术的研发、推广应用作为农业和农村发展不可或缺的重要组成部分。以色列在农业技术推广方面，还有一个十分突出的特点，就是政府支持、鼓励科研人员和农技推广人员充分展示自身的专业特长，自主开办私人示范农场，或者牵头与其他专业技术人员联系，额外工作的核心一般在自己的农场、土地、果园还有畜棚，而不是在办公室、会议厅和培训学校。在政府和有关部门的支持下，办科技型开发企业、推广型的培训示范基地，很直观地传播新技术、新品种。这样做的最大好处就是，最新的科研成果可以以最快、最直观、最可信、最有效的形式直接被农民所认识，让农民认为这些技术他们值得去引用、去合作。因此，以色列每一项农业新成果、新技术都能以最快的速度得到应用和普及。

（三）以法国为代表的生产集约加机械技术的复合型模式

相比于美国、日本和以色列，法国走的是另外一条农业现代化之路。法国克服人多地少的矛盾，积极采取生产集约加机械技术的复合型模式，农业生产成就也令人瞩目。

法国是欧洲传统的农业大国，农业一直以来在国民经济中具有十分重要的地位。16世纪末，法国波旁王朝宰相絮理（Duc de sully）有句名言："农业和畜牧业是法国的两个乳房。"近代法国农业曾有过短暂的辉煌时期。法国大革命期间，政府于1793年颁布土地改革，废除了封建的大土地所有制，确立了中小土地所有制。在一段时期内，激发了农民的生产积极性。但是这种土地所有制限制了农业机械的使用，新型农业生产技术也无法得到推广，农业劳动生产率很长一段时间徘徊不前，农民生活无法得到改善。第二次世界大战以后，法国政府采取一系列措施，加速土地集中，大力推广农业机械化、专业化和产业化，经过20多年的发展终于实现了农业现代化。

　　第一，推进"土地集中"，实现农业规模化经营。法国政府出台一系列政策降低农业人口数量，推动"土地集中"，以实现规模经营。为了有效转移农村富余劳动力，政府制定了相应的保障措施：对年龄在 55 岁以上的农民，国家负责一次性发放"离农终身补贴"；对想到城市务工的农村年轻人，鼓励其进入城市，到企业务工，对想留在农村务农的青年，由政府出钱进行农业技术和农业机械使用的培训，然后再参与农业生产。为了减少中小农户的数量，集中有限的土地以实现规模化经营，政府也提出了一系列政策：首先，规定农场主的合法继承人只有一个，防止土地进一步分散；其次，以税收、财政补贴等优惠政策，鼓励单个家庭农场以股份制的形式结合起来组成较大的农场，开展联合经营；第三，各级政府分别组建了以土地整治为主要工作的非盈利组织，它们拥有土地的优先购买权，把买入的土地连接成片并进行整治，之后再以低价保本出售给专业经营公司；第四，为大中型农场提供低息贷款，对农民自发进行的土地合并后建立的农场减免税费，促使农场规模不断扩大。1955 年，法国 10 公顷以下的小农场有 127 万个，20 年后减少到 53 万个，50 公顷以上的大农场增加了 4 万多个。农业劳动力占总人口的比例，50 年代初近 40%，现在只有 2.2%，农民平均占有农地达到 10 公顷以上。

　　第二，大力推广农业机械，提高农业生产率。法国采取了农业机械化与"土地集中"同步推进的策略。"农业装备现代化"作为法国政府国民经济计划重要内容被摆到了突出位置。战后初期，法国政府不惜举借外债，优先发展农业机械化。对农民购买农机具，不仅给予价格补贴，还提供了 5 年以上低息贷款，总贷款金额占到农民自筹资金的一半以上。同时免除农用内燃机和燃料的税费，降低农业用电的价格。为了保证农机质量及其方便使用，政府为符合资质的专门企业颁发"特许权证"，鼓励其在全国各地建立销售、服务网点，为农机使用提供保障服务。1955—1970 年，全国农场拖拉机占有量从 3 万台增加到 170 万台，联合收割机从 4 900 部增至 10 万部,其他现代化农用机械,也很快得到普及。法国只用了 15 年时间,就实现了农业机械化。

第三,大力发展农业专业化经营,促进农产品增值。法国农业在 20 世纪 50 年代以前主要以自给性的小农经济为主,农业生产专业化程度比较低。由于全面推行了农业现代化,农业生产专业化程度也随之迅速提高。而法国农业专业化也可以概括为 3 种类型,即区域专业化、农场专业化和作业专业化。在区域专业化方面,为了充分利用自然条件和农业资源,将不同的农作物和畜牧生产合理布局,形成专业化的商品产区。例如,巴黎盆地小麦产区的小麦产量占全国小麦产量的 1/3,诺尔—庇卡底—香槟甜菜产区的甜菜种植面积占全国甜菜面积的 73.2%,布列塔尼畜牧生产基地提供全国猪肉产量的 40%、禽肉的 30%、牛肉的 32%、蛋的 20%,北部庇卡底马铃薯产区的马铃薯产量占全国总产量的 50%。在农场专业化方面,按照经营内容大体可分为畜牧农场、谷物农场、葡萄农场、水果农场、蔬菜农场等等,专业农场大部分经营一种产品。作业专业化农场是将过去由一个农场完成的全部工作,如耕种、田间管理、收获、运输、贮藏、营销等,均由农场以外的企业来承担,使农场由原来的自给性生产转变为商品化生产。

第四,建立农工商综合体,保障农民的市场地位。农工商综合体在法国经济中占有重要地位,其类型主要有生产综合体(包括农产品加工业)、生产前综合体(包括能源、设备工业、生物工业、农业化学和其他工业、服务业)、销售综合体和国际贸易综合体。农业成为农工商联合企业的重要组成部分。据估计,农工商综合体拥有的人数占就业人口的 1/4。农工商综合体的优点主要在于:一是提高了农业的专业化程度,使农业的生产、配套服务和销售等环节紧密联系起来,极大地提升了农业生产率、农田耕作效率和土地产出率;二是促进了市场化农业的分工协作,使生产与销售这两个最为重要的环节更加专业化,适应了市场经济的要求，农民可以更加专注于生产，免除了后顾之忧，提高了农产品的质量；三是政府财政、金融和外贸政策可以更加集中且迅速地反映国际市场的要求，引导更多的社会资金向农业进行投资，专业的农业科技研发和推广体系也给法国农业的发展提供了动力。

二、国内现代农业生产特点

农业有万年以上的历史，每一次科技上的重大突破和革命，都将农业推上一个新台阶，进入一个新的历史时期。可持续发展的理念，以生物技术与信息技术为主导的新的农业科技革命，使中国的传统农业迈开了建设现代农业的步伐。现代农业既是一种技术密集型的知识产业，又是一种可持续发展的绿色产业。现代农业的建设将是一项长期的系统工程，是一个由量变到质变、低级到高级的发展过程。因此，一定要用新的观点、新的思路来认识和研究现代农业。中国现代农业的基本特征主要表现为以下几方面。

（一）农业产业结构的市场化

随着中国市场经济的发展，人民的生活水平不断提高，消费需求发生了很大变化。现代农业一定要以市场为导向，调整农业产业结构。不断地满足人们的两种基本消费需求，一种是有形的物质需求，另一种是无形的生态需求（精神需求）。现代农业可以通过合理布局生产保障型产业，生产粮食、蔬菜、肉禽蛋奶等常规农副产品和开发名、特、优、新农副产品，调整并优化种植业结构和养殖业结构，来满足人们的物质需求；通过发展以绿化、美化为目标的园林产业，开拓融观光性、游乐性、休养性为一体的休闲农业、观光农业等农业旅游产业，即开发生态建设型产业，来满足人们的生态需求。传统农业是一种计划农业，而现代农业是一种市场农业。市场农业就是要农民树立起农产品的质量意识、商品意识、市场意识，以促进农业创名牌。

农业产业结构的市场化就是要根据农产品市场的供求情况并结合中国各地的农业自然资源条件和社会经济条件，确定适宜开发的主导产业和主导产品，发展产加销一体化的市场农业和高度开放的外向型农业，开拓国内外市场。如日本大阪现代农业市场化程度很高。大阪目前有中央批发市场 3 个，地方性批发市场几十个。批发市场内有 4 个大型批发公司，中间批发公司 197 个，此外，还有运输、饮食、邮电、加工厂等近 50 个相关部门，并且火车直通批发市场。日本农业市场化的另一个中间环节就是农协。日本农协名目繁多，有生产中的农协，也有上市农协。农协设有农产品加工、配送、金融、保险等部门，主要功能是组织上市，传递市场信息。以此形成"农户—农协—批发市场—零售商"纽带链。现代农业在培育主导产业和建设大规模农产品基地时，要特别注意避免在资源趋同的地区形成雷同的产业和产品，要因地制宜，扬长避短，做到"人无我有，人有我优"同时，要建立政府与市场相结合的调控机制。一靠市场导向，二靠政府部门有规划的引导。

（二）农业生产方式的集约化

集约化生产是现代农业的基本特征之一。要实现集约化生产，就必须改变过去的粗放型、兼业化的生产方式，向机械化、良种化、专业化、规模化融为一体的生产方式发展。如日本大阪的现代农业集约化程度很高，大多数农户农机设备齐全，水稻插秧、收割和耕作等早已实现机械化、良种化。同时，日本农产品贮运配送的集约化程度也很高，很多农户都有冷库、冷藏车，以及配送设施。和歌山一家农协的配送中心，装运采用机器人，配送时通过电脑测定每一只橘子的大小、糖度和含水量，并根据品质和形状分为近 20 个不同等级。又如上海农业集约化程度也在不断提高。上海奉贤区近年来就崛起了一批特种作物专业化生产基地，有光明的黄桃、奉城的方柿、邵厂的哈密瓜、江海的莲藕、邬桥的青梅等。种植业的专业化生产就要求生产相对专一和集中，种植单一的农作物，可以是"一村一品"，也可以是"一乡一业"。同时，专业化的发展必须以适度规模作基础。

目前，土地规模经营被看成是提高农业劳动生产率，从而提高农业比较效益的根本途径。但是，从全国范围来看，农业土地规模经营的进展不快，主要原因是现实条件的限制。实现土地规模经营的最基本的前提是，大批农村剩余劳动力稳定转移到非农产业，土地经营不再作为他们的谋生手段。在实践中，各地把60% ~70%的农村劳动力稳定地转入非农产业，作为实行规模经营的起步条件。就上海郊区总体来看，已具备这个条件，郊区从事乡镇工业、建筑业和服务业等二、三产业的劳力占农村总劳力的比例已经较高。但是，有些区、县农村劳动力仍大量集中在第一产业，对于有偿转让土地使用权、集中经营承包等还有种种顾虑。因此，农业土地适度规模经营应该是一个渐进的过程，不能一蹴而就。

(三) 农业经营形式的产业化

农业一直被认为是一种初级产业，是一种与传统的、落后的生产方式和生产条件相联系的产业，农业似乎只是种植业和养殖业的生产，而农产品的加工被看成第二产业，农产品的流通被看成第三产业。长期以来，由于生产、加工、销售分割，利润分配不合理，导致农产品价格波动大，农业生产效益不稳定。现代农业的建设首先要解决这一问题，真正实现农业产业化。如上海为了加快农业产业化建设的步伐，正在构筑农业"六大产业高地"，即种子种苗产业、温室产业、农机产业、农副产品加工产业、农业生物技术产业、农艺软件和先进农用生产资料产业等，以确立上海农业在全国的优势和领先地位。

现代农业的产业化就是要做到以下几点。

1. 组建龙头企业，架起市场与农户之间的桥梁

龙头企业是农业产业化中一种新的生产实体，为加快农业产业化进程，必须高起点培育、组建各种大型的龙头企业，采取股

份合作制、国营、集体投资等多种形式，组建农业龙头企业；还可利用外资，发展外向型的农业龙头企业。同时，采用"公司＋基地或农户"的组织载体，纵向实行种养加、产加销、贸工农一体化，横向实行土地、资金、技术、劳力的集约化经营，从而建立农副产品生产、深度加工和市场销售相结合的生产经营体系。

2. 协调龙头企业与基地或农户的利益关系

重点对龙头企业与基地或农户全面推行契约化经营、合同化管理，组织龙头企业与基地或农民签订产销合同，并经公证机关公证，以法律形式明确界定产销双方的权利和义务，强化对龙头企业和基地或农户的双向约束，使双方真正结成风险共担、利益共享的经济利益共同体。

3. 树立农业企业形象，创立品牌，注册商标

要借鉴现代工商企业在生产与营销等方面的管理方式，树立农业企业形象，开发自己的主导产业和特色产品，在市场竞争中处于优势地位。要采用先进的科学技术和设备来武装龙头企业，按市场需求确定农产品生产、加工的规模，避免主导产业趋同，超出市场容量，从而产生超越市场需求的生产、加工能力的过剩。

(四) 农业生产技术的智能化

科学技术是第一生产力。农业科技是现代农业的强大动力和支撑。未来的农业科技将在探索作物、畜禽等动植物和微生物生命奥秘，挖掘增产潜力方面取得重大突破，从而使农业生产的"高产、优质、高效、生态、安全"目标达到一个全新的水平。现代农业一定要发展成为技术先进的智能化农业。

首先，要实现生产设施的自控化和生产技术的智能化。依靠科技进步，通过引进、消化和吸收，建设和发展具有国内外一流水平的设施化现代农业生产基地和示范区，并体现先进设施、技术的辐射功能。如在国家科委的支持下，上海自行设计研制的"上海型"智能温室，已投入生产性运行，该智能温室采用计算

机逻辑智能调控技术，显示了上海农业迈向 21 世纪的科技水平。都市农业还应当有高新技术的装备和一大批高智能人才的支撑，才能带动整个农业向科技化更高层次发展。届时，可借助现代生物高新技术，如转基因技术、克隆技术等，农业生物种质将得到定向改造；依靠先进的计算机技术、信息技术等，农业生产环境、生产过程将得到自动化控制。

其次，要实施科教兴农战略，使现代农业获得强有力的技术依托。一要实行农科教结合。以科技为先导，以教育为支撑，以统筹实施科教兴农重点攻关项目为突破口，并以提高全体农业劳动者的素质为基点，推进农科教结合，使农业科研出成果、农业教育出人才。二要开展多种形式的科技服务。要充分发挥农业科技队伍的作用，如上海金山区钱圩镇农业公司从农作物的栽培技术、化学除草、良种选用等方面，开展技术咨询服务，并会同镇科协坚持办好《钱圩科普》月刊。要健全农技推广体系，积极组织大专院校、科研单位投身农业产业化，使科研成果与产品开发结合，专业队伍与群众结合，形成各方共同参与的技术推广网络。

（五）农业生产管理的信息化

全球科技、经济的发展，愈来愈显示"信息经济"新时代正在到来。中国现代农业要赶超世界发达国家的现代农业，必须采用"超常规"的发展方式，不是沿着他们走过的道路走，一步一步赶，而是要依靠信息、知识，才能真正做到"超常规"，更快地缩短与发达国家的差距。中国目前"信息高速公路"电子信息和多媒体技术等产业的开发已经启动，咨询服务业也将拓展新的领域，并发挥更大作用。因此，涉农信息业有望成为又一个新兴产业，使现代农业进入信息化时代。农业信息化理应成为现代农业优先发展领域。

首先，要用现代信息技术改造传统农业，使农业由定性走向定量、由经验走向科学、由粗放走向精确。如美国应用现代精确农业技术，对化肥、农药作精确喷施，计算机可自动判别某个区点应喷多少量的配合肥料和农药，控制量可达到几株作物。还有一些国家，已尝试用计算机设计植物品种，通过计算机模拟生物工程技术，育种专家不仅可以预先决定植物的品种、产量、口味和营养成分，而且还可限定其叶片生长的角度和果实的色泽与形状，从而培育出高光效的农作物新品种。

其次，要发展农业科技、商贸信息市场，为"三农"提供信息服务，使农业由分散封闭到信息灵通、由微观管理到宏观管理。通过信息、交通、邮电、通讯、金融等方面的配套建设，逐步形成融农业信息发布与交流，新产品推销，技术转让与推广，农业物化技术与专家系统软件促销，农业商贸信息服务，远距离教学培训为一体的农业信息中心。一般信息服务可包括天气预报、农资价格、期货市场行情、汇率与利率变化等信息的服务。如美国的玉米、大豆、小麦等粮食的储备量一向很少，如果因天气等灾害而歉收，其价格肯定狂升。所以谷物期货市场对天气变化最为敏感，农场主也需要根据天气情况安排种植计划与管理措施（确定播种和收割时间等）。美国国家气象局目前所提供的天气资料无法满足这种需要，于是私营天气预报服务公司应运而生，为农场主或农户作经营决策提供帮助。同时，开拓农业咨询业的新领域，如开展宏观决策、产业规划、产品调整与策划、市场定位、科技抉择、灾情预报等多方面的咨询服务。

三、现代农业的基本特征

现代农业是人类社会发展过程中继传统农业之后的一个农业发展新阶段。其内涵是以统筹城乡社会发展为基本前提，以"以工哺农"的制度变革为保障，以市场驱动为基本动力，用现代工业装备农业、现代科技改造农业、现代管理方法管理农业、健全的社会化服务体系服务农业，实现农业技术的全面升级、农业结构的现代转型和农业制度的现代变革，使农业成为

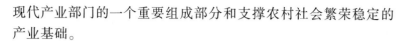

现代产业部门的一个重要组成部分和支撑农村社会繁荣稳定的产业基础。

（一）现代农业发展的基本特征

（1）彻底改变传统经验农业技术长期停滞不变的局面。农业生产经营中广泛采用以现代科学技术为基础的工具和方法，并随现代科学技术的发展不断改造升级，同时农业技术的发展也促使农业管理体制、经营机制、生产方式、营销方式等不断创新，因而现代农业是以现代科技为支撑的创新农业。

（2）突破传统农业生产领域仅局限于以传统种植业、畜牧业等初级农产品生产为主的狭小领域。随着现代科技在诸多领域的突破，现代农业的发展将由动植物向微生物、农田向草地森林、陆地向海洋、初级农产品生产向食品、生物化工、医药、能源等方向不断拓展，生产链条不断延伸，并与现代工业融为一体，因而现代农业是由现代科技引领的宽领域农业。

（3）突破传统农业生产过程完全依赖自然条件约束。通过充分运用现代科技及现代工业提供的技术手段和设备，使农业生产基本条件得以较大改善，抵御自然灾害能力不断增强，因而现代农业是用现代科技和工业设备武装、具有较强抵御灾害能力的设施农业、可控农业。

（4）突破传统自给自足的农业生产方式及农业投入要素仅来源于农业内部的封闭状况。现代农业普遍采用产业化经营的方式，投入要素以现代工业产品为主，工农业产品市场依赖紧密，农产品市场广阔，交易方式先进，农业内部分工细密，产前、产中及产后一体化协作，投入产出效率高，因而现代农业是以现代发达的市场为基础的开放农业、专业化农业和一体化农业、高效益农业。

（5）改变传统粗放型农业增长方式。农业发展中能够有效实现稀缺资源的节约与高效利用，同时更加注重生态环境的治理与保护，使经济增长与环境质量改善协调发展，因而现代农业是根据资源禀赋条件选择适宜技术的集约化农业、生态农业和可持续农业。

由现代农业发展的基本特征可见，现代农业的发展必然是农业综合生产力水平的持续提高和农业经济的快速发展。

(二) 现代农业发展的含义

现代农业的发展不仅仅是一个农业经济发展的过程，其中还包含着诸多层面的含义。这些含义主要表现在以下几个方面。

1. 现代农业的发展是一个与一定的经济发展阶段相适应的社会理性调整过程

从发达国家经验看，传统农业向现代农业的转变，是在封建土地制度废除、资本主义商品经济和现代工业有了较大发展的基础上逐步实现的。从一些新兴工业化国家或地区的经验看，传统农业向现代农业的转变，是当经济发展水平进入工业化中期阶段以后才迅速发展起来的。因而一般认为，市场制度的相对成熟和工业化中期水平是实现由传统农业向现代农业转变的最佳时机。从经济发展的角度看，工业化初期阶段往往需要以农业剩余的积累及转移来满足工业技术设备对大量资金的需求。而当一国或地区的经济发展水平进入工业化中期阶段后，工业化对农业资金和产品的依赖程度逐渐减弱，而对农村、农业市场的依赖越来越强，要求农村人口收入水平的增长及相应的对工业产品需求的市场规模的扩大。同时，由于当一国或地区的经济发展水平进入工业化中期阶段后，工业及服务业在国民经济中已占居绝对的优势地位，能够为改造传统农业提供大量的先进技术和设备以及国家支持农业的财力。从社会发展的角度看，工业化初期阶段往往是工业与农业的非均衡发展阶段，这必然造成农业的弱势及城乡差距的扩大。而此时国家因受其租金最大化目标的影响往往会偏重于工业的发展，忽视农业。当经济发展进入工业化中期以后，随着工农业相互需求条件的转化，农业落后对工业进一步发展的阻碍越来越大，迫使社会对农业和工业的产业依赖关系进行重新认识。同时，随着工农、城乡差距的逐步扩大，社会两大阶层间的矛盾会越积越深并引发一系列社会矛盾，更需要全社会从社会稳定和谐的角度重新思考工农和城乡关系问题。从政治发展的角度看，随着社会对工农产业依赖关系和城乡社会关系认识的深化及共识的形成，也要求国家对以往有关农业的制度和政策加以变革和调整。而此时的国家，由于农业租金地位的微乎其微和工业财力的增强，也有动力实施新制度的供给，调整国家经济发展战略，重视农业、支持农业，积极促进传统农业向现代农业的转变，以实现工农、城乡及整个社会的协调发展。因此，从发展条件的形成看，现代农业的发展是一个与经济发展水平相适应的社会理性调整过程。

2. 现代农业的发展是一个技术变迁与制度变革相互促进的过程

现代农业的发展首先表现为一个农业技术持续进步的过程。从农业科技发展的角度看，现代农业是伴随着科学技术的发展而发展，并随着现代农业科学技术的创新与突破而不断产生新的飞跃。19 世纪 30 年代，细胞学说的提出使农业科学实验进入了细胞水平，突破了传统农业单纯依赖人们的经验与直观描述的阶段。19 世纪 40 年代，植物矿质营养学说的创立，有力地推动了化肥的广泛应用与化肥工业的蓬勃发展。19 世纪 50 年代，生物进化论的问世，揭示了生物遗传变异、选择的规律，奠定了生物遗传学与育种学的理论基础。20 世纪前半期，杂交优势理论的应用及动物人工授精等技术的突破，使种植业、畜牧业、渔业增产十分明显。二战期间，滴滴涕等杀虫剂的研制与生产，有力地促进了农药的应用与农药工业的发展。此后，随着现代科学技术的迅速发展，特别是生物技术和信息技术在农业中的广泛应用，不仅大大拓宽了农业科研领域，提高了农业科研水平，加快了农业科技传播速度，而且创新出了更新的农业发展形态，如"精准农业""基因农业""计算机集成自适应生产"等模式。从农业技术装备发展的角度看，其特点是以工业化带动农业技术装备的现代化。如随着钢铁、机械、化工、能源、计算机集成等现代工业的不断发展，促进了高效农机具、化肥、农药以及农业信息技术的普遍应用，使以机械动力替代人（畜）力、以化肥替代农家肥、以信息技术控制代替人工操作等都有了前所未有的发展，成为加速传统农业改造、大幅度提高农业生产力水平的关键因素。

农业制度变革是现代农业发展中与技术变迁相适应的又一个特征。美国农业发展经济学家约翰·梅勒认为，实现由传统农业向现代农业的转变，关键取决于以下一些来自于农业外部的稀缺资源的投入。这些稀缺资源主要包括由基本的文化、习惯、心理等因素和经济制度组成的制度资源，由农业自然、经济和文化多样性决定的需要大量投入的分散的农业技术研究资源，保证农业产出增加潜力实现的新方法和物质投入，保证新投入有效管理、使用的农业生产服务体系和教育体制。在这些稀缺资源中，梅勒更加强调制度资源的重要性。发达国家或地区的经验说明，能够有效激励农民生产积极性的农地产权制度变革是促进现代农业发展的根本性制度，正如诺斯所言：有效率的经济组织是经济增长的关键，而有效率的组织需要在制度上做出安排和确立所有权，以便造成一种刺激，将个人的经济努力变成私人收益率接近于社会收益率的活动；其次是与技术变迁相适应的农业生产经营组织制度变革。农业的规模化、专业化和一体化是现代农业发展的必然趋势和要求，其内在机理是由产权的激励机制、技术的节约机制和市场的竞争合作机制共同决定的。其中，规模化主要是以家庭农场为基础的产权激励适应，专业化主要是以资源禀赋为基础的技术变革适应，一体化主要是以农民自愿合作为基础的竞争合作适应。因而，现代农业的发展不仅仅是一个现代生产要素引入或技术进步的过程，同时更是一个要素优化配置的过程或制度创新的过程，是一个多层面的演进过程。

3. 现代农业的发展是一个市场、政府、社会互动整合的过程速水—拉坦的诱致性技术变迁理论认为，农业技术变化不是外生于农业经济系统，而是对资源禀赋状况和产品需求增长的动态反应，因而一个有效率的现代农业发展道路需要建立在完善的市场体制基础之上。农民受相对价格变化引诱寻找那些节约稀缺资源的农业技术，农民对这些技术的需求影响政府公共部门努力研究发展这些新技术，要素供给商受利益诱导努力提供这些相对稀缺的现代农业技术投入品。如果价格不能正确反映要素的稀缺性，技术进步就可能与要素稀缺状况不一致，从而导致农业发展的无效率。发达国家或地区的经验表明，农业技术的变革模式是以该国资源禀赋和技术条件为基础的市场选择，如以美国为代表的劳动节约型，以日本为代表的土地节约型和以欧洲为代表的综合型，其农业技术变迁方向的选择都是以其所具有的资源禀赋特征为基础的。但无论何种技术变迁模式，都与一个完善的市场机制的引导有着必然的联系。因此，市场作用的充分发挥是现代农业发展的基本动力。

农业在工业社会中的弱势需要政府的支持，基于此发达国家或地区为促进现代农业发展普遍采取了立法保护、经济政策引导及行政干预等措施。发达国家或地区政府干预农业经济、支持农业的目的除了提高农产品产出率，保证其有效供给和粮食安全外，农业在整个国民经济发展中的弱质是一个基本原因。农业的弱质主要在于农业与非农产业相比较收益低下，因而获取资源的能力较差，如果仅依靠市场机制调节农业发展，就可能导致农业发展能力的不断萎缩及与非农产业发展的失衡，最终影响整个国民经济稳定协调发展。现代工业和服务业作为现代社会发展的主导力量，其具有蒸蒸日上的生命力，而由传统农业向现代农业转换，不仅需要巨额的经济成本，还需要巨额的社会成本。因此，针对农业的落后、农民的低收入和农村的凋敝，在由传统农业向现代农业转变过程中，既需要政府政策的支持，也需要政府利用其舆论和资源动员优势，鼓励引导全社会力量对"三农"发展的关注和支持。因而，从发展的动力合成来看，现代农业发展是一个市场引导、政府支持、全社会共同参与的经济社会互动整合过程。

4. 现代农业的发展是一个农村经济社会政治全面发展的过程

首先，现代农业的发展必然促进农村经济的不断繁荣。随着国家工业化及城市化水平的不断推进，将为农村剩余劳动力的转移提供广阔的空间，也为现代农业的发展提供基础性条件。农村剩余劳动力的有效转移必然带来农业实际劳动生产率的提高，为农业剩余的积累及现代农业的起步提供一定的条件。随着农业剩余积累的不断增加和政府支持农业政策的实施，在市场引导下，农民会不断地引入新技术、新设备，从而使农业生产力水平不断提高。随着农业产出的不断提高，农产品市场需求变化将不断引导农业产业结构的优化升级，从而不断提升农业现代化水平及产业竞争力，最终实现农业生产力综合水平的全面提升。其次，现代农业的发展能够不断促进农村各项社会事业的不断进步。现代农业的发展必然伴随着农民收入和农村资本积累的不断增加，这为农村各项社会事业的发展提供了一定的能力。同时，农村公共物品的供给是政府和社会支持农业的重要方面。这些合力的作用必然会促进农村社会的全面进步。再次，现代农业的发展对农村政治文明建设具有重要的促进作用。现代农业的发展本身就是农业制度不断变革的过程，而其中农业经营组织制度的变革对农村政治文明建设具有重要意义。农民的组织化程度低是农村政治文明相对落后的一个基本原因，而现代农业发展中的社会化、一体化经营组织本身就是抗衡社会强势集团的一种基于农民自愿的经济合作组织，农民参与这些经济组织的过程也是对其政治素质的培养和提高。由此可见，现代农业发展的结果不仅仅表现为农业的现代化，而且表现为农村社会的现代化和农村政治的现代化。

任务二、现代农业产业发展趋势

一、农业生产标准化

（一）农业生产标准化的含义与特征

1. 农业生产标准化的含义

农业生产标准化，就是通过制定和实施农业产前、产中、产后各个环节的工艺流程和衡量标准，使生产过程规范化、系统化，从而提高农业新技术的可操作性，将先进的科研成果尽快转化成现实生产力，取得经济、社会和生态的最佳效益。其核心内容是建立一整套质量标准和操作规程，建立监督检测体系，建立市场准入制度，使农产品有标生产、有标上市、有标流通。简单地讲，就是要按国家、行业和地方制定的农产品质量标准、产地环境标准和生产技术规程进行农产品生产。

2. 农业生产标准化的特征

（1）农业生产标准化的主要对象是生命体或者有机体。这一特点表明，农业生产标准化不但是人的有目的的活动，而且必须遵从生命有机体自身的规律特点。

（2）农业生产标准化具有明显的地区性。地区性的特点是不同的生态表现。在农业中，特别是植物和有些动物，只能在特定生态环境中生长发育，才能表现品质的优良。所以，农业生产标准化必须是因地制宜的。

（3）农业生产标准化是复杂的系统工程。由于农业过程的复杂和农业的巨系统特性，注定其每一个时空距离上的多面性和网络化联系。基于生态系统上的这一工程必然是十分复杂的。

（4）农业生产标准化的文字标准与实物标准同等主要。农业生产标准化的标准，有文字和实物两种表达方式。其重要性是同一的；两者的相互结合是完善的。不分何者为先，或者哪个重要。

(二) 农业生产标准化与现代农业

农业生产标准化对农业发展、农民增收等有着重要意义，学者们主要围绕科技进步、可持续发展、市场发育、农产品竞争力与国际贸易、品牌、农业产业化、农产品安全等方面展开研究。

1. 有利于农业科技推广与进步，促进生产力发展，实现农业可持续发展

标准化有助于科学技术的革新。农业标准化工作的基础是农业标准和技术规范，因此，农业标准化工作能保证农业技术的引进消化顺利进行，是科技成果转化为现实生产力的捷径。根据农业标准对产品安全和环境保护的要求，标准化可以改善相应产地环境，促进农业的可持续发展。

2. 有利于提高我国农产品竞争力，培育和发展品牌农产品，促进农产品贸易发展

农业标准化通过制定和实施符合实际的先进、合理、可行的农业标准，有效地保证了农产品质量的普遍提高，为培育优质品牌农产品提供支撑。中国作为 WTO 的成员国参与国际竞争时，没有实行标准化的农产品势必被认为是"劣等品"，而农业标准化可消除农产品贸易技术壁垒，实现商品的自由流通，提高产品竞争力。根据 WTO《TBT 协议》和《动植物卫生检疫措施协议》对农产品质量要求的影响，农业标准化对提高我国农产品的国际市场竞争能力具有重要意义。农业标准化以标准和技术规范作为工作基础，是优质农产品占领市场的重要手段和保护本国市场的重要技术措施。农业标准化作为突破农产品国际贸易技术壁垒的利器，同时是农产品国际贸易中合同（契约）和仲裁的重要依据。

3. 有助于农业产业化的发展进程

标准化是农业产业化的基础工作，农业产业化的实施过程离不开农业标准化，农业标准化工作有助于加快农业产业化的进

程。按照市场需要，结合农业科技来制定和调整农业产品标准，使农业产品与工业产品一样成为按标准生产的产业化产品，这对于提高农业产品的商品率、推进农业市场化至关重要。随着农业生产社会化、规模化发展，农业生产的协作越来越广泛，农业标准化在农业产业化的生产和管理中起到协调和纽带的重要作用，是农业产业化发展的必要条件。农业标准化可促进农业产业链迅速有效地衔接和延伸，降低农产品交易成本和生产组织过程中的交易成本，降低市场风险，促进农业产业化经营。

4. 有助于保障农产品质量安全

农业标准化对农产品质量安全的保障作用是近几年来研究的热点问题。从来源看，食品主要是通过农林种植、水产和动物养殖、农用微生物等农业途径获得。农业标准化克服了农产品市场上的信息不对称性，是确保农产品质量安全的关键和根本。加快农业标准化发展步伐，以提高农产品质量安全水平和市场竞争能力为重点，以农业增效、农民增收为目的，建立和完善技术先进、结构合理的农业标准体系和监管体系，按标准净化农产品产地环境、严格投入品管理，对从农田到餐桌全过程实施有效控制，是确保我国食品质量安全的基本条件。

二、农业生产规模化

（一）农业生产规模化的含义与特征

1. 农业生产规模化的含义

农业生产规模化是指根据耕地资源条件、社会经济条件、物质技术装备条件及政治历史条件的状况，确定一定的农业经营规模，以提高农业的劳动生产率、土地产出率和农产品商品率的一种农业经营形式。农业生产规模化由土地、劳动力、资本、管理四大要素的配置进行，其主要目的是扩大生产规模，使单位产品的平均成本降低和收益增加，从而获得良好的经济效益和社会效益。农业生产规模化的发展方向是农业适度规模经营，即在保证土地生产率有所提高的前提下，使每个务农劳动力承担的经营对象的数量（如耕地面积），与当时当地社会经济发展水平和科学技术发展水平相适应，以实现劳动效益、技术效益和经济效益的最佳结合。

2. 农业生产规模化的特征

（1）生产专业化。围绕主导产品或支柱产业进行专业化生产，把农业生产的产前、产中、产后作为一个系统来运行，做到每个环节的专业化与产业一体化协同相结合。由农业生产专业化带动形成的区域经济、支柱产业群、农产品商品基地，为农业生产规模化经营奠定了稳固的基础。

（2）企业规模化。农业生产规模化的效率是通过大生产的优越性表现出来的，因为农业生产经营规模的扩大，有利于采用先进的农业科学技术，降低农业生产成本，为农业生产的批量生产、加工、销售奠定条件。

（3）经营一体化。通过多种形式的联合与合作，形成市场牵龙头、龙头带基地、基地连农户的贸工农一体化经营体制，使外部经济内部化，从而降低交易成本，提高农业的比较利益。

（4）服务社会化。它一般表现为通过合同稳定内部一系列非市场安排，而且无论是公司还是合作社，都在使农业服务向规范化、综合化方向发展，即将产前、产中和产后各环节服务统一起来，形成综合生产经营服务体系，农业生产者一般只从事一项或几项农业生产作业，而其他工作均由综合体提供的服务来完成，使得农业的微观效益和宏观效益都得到了提高。

（二）农业生产规模化与现代农业

规模经营对于我国农业有很强的现实意义，近几年，各地规模经营发展很快并取得了良好效果，成为提高农业生产专业化、标准化、集约化水平的重要途径，特别在提升农业劳动生产率、土地产出率和资源配置效率方面作用明显，对提高农业产出、确保国家粮食安全意义重大。

1. 规模经营有利于解决务农劳动力匮乏问题

近几年尽管农村劳动力大量转移，农业劳动力匮乏现象普遍突出，但农业和粮食生产保持稳定发展，土地适度规模经营为粮食总产"八连增"发挥了重要作用。在粮食主产区，农村青壮年劳动力外出务工后，大多将承包地流转给种田能手、种粮大户、合作社和农业企业，弥补了农村劳动力转移对农业生产的不利影响，较好地避免了土地撂荒，有利于实现专业化、标准化、集约化经营，粮食综合生产能力得到了提高。

2. 规模经营有利于促进农业机械化发展

规模经营主体更有积极性更有能力购买各类各型农机，而且也愿意筹集资金、投入精力来平整土地、修建沟渠、硬化路网，使耕地集中连片，为机械化作业提供良好的基础条件。使用农机不仅能有效替代劳动力，还能大幅降低生产成本。据调查，在很多地方，水稻机插秧一亩成本 40～50 元，人工插秧至少要 100元。规模经营刺激了农机化水平的快速提高。截至 2010 年底全国农作物耕种收综合机械化水平达到 52%，"十一五"期间累计提高了 16 个百分点。

3. 规模经营有利于农业科技推广应用

规模经营者更注重生产效益，更在意科学种田、选用优良品种和先进适用技术，不仅节约了成本、增加了产量，还大大提高了农产品质量和效益。以安徽凤台丰华农业有限公司为例，近年来该公司以每亩 1 000～1 200 元的租金分批转入 3 098 亩耕地，在强化农业基础设施的基础上引入良法良种，将传统"一麦一稻"平面种植改为"立体、生态、循环、高效"种养，大幅度提高了土地利用指数，亩均可生产有机麦种 500 千克、有机稻种 500 千克、小龙虾 100 千克，亩均纯利高达 5 000～6 000 元。

4. 规模经营有利于提高土地产出率和资源配置效率

土地规模经营不仅可以通过"小块变大块"消除田埂，增加种植面积，提高土地利用效率，还能通过改善农业生产条件，提高土地产出率和资源配置效率。以小麦为例，传统人工撒播亩用麦种 15～20 千克，机播仅需 7.5～10 千克，病虫害统防统治比分散防治节约用药 30% 以上。水稻规模经营也有利于节约资源，育秧需要更少的秧板田，机插秧用水量只相当于人工插秧的 1/3。规模经营小麦亩产比分散经营普遍高出 50 千克，玉米和水稻要高出 100 千克。养殖业规模经营意义同样明显，规模饲养生猪的精料肉比可以达到（2.5～2.8）:1，而一般农户散养生猪的精料肉比超过 3:1。规模养殖成为畜牧业发展的基本方向。

5. 规模经营还有利于发展农业社会化服务

实践中，规模经营者对农业社会化服务的需求更加强烈。在规模经营主体的带动下，粮食生产的耕种收等主要环节基本实现了机械化，统防统治、抗旱排涝等社会化服务组织模式不断出现，经营规模不断扩张，产生了很好的效果。

（三）农业生产适度规模经营

1. 农业适度规模经营的含义

适度规模经营是在一定的适合的环境和适合的社会经济条件下，各生产要素（土地、劳动力、资金、设备、经营管理、信息等）的最优组合和有效运行，取得最佳的经济效益。因土地是农业生产不可替代的生产资料，故农业规模经营在很大程度上指土地规模经营。

2. 农业生产适度规模经营必要条件

在市场经济国家，农业经营规模的扩大一般是随着工业化和城市化的进展而出现的。在工业化和城市化进程中，开展农业规模经营需要具备以下主要条件。

（1）农业劳动力素质普遍得到提高。农业劳动力顺利转移是农业规模经营的前提条件。只有转移劳动力并使其获得相对稳定的职业和工作，农业劳动力人均负担的耕地面积才能增加，扩大农业经营规模才有可能；只有农业生产经营者的科技知识、管理能力等素质得到提高，农业规模经营的效益才能得到保证。

（2）完善的土地流转机制和农户之间利益协调机制。完善的土地流转机制和农户之间的利益协调机制，是农业规模经营的首要条件。农业规模经营往往以土地利用规模为主要的衡量标准，而在家庭承包经营的基础上，只有通过建立相应的土地流转机制才能实现土地的流转和集中。

（3）农民眷念土地传统观改变，完善社会保障体制。农民眷念土地的传统观念逐步改变，并在农民中建立起必要的社会保障制度。在我国，土地是农民的基本生活资料，具有社会保障的功能，一般来说，农村社会保障体系越完善，农民对土地的依恋程度越低，农业实行规模经营的可能性越大。

（4）完善农业机械工业体系和物质技术装备体系。完善的农业机械工业体系和物质技术装备体系，能够为农业规模经营提供必要的物质技术条件。农业物质装备水平的提高，一方面要求通过规模经营来实现其利用效率的提高，另一方面也使以少量的家庭劳动力从事规模经营成为可能。

（5）有较为完善的社会化服务体系。较为完善的社会化服务体系，能为从事规模经营的单位和农户提供所必需的物质技术条件和产前、产中、产后一系列的服务。一般来说，较大规模经营能否成功，在相当程度上取决于农业产前、产中、产后的社会化服务状况。

3. 推进农业适度规模经营的原则

（1）坚持农村基本经营制度，保障农民合法权益。坚持并完善农村基本经营制度，切实保障农民对承包土地的各项权利，按照依法自愿有偿原则，发展多种形式的适度规模经营。土地承包经营权流转，不得改变土地集体所有性质，不得改变土地用途，不得损害农民土地承包权益。

（2）坚持尊重农民主体地位，促进农民增收致富。推进农业适度规模经营，必须充分发挥农民的主体作用，是否流转土地、开展何种形式适度规模经营要由农民做主。必须围绕增加农民收入这个中心，立足于优化配置土地资源，提高农业效益，促进农民增收。

（3）坚持政府引导，市场运作。既要充分发挥政府调控引导作用，通过宣传发动、典型示范、政策扶持，培育规模经营主体，推动适度规模经营加快发展；又要充分发挥市场机制作用，加快探索建立市场化的流转机制、股份化的土地经营制度、合作化的经营组织形式和产业化的经营方式，推进农业适度规模经营。

（4）坚持因地制宜，分类指导。要从各地实际出发，允许多种组织形式并存、多种经营方式并存、多种投入主体并存、多种实践路径并存。

从面上来看，粮棉油大宗农产品生产，主要通过发展专业化服务，实现适度规模经营；蔬菜、园艺等高效种植业，主要通过专业合作、土地股份合作、土地租赁等形式实现适度规模经营；畜牧、水产等特色养殖业，主要通过发展规模养殖与推进加工流通合作，实现适度规模经营。

任务三、现代农业园区的投资规划

一、现代农业园区的含义与模式

（一）现代农业园区的含义

现代农业园区是指相关经济主体根据农业生产特点和农业高新技术特点，以调整农业生产结构、展示现代农业科技为主要目标，利用已有的农业科技优势、农业区域优势和自然社会资源优势，以高新技术的集体投入和有效转化为特征，以企业化管理为手段，进行研究、试验、示范、推广、生产、经营等活动的农业试验基地。

现代农业园区是一个以现代科技为依托，立足于本地资源开发和主导产业发展的需求，按照现代农业产业化生产和经营体系配置要素和科学管理，在特定地域范围内建立起的科技先导型现代农业示范基地。

国家《农业科技发展纲要》中明确提出，要在全国建立一批符合 21 世纪农业发展方向、对不同地区农业和农村经济发展具有较强带动与示范作用的农业科技园区。

(二) 现代农业园区的模式

创意农业的发展，基于不同的乡村农业资源及社会环境，有着不同的发展模式，研读国内外创意农业的发展案例，可梳理出创意农业有五大发展模式。

1. 理念主导型模式

理念主导型模式最大的特征，在于依托创意理念，结合时代发展潮流与时尚元素，赋予农业与乡村时代特色鲜明的发展主题。理念主导型模式需要及时把握社会流行元素，如对"乐活生活""第三空间""旅居时代""生态社区""绿立方""低碳时代"等新的生活、生态理念的吸纳与实践，进而发挥区域示范作用。该模式同时要求项目区具有相关农业品牌基础、理念文化基础；区位上，多位于大都市郊区，这样才能既有文化底蕴，又有市场基础。

2. 文化创意型模式

文化创意要求项目区具有一项或者多项突出的农业文明与民俗文化的积淀。以传统民俗文化为基础，抽提核心元素，对接社会发展趋势，针对区域市场需求，依托休闲旅游，开发以民俗文化休闲为发展形式的创意农业发展模式。许多地区拥有丰富的民俗文化传统，可选择创意开发的点较为多样，但并不是所有的都适合。只有符合时代潮流、紧扣时代理念与消费需求的文化元素，才是较佳的资源。

3. 产品导向型模式

该模式重点落脚于特色农产品的创意开发。通过产品设计与营销上的创意，保留农产品自然、生态的优良品质，融入文化创意元素，对接时下流行的健康、品质的消费潮流，将原有的农副产品进行品质与品牌的双重提升，赋予农产品新时代的荣誉标签，并与乡土地理挂钩，形成"特色产地的特色产品"固化品牌，实现创意农业的效益最大化。

4. 市场拓展型模式

市场导向型创意农业由旺盛的市场需求而促进发展。这类创意农业对传统农业基础没有必须的要求，更多受区域市场的引导，把握市场动向，发展特定的受市场热捧的乡村农产品或相关乡村休闲活动。市场拓展型模式摆脱了资源消耗型的价格战"红海战略"，拓展消费者剩余增加的休闲市场空间，从而实现农民与消费者共赢。

5. 产业融合型模式

产业融合型模式充分利用乡村既有的农业产业基础，延伸发展，选择第二、第三产业中的适宜实体，提升原有农业产业的层次，延长原有农业产业链条，实现产业的进化与创意发展。

二、现代农业园区的规划与建设

发展现代农业园区是整个农业产业结构调整和发展的必然选择，这是农业历史发展的必然结果。发展现代农业园区必须具备的几个储备条件。

(一)建设现代农业园区的条件

(1)人才的储备是首要的战略关键，而人才的储备则又可以依托一定的高校，将高校的产、学、研与发展现代农业园区的人才储备结合起来。这是因为一方面广大的高校毕业生面临就业困难问题，而另一方面广大的农村却严重缺乏具有科学技术知识的人才，要解决这个问题这就要创造一定的机会和条件让这些具有一定专业知识的人才放下身价，投身到农村经济建设中去。

(2)要走创新的道路，推动科技成果产业化，不但要从技术上创新而且还要从观念和制度上进行创新，要建立一个农业创新思路的思想储备。

（3）要对国家政策法律法规等方面的知识进行储备。国家的政策具有宏观的导向性，它可以从宏观上指导农业园区的建设和发展。

（二）建设现代农业园区的指导方针

建立现代化农业国一定要有导向型理念，要明确我们建设的意义和建设的总体指导方针。

（1）建立现代化农业园的意义在于在充分了解了现实农村经济发展中突出的问题，以及国家对农村经济发展的一系列政策的基础上，有针对性地提出先进的农业发展观念，并在一定的区域内实施规划和建设生产，从而真正地把农业生产和科技发展联系在一起，促进农业产业化发展，促进农村经济发展，促进农民生活水平的提高。

（2）在着手建立农业园时，要明确把农业园建成具有一定科研能力的农业试验农场；具有一定教育和示范性基地；同时还要结合实际，真真确确的带来一定的经济效益。要加快产业和规模化的发展，产业化就是把分散的农户生产转化为社会化大生产，以市场为导向，经济效益为中心。通过将"生产、加工、贮存、运输、销售、标准、管理"等紧密结合起来，使传统农业生产转变为现代农业的过程。规模出效益，不但要从客观上把握农业生产规模，而且还要从微观上把握好农业的规模化生产。

（三）建设农业园的总体规划

我们发展农业园时一定要先做好农业园区的总体规划，而做好一个行业发展规划则一定要有主导产业和事业的规划；要明确自身在某一行业方面的长处和优点。

1. 项目主导产业、运作模式、竞争状况

项目主导产业：就是在总体规划中，所主打的产业品牌，例如我们要在农业园区规划中主打宁夏枸杞，那么就要明确当前在本地区枸杞的种植情况、生产加工情况以及市场情况，同时要了解枸杞产业在全国的市场状况，以及各种植枸杞地区的具体差异等情况。

产业运作模式：我们要研究运用哪一种产业模式发展我的产业。目前的产业模式有："公司＋基地或基地＋农户"的订单式模式等。选用何种模式这直接关系到生产的经济效益。

产业的竞争状况：产业竞争有正当竞争和不正当竞争，我们在竞争时一定要走正当的产业竞争，正当竞争可分为两类：一类是通过降低生产成本，增加产品种类、改善售后服务等手段，在市场获得优势；走的是一条低成本扩张的路子。另一类是通过歧异性、差别性竞争手段就是通过向客户提供独特而优异的使用价值，包括产品的优异性能、可靠性和满意服务等在市场上获得优势。

2. 自身的市场资源优势之势、人力资源优劣势、基础资源的优劣势、主导产业的优劣势

自身市场优势：在生产的同时要找准自身的优势市场，也就是自身产品在市场上和同类产品的优异性，从而使顾客对产品产生百分之百的信赖度。自身人力资源优势，丰富的人力资源是项目的保证，自主创新必须依靠人才；特别是经济全球化的今天更是如此，一方面，就是廉价的劳动力，可提高经济效益；另一方面，谁拥有高智慧，一流的技术人才资源、注重人才资源的开发与管理，并将他们放在整个发展战略中理性地加以对待，就一定能取得更快发展。

自身所处区域的基础资源：①水资源：水是人类生命、生活、生产不可缺少的重要资源，但我国是个严重缺水的国家，在规划建设农业园时水源的问题应该是第一个要考虑和解决的问题。②交通：交通常常是限制项目开发的另一个因素。交通的通畅状况直接影响到农产品的运出以及农业科技的引进等。在具体

考察某一区域时，要把这个区域先放在这一个地区交通的大背景下进行分析。例如，考察我们所选的区域距离最近的高速公路是多少千米，距离最近的铁路是多少千米，道路状况怎么样，通货能力强不强等等，找出所选区域所处的交通优势。然后再分析所选区域临近的小交通环境，这主要看周围的小环境中交通是否通畅。

（四）现代园区建设规划的实施

1. 要对项目本身的地理条件，做出良好的调查研究

首先要了解政府对我们的发展理念有什么要求和意愿建立方案，但方案理应由总体方案人员和专项研究的专业人员组成，对我们对农业园的设计方案去研究，务必是方案落到实处，实事求是，在这期间要充分发挥我国创业团队中有关于农业方面的专业人才的专业特长，务必是团队其他方面的工作人员积极主动的形成良好的配合，促进项目专项研究的成功落实。

具体的专项研究有：要做好测量工作、要全面对所发展土地进行精确的测量工作，核实地数、建设规模，这对做好其实专项研究是一个基础性工作。要做好勘察工作，要全面的对水利设施、土壤条件、交通状况以及周边农业环境的勘察、统计分析工作，为总体规划提供有力的理论基础。要做好气象资料的调查，主要包括温度、降水、风向、风速、日照等基础资料。要调查种植情况、养殖情况、农产品加工业情况等。要做好本农业园农业产业的规划落实。

2. 要全面对所测量、调查、考察的资料整理分析

将收集到的各类资料和现场勘察中反映出来的问题加以系统地分析整理，去伪存真、由表及里，明确园区建设的各项目标要求。

3. 对总投资与资金筹措的落实规划项目总投资就是各子项目投资之和，包括固定资产和流动资产

筹措资金：争取获得政府和资金支持，但要注意一定要本着

"自主经营、自负盈亏、自我约束、自我发展"的根本性原则，同时要逐步建立"产权清晰、责任明确、政企分开、管理科学"的现代企业制度。同时拓宽融资渠道引进外来资金，但同时也要本着"利益共享、风险共担"的融资原则，组建成利益共同体。在具体实施时还要综合权衡资金的效益性，资金借入、使用、偿还的期限与企业的收入进行平衡，以保证既能还本付息，又能扩大再生产、提高企业的经济效益；为减少财务风险、不能盲目扩大借入资金量，而应使借入资金和自有资金保持适当的比例，固定资金和流动资金保持适当的比例，从而使企业始终保持有一定的偿付能力和良好的财务状况。

4. 要落实效益与风险分析在落实效益的基础上要对农业园筹建的风险进行详细的分析

经济效益分析包括：财务盈利、能力分析、贷款清偿、能力分析、资产负债分析、不确定性分析，在进行效益分析时数据要真实，数据收集要全面、方法要科学。

风险分析包括：原料风险、人员风险、协同风险、市场风险、疫病风险、资金风险、政策风险和关系风险等。对产生的风险的不利影响要采取相应的应急对策和防控机制。

5. 要建立一定的保证和控制系统

要制定一套行之有效的考核、验收机制、进行定性和定量考核，保障各项专业项目顺利完成，要建立一个全面的系统的科学管理的控制系统，保证各方面工作合理安排有序进行，要时时对财务、工程系统进行审计工作，防止一些因关系不畅和沟通不利而产生的风险。

思考练习题

1. 我国现代农业生产有什么特点？
2. 现代农业的发展趋势是什么？
3. 如何落实现代农业园区的建设规划？

模块二 农作物生产技术

任务一、我国农作物生产现状与发展趋势

一、我国农作物生产现状

我国农作物栽培的历史悠久，在经历了原始农业、传统农业的漫长阶段后进入了现代农业阶段。其主要特征是运用现代科学技术和科学原理，并大量投入物资和能量，生产工具从机械化到电气化、电子化，大量地应用化肥、农药、植物生长调节剂等化工产品，以换取高额的农产品。在这种形势下，农业生产，尤其是农作物生产取得了举世瞩目的成就，粮食和其他农产品产量大幅度增长，由长期短缺到总量大体平衡、丰年有余，以占全世界7%的耕地养活了占全世界22%的人口，基本解决了13亿人口的吃饭、穿衣等生活问题。2013年全国主要农作物播种面积和产量见表2-1。

表2-1 全国主要农作物播种面积和产量（2013年）

作物名称	播种面积（千公顷）	总产量（万吨）	单产（千克/公顷）
稻谷	30 311.75	20 361.22	6 717.27
小麦	24 117.26	12 192.64	5 055.56
玉米	36 318.40	21 848.90	6 015.93
豆类	9 223.65	1 595.27	1 729.54
油菜	7 531.03	1 445.80	1 919.79
棉花	4 345.63	629.90	1 449.50

水稻、小麦和玉米是我国的主要粮食作物，2013年与解放初

期相比，总产与单产均有很大幅度的提高，与 1993 年比较，总产和单产分别增加了 23.5% 和 11.7%。这三大作物各地播种面积和产量差异很大，蕴藏着较大的生产潜力。小宗粮食作物如豆类、高粱、谷子、小杂豆等作物的种植有不断扩大的趋势。油料、棉麻、糖料等经济作物具有种类繁多、分布广泛、技术性强、商品率高的特点。各地均进行着农业结构调整，择优发展，适当集中，建立各种类型、各具特色的经济作物集中产区。

从我国大宗农作物生产与世界各主产国相比较，差距最大的是单产偏低，优质专用作物生产面积较小。不断提高作物单位面积产量，扩大优质专用作物种植面积是我们农作物生产发展的方向。

二、我国农作物生产发展趋势

随着我国全面进入建设小康社会的新阶段，对于农作物生产的可持续提出了新的要求，从农作物生产发展的自身规律出发，结合我国农业生产水平的实际情况，我国新时期农作物生产的发展要贯彻落实科学发展观和以人为本，在实际工作中坚持高效、优质、高产、低耗、无公害和可持续发展。具体来说需要从以下几个方面着手。

（一）优化农作物栽植结构

新时期的农作物生产应该在稳定粮食作物栽植面积的基础之上，结合市场化的发展趋势，面向市场，扩大经济作物、燃料作物以及糖料作物、牧草种植的面积，最大限度地满足不同消费者的需求，从而能够实现多层次和多样化的农作物的栽植，使得栽植结构得以优化。

（二）突出区域发展的优势

我国地大物博，地域之间的地形、气候等差异明显，加之以不同的社会发展因素以及风俗习惯都导致了地域之间的农作物栽植存在差异。新时期的农作物生产根据不同地域的土壤、气候以及社会经济条件、生产力水平等来制定农作物生产计划，尽可能发挥地域优势，扬长补短。

（三）生产的规模化

以往的农业生产主要是小规模、小户型的生产方式，生产规模较小，科技含量也不高，因此产量和生产技术都比较薄弱，抵抗自然和市场的风险能力也较弱，生产利润较低。因此新时期的农作物生产要将规模化和现代化的生产作为目标，通过培养栽植大户，通过公司＋农户＋合作社组织等形式扩大生产规模，在让农民平等自愿参与的基础之上增加土地效益，提高农民的收入。

（四）生产的标准化

标准化的生产是现代化农业生产的重要指标，新时期要采用工业化的安全经营方式来管理农作物的生产，做到生产过程中的工序明确和技术到位，尽可能保证产品质量和标准，实现专业化和集约化的生产。标准化的作业就是要将科学的方法贯穿在农作物生产全过程，不仅要从栽植做到标准化还需要在后期的产品及经营中实现标准化。

（五）操作简约化

操作简约化就是指在农作物生产中需要通过不断改进栽培技术来提高栽培效率，并且不断简化农作物的生产技术环节，减轻劳动强度，达到提高效率，减轻消耗的目的。

任务二、农作物品种选育与繁种

农作物品种是人类在一定的自然条件和栽培条件下，根据需要选育的某种农作物群体。该群体具有相对一致、稳定的特征特性。优良品种是指在同一生产条件下与其他品种相比，具有高产、稳产、优质、适应性强、抗逆性广的品种。

一、农作物品种选育

选育农作物品种有多种方法，如引种、选择育种、杂交育种、辐射育种等。

（一）引种

引种是指把外地或国外的优良品种引进本地，通过实验、试种和示范生产后，进行大面积推广。引种包括以下基本程序。

（1）引种材料的收集。包括品种的选育历史、生态类型、遗传性状和原产地的生态环境及生产水平等，通过比较分析后，搜集与当地生育期，生态类型和生产要求相近的品种类型。

（2）种子检疫。引种是传播病虫害和杂草的一个重要途径，一定要严格遵守种子检疫制度，加强种子的检疫工作。

（3）选择。一个品种引进新区后，由于生态条件的改变，往往会加速其变异，必须进行选择，保持种性或培育新品种。

（4）引种试验。对新引进的品种，必须先在小的面积上进行试种观察，初步鉴定其对本地区生态条件的适应性和直接在生产上利用的价值。对于表现符合要求的品种材料，进一步作更精确的比较鉴定，经二三年评比试验后，选出表现突出的品种参加区域试验，再生产示范，繁殖、推广。对于初步肯定的引进品种，还应做好栽培试验，以明确适宜的栽培条件或关键性措施，做到良种结合良法进行推广。

（二）选择育种

选择育种是根据育种目标，在自然变异的品种群体中，通过单株选择或混合选择，选出优良的变异个体，经过后代鉴定，选优去劣，而育成新品种的方法。采用单株选择的称系统育种；采用混合选择的称混合选择育种。

选择育种利用自然变异材料，省去了人工创造变异的环节，只是在原来推广品种基础上改进了部分性状，试验年限可以缩短，育成的品种易于为群众接受，且可以优中选优，连续选优。我国许多品种是用此方法育成的，如豫麦 49 是从豫麦 25 变异株选育而成，豫麦 49 – 198 是豫麦 49 变异单株选育而成。

系统育种一般包括以下程序。

（1）大田选株。根据育种目标选择优良变异的单株，收获后经室内复选，淘汰性状不良的单株。

（2）株行（系）试验。将上年当选的单株分别种成株行（株系），每隔 9 个或 19 个株行设一对照行，种植原品种。株系表现整齐一致的，混收为品系，个别表现优异但尚有分离的株系，继续选择单株。

（3）品系比较试验。将上年当选品系分别种成小区进行比较试验。品系比较试验中表现特别优异的品系，可在参加第二年比较试验的同时，提早繁育种子。

（4）区域试验和生产试验。新育成的品系需要参加区域试验（不同生态区多年多点试验）。区域试验达标的品系，可在较大面积上进行生产试验。

混合选择育种一般程序为：从原始品种群体中，按育种目标要求选择一批个体，混合脱粒留种；第二年与原品种对应种植进行比较，如果确比原品种优越，就可取代原品种，作为改良品种推广。

（三）杂交育种

不同品种间杂交获得杂种，继而在杂种后代进行选择以育成符合生产要求的新品种，称杂交育种。这是国内外广泛应用且卓有成效的一种育种途径。现在各国用于生产的主要作物的优良品种绝大多数是用杂交育种法育成的。

整个杂交育种工作的过程，包括下列几个内容不同的试验苗圃，并形成一定的工作程序。

1. 原始材料圃和亲本圃

原始材料圃种植从国内外搜集来的原始材料。根据育种目标，选择材料进行重点研究，以便选作杂交亲本。

从原始材料圃中每年选出合乎杂交育种目的的材料作为亲本，种于亲本圃。杂交亲本应分期播种，使花期相遇；并适当加大行株距，便于进行杂交。

2. 选种圃

种植杂交组合各世代群体的地段称选种圃。在选种圃有时也将种植 F_1、F_2 的地段称杂种圃。采用系谱法时，在选种圃内连续选择单株，直到选出优良一致的品系升级为止。采用混合法时，在杂种分离世代，按组合混合种植，不加选择，直到估计杂种后代纯合百分率达到80%以上时（在 $F_5 \sim F_8$），才开始选择一次单株，下一代成为株系，然后选拔优良株系进行升级试验。

3. 鉴定圃

主要种植从选种圃升级的新品系。每一品系一般试验 1 ~ 2 年。产量超过对照品种并达一定标准的优良一致品系升级至品种比较试验。

4. 品种比较试验

种植由鉴定圃升级的品系，或继续进行试验的优良品种。一般材料要参加二年以上的品种比较试验。

5. 生产试验和多点试验

对若干表现突出优异的品种，可在品种比较试验的同时，将品种送到服务地区内，在不同地点进行生产试验，以便使品种经受不同地点和不同生产条件的考验，并起示范和繁殖作用。

杂交育种一般需 7 ~ 9 年时间才可能育成优良品种，现代育种都采取加速世代的做法，结合异地加代、多点试验、稀播繁殖等措施，尽可能缩短育种年限。

二、农作物良种繁殖

良种繁育是指有计划、迅速、大量地繁育优良品种的优质种子。良种繁育工作的内容主要包括两方面：一是防止品种混杂、

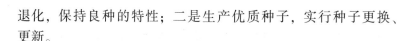

退化，保持良种的特性；二是生产优质种子，实行种子更换、更新。

（一）品种混杂退化的原因及防止

品种混杂是指一个优良品种群体中混入其他作物或其他品种种子后，造成原品种一致性下降、整齐度变差、杂株率增加的现象。退化是指一个品种的种性发生劣行性变化，导致品种优良性丧失的现象。

1. 品种混杂退化的原因

（1）机械混杂。在种子生产过程中，播种、栽插、收获、脱粒、运输、晾晒、贮藏及种子加工等各个环节均可能发生人为的混杂，使一个品种的种子中混入其他植物或同类型的不同品种的种子。

（2）生物学混杂。种子在生产过程中由于未采取有效的隔离措施，或者机械混杂等原因，导致不同品种间天然杂交，其后代会发生性状分离，从而降低原品种的一致性和丰产性。

（3）不良环境条件的影响。不适当的栽培技术，不良的环境条件，都有可能引起优良品种的变异和退化。优良品种的特征特性，是在一定的自然条件和栽培条件下形成的，其优良性状的发育要求一定的环境和栽培条件，如果这些条件得不到满足，品种的优良种性就得不到发挥，从而导致品种经济性状的变异和退化。

（4）品种育种剩余变异和自然变异。一个新品种推广后，由于各种自然条件的影响，有可能发生各种不同的基因突变，在优良品种群体中出现变异株，造成品种的退化。杂交育成的品种也不可能完全纯合，某些杂合基因会产生分离，使性状变为不一致。

（5）不正确的选择。在种子生产过程中，由于不了解选择方向和不掌握品种特征特性等原因，进行了不正确的选择，也会加速品种混杂退化。

2. 防止品种混杂退化的措施

（1）建立种子生产质量保证制度。在种子生产过程中，要严格按照种子生产技术规程组织种子的生产，要建立完善的种子质量保证制度，在种子生产的各个环节严格把关，防止发生人为的机械混杂的发生。

（2）建立完善良种繁育队伍。种子生产企业和种子生产基地要建有相对稳定的良种繁育技术队伍，既能胜任亲本种子的提纯工作，又能对种子生产的各技术环节进行技术指导。

（3）种子的隔离繁殖，严防生物学混杂。种子的隔离繁殖是杜绝外来花粉污染，防止生物学混杂，保持品种优良性的重要一环。这在杂交种子生产中已经得到高度重视，而在常规作物种子生产中则容易被忽略。种子的隔离繁殖有距离隔离、花期隔离、屏障隔离和设置隔离等多种方法，可根据具体情况选择适宜的隔离方法。

（4）严格去杂去劣。田间去杂去劣分别在苗期和抽穗至成熟前进行。在种子生产过程中根据品种众数植株的性状表现，淘汰种子田中的杂株和劣株。田间多次去杂去劣可以有效地去除杂株，提高繁殖种子纯度，是防止品种混杂退化很重要的一个环节。

（5）改善栽培条件。在种子生产中，要采用先进的栽培技术，改善栽培条件，做到良种良法配套，以保持优良品种的种性，从而繁育出健壮饱满的优质种子。

（二）原种的生产程序

原种是指由育种者育成的某一品种的原始种子直接繁育而成的种子，或这一品种在生产上使用以后由其优良典型单株繁育而成的种子。原始种子又称原原种。因为一般育种单位所保留的原始种子是极其有限的，所以作物原种大多属于后者，即从某优良品种中选择典型的优良单株，经过提纯复壮，选优去劣而繁殖出来的。原种生产的一般程序如下。

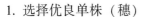

1. 选择优良单株（穗）

从品种纯度高、生长良好的大田中选择优良单株（穗）。

2. 株（穗）行比较（株行圃）

将上年当选的优良单株单独种植成株行，每隔9个或19个小区设一对照区（种植该品种原种），选择与原品种一致的株行。

3. 株系比较（株系圃）

将入选的株行分别种植成一个小区，形成株系，每隔4个或9个小区设一对照区，选择与原品种一致的株系，将入选的株系混合留种。

4. 混系繁殖（原种圃）

将入选的株系混合播种，注意除杂去劣，收获的种子即为原种。

原种种子数量较少，不能满足大田生产用种，还应将原种繁育1～2代后供大田生产之用。由混系繁殖的种子为原种一代，种植后为原种二代、三代。以上是原种生产的一般程序，称为三级提纯法。自花授粉作物也可省去株系比较试验，实行二级提纯。

（三）良种的繁殖

良种也叫生产用种，是由原种繁殖而来，直接作为大田栽培的种子。繁殖大田生产用种应建立种子繁殖基地，并根据种子需求确定种子田面积，在生产过程中，要加强田间管理，采取适当的隔离措施，做好除劣去杂等，以提高种子产量，提高质量。

可以采取多种方法加快良种繁殖。一是稀播繁殖，如单粒点播、单株稀植等；二是剥蘖繁殖，对于具有分蘖特性的作物，可以采用剥蘖分株繁殖的办法来扩大繁殖；三是异地加代繁殖；四是无性繁殖作物的分株繁殖、扦插繁殖、种薯切块育苗繁殖等；五是采用组织培养技术，快速进行无性繁殖。

（四）杂交制种技术

杂交制种技术是农作物制种的主要技术，栽培的主要农作物都实现了杂交制种，掌握杂交制种技术，是生产优质、高产种子的必备条件。

1. 土地准备和设置隔离

制种田一般选择地势平坦、土壤肥沃、地力均匀、排灌方便，病虫害为害轻，没有检疫性病虫害，便于隔离，交通方便，生产水平和生产条件较高，相对连片集中的地块。

杂交制种必须进行安全隔离。根据作物种类、授粉特点、传粉媒介等确定隔离方式。隔离方式有很多，除人工套袋、人工设置网罩生产亲本原种外，大量种子生产可采用空间隔离、时间隔离、自然屏障隔离和高秆作物隔离等方式。空间隔离是指在制种田周围一定距离内不种植同一作物的其他品种。如玉米制种田的最小隔离距离要求为 300 米，棉花为 1 000 米。时间间隔是在生育期满足要求的情况下，通过调整播期，使制种田的花期与周围农田同类作物错开，以避免外来花粉污染。

2. 确定父母本的播期

杂交制种中，父母本生育期不尽相同，特别是开花期不一定相同。安排好父母本的播期，是保证花期相遇的根本措施。确定父母本的播期，首先要准确掌握父母本的生育特性，从播种到开花的时间，特别是盛花期的时间。一般来说，父本花期较短，花粉活力保持时间也较短。确定父母本播期的基本原则是"宁可母等父，不可父等母"。错期播种时间的确定，一般经验是错期播种天数比花期相差天数多 1~1.5 倍，如花期相差 6~7 天，则播期应相差 10~15 天。为减少错期播种的麻烦，对双亲错期较小的组合，可将生育期长的亲本种子浸种催芽，同期播种。对散粉期短的父本，为延长散粉期，可将种子分成三份，一份浸种催芽同期播种，一份正常错期播种，第三份再晚播 3~4 天。

3. 确定父母本行比

父母本行比是制种田中父本行与母本行的比例关系。在保证有足够的父本花粉情况下，要尽量增加母本行数，以增加制种产量。父母本播种比例因作物不同而不同，同一作物也会因组合变化、制种田的水肥条件好坏、授粉时天气状况、父本的高度等不同而不同。如果父本植株高大、花粉量充足、开花时间长可适当增加母本行数。主要制种作物的父、母本行比大致范围是：玉米1：（4~6）；油菜正交制种1：（2~3），反交制种1：1；棉花正交制种1：（4~5），反交制种1：1。

4. 提高播种质量

要进行精细播种，力求做到一次播种保全苗，特别是母本，原则上不补苗。对于主要靠自然传粉的制种区，父本、母本要间隔种植，播种时严格把父本行和母本行区分开来，不能错行、并行、串行和漏行，必要时可在地头作标识。同期播种时，应该先播种母本行，母本行播种完毕后再播种父本行。为供应花粉，可在制种田附近，分期种植小面积父本，作为采粉区。

5. 花期预测与调节

杂交制种父母本花期相遇良好是制种成败的关键。在做好父母本错期播种的前提下，出苗后要经常检查双亲生长状况，判断花期能否相遇。花期预测的方法很多，主要方法有叶片检查法、生长锥比较法、幼穗比较法等。叶片检查法是各种作物基本的预测方法，预测花期的前提是必须知道双亲主茎各自的总叶片数。在制种田内选代表性的植株定点，定期检查父母本已经出现的叶片数。如果双亲总叶片数相近，父本叶片数比母本少1~2片为花期相遇良好的标志。

预测花期不能良好相遇的情况下，要积极采取补救措施，如对生长慢的亲本，采取早间苗、早定苗、留大苗、偏肥、偏水等办法来调节生长发育；对生长快的亲本，采用控制肥水、深中耕、断根等办法来抑制生长，以促进和保障父母本花期相遇。

6. 母本及时人工去雄

严格进行制种区母本去雄是保证杂交种质量的关键。去雄工作要做到"及时、彻底、干净"，及时是指母本雄蕊抽出没散粉前就及时去掉，彻底是指全田一株不漏；干净是指不留小穗、残枝。

7. 严格去杂除劣

去杂除劣是提高种子质量、保证种子纯度的一项重要措施。去杂除劣工作要细致、耐心，勤检查，早清除，从严、彻底，贯穿于制种全过程。

8. 辅助授粉

辅助授粉是一项行之有效的提高授粉效果、提高产量的措施，制种期花期相遇不好，或在开花期气候条件不利授粉时，人工辅助授粉的增产效果更明显。人工辅助授粉应在 8—10 时露水散干后散粉最多时进行，采取边采边授，或振动父本植株散粉；可在父本散粉期进行 4~5 次。

9. 适时收获，分收分藏

父母本成熟后要分别收获。不同隔离区收获的种子在运输、翻晒、脱粒、包装等全过程中要严格分开，防止机械混杂。种子装袋时，要放置标签，注明种子名称、收获年份、制种单位、等级和数量等信息，登记后要专库存放，专人保管，定期检查。

三、农作物种子质量及检验

（一）农作物种子质量及分级标准

衡量种子质量优劣的主要标志是种子的品质，种子的品质包括品种品质和播种品质。品种品质指种子的真实性和纯度，播种品质包括种子的净度、发芽率、水分、生活力等。

（1）品种真实性和品种纯度。品种真实性是指供检品种与文件记录（如标签等）是否相符。品种纯度是指品种在特征特性方面典型一致的程度，用本品种的种子数占供检本作物品种种子数的百分数来表示。

（2）种子净度。是指在一定量的种子中，正常种子的重量占总重量（包含正常种子之外的杂质）的百分比。净度为 100% 表

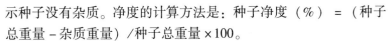

示种子没有杂质。净度的计算方法是：种子净度（％）＝（种子总重量－杂质重量）/种子总重量×100。

（3）种子发芽率。指在规定的条件和时间内长成的正常幼苗数占供检种子数的百分率。计算方法是：种子净度（％）＝发芽种子粒数/供试种子粒数×100。

（4）种子水分。种子水分包括自由水、束缚水和化合水3种，种子水分测定的是自由水和束缚水。种子含水量是指种子烘干后失水重量占原始种子重量的百分数。计算方法是：种子含水量（％）＝（烘干前重量－烘干后重量）/烘干前重量×100。

我国国家技术监督局发布的《农作物种子质量标准》对各类农作物种子质量进行了分级界定。不同种子是以纯度、净度、发芽率、水分4项指标来划分的，分级方法采用最低分级原则，即任何一个指标不符合标准就不能作为该等级的合格种子。例如小麦原种和良种的纯度分别为99.9％和99.0％，净度都为98.0％，发芽率都为85％，含水量都为13.0％。

（二）种子质量检验

利用感官和仪器测定等方法对农作物种子进行质量鉴定的过程称种子质量检验。就其内容而言，包括扦样、检测和结果报告3个方面的内容。

1. 扦样

扦样是从大量的种子中，随机取得一个重量适当、有代表性的供检样品。样品应由种子批不同部位随机扦取若干次的小部分种子合并而成，然后把这个样品经对分递减或随机抽取法分取规定重量的样品。

2. 检测

（1）纯度分析。通常把种子与标准样品的种子进行比较，或将幼苗和植株与同期邻近种植在同一环境条件下的同一发育阶段的标准样品的幼苗和植株进行比较。当品种的鉴定性状比较一致时（如自花授粉作物），则对异作物、异品种的种子、幼苗或植株进行计数；当品种的鉴定性状一致性较差时（如异花授粉作物），则对明显的变异株进行计数，并作出总体评价。

（2）净度分析。净度分析是测定供检样品不同成分的重量百分率和样品混合物特性，并据此推测种子批的组成。分析时将样品分为三种成分：净种子、其他植物种子和杂质，并测定各成分的重量百分比。

（3）发芽试验。发芽试验是测定种子批的最大发芽潜力，据此可比较不同种子批的质量，也可估测田间播种价值。发芽试验须用经净度分析后的净种子，在适宜水分和规定的发芽技术条件下进行试验，到幼苗适宜评价阶段后，按结果报告要求检查每个重复，并计数不同类型的幼苗。

（4）水分测定。水分测定必须使种子水分中的自由水和束缚水全部去除，同时要尽最大可能减少氧化、分解或其他挥发物质的损失。

3. 结果报告

检验结束后，应按现行的国家标准填写完整的结果报告单并报告下列内容：签发站名称，扦样及封缄单位名称，种子批的正式记号及印章，来样数量、代表数量，扦样日期，检验站收到样品日期，样品编号，检验项目，检验日期。报告单上的未检验项目不能空白，应填写"未检验"字样。

任务三、农作物的土壤培肥与合理施肥

土壤培肥就是通过人为耕作、施肥和灌溉等措施，使耕地不断增进肥力，持续获得高产、优质、安全的农产品的综合措施。

一、土壤的组成与性质

（一）土壤的组成

土壤是由固体、液体和气体三类物质组成的。固体物质包括

土壤矿物质、有机质和微生物等;液体物质主要指土壤水分;气体是存在于土壤孔隙中的空气。土壤中这三类物质构成了一个矛盾的统一体。它们互相联系,互相制约,为作物提供必需的生活条件,是土壤肥力的物质基础。

1. 土壤矿物质

土壤矿物质是岩石经过风化作用形成的不同大小的矿物颗粒,这些颗粒按其大小可分为砂粒、粉粒和黏粒。砂粒粒径为 0.02～0.2 毫米,粉粒为 0.002～0.02 毫米,黏粒在 0.002 毫米以下。根据百分含量算土壤矿物质种类很多,化学组成复杂,它直接影响土壤的物理、化学性质,是作物养分的重要来源。

2. 土壤有机质

在一般耕地耕层中有机质含量通常不到土壤干重的 5%,有机质含量的多少是衡量土壤肥力高低的一个重要标志。

土壤腐殖质是指新鲜有机质经过微生物分解转化所形成的黑色胶体物质,一般占土壤有机质总量的 85%～90%。腐殖质是作物养分的主要来源,不仅含有氮、磷、钾、硫、钙等大量元素,还有各种微量元素,经微生物分解可以释放出来供作物吸收利用,同时,腐殖质对增强土壤的保水、保肥能力,提高黏重土壤的疏松度和通气性,改变砂土的松散状态,促进土壤微生物的活动等方面都有很好的促进作用。

3. 土壤微生物

土壤中含有大量的细菌、真菌、放线菌、藻类和原生动物等微生物。土壤越肥沃,微生物越多。作物的残根败叶和施入土壤中的有机肥料,只有经过土壤微生物的作用,才能腐烂分解,释放出营养元素,供作物利用。有些细菌如磷细菌能分解出磷矿石中的磷,钾细菌能分解出钾矿石中的钾,以利作物吸收利用。生长在豆科植物根瘤内的根瘤菌,具有固氮作用,可以增加土壤里的氮素。

4. 土壤水分和空气

土壤是一个疏松多孔体，其中布满着大大小小蜂窝状的孔隙。直径 0.001～0.1 毫米的土壤孔隙叫毛管孔隙。存在于土壤毛管孔隙中的水分能被作物直接吸收利用，同时，还能溶解和输送土壤养分。降水或灌溉后，随着地面蒸发，下层水分沿着毛管迅速向地表上升，应及时采取中耕等措施，使地表形成一个疏松的隔离层，切断上下层毛管的联系，防止跑墒。

土壤空气对作物种子发芽、根系发育、微生物活动及养分转化都有极大的影响。生产上应采用深耕松土、破除板结、排水、晒田等措施，以改善土壤通气状况，促进作物生长发育。

（二）不同土壤的性质

根据土壤中各种大小不同颗粒的组成情况，可把土壤分为 3 个基本类型，即砂质土类、壤质土类和黏质土类。不同土壤的生产特性差别很大。

1. 砂质土类

砂质土中砂粒含量通常在 50% 以上。这类土壤由于含砂粒量多，颗粒大，孔隙也大，故通气透水性能良好。土体内水流通畅，排水性能好，作物容易扎根。但保水能力差，容易流失，抗旱能力弱。

砂粒所含的各种矿质养分少，特别是以石英为主的砂土，养分含量更少，有机质分解快，不利于土壤腐殖质的积累，保肥力弱，养分容易淋失，施肥需多次少施。

砂土温度变化大，土体中水少气多，土温上升快，降温也快，所以温度变幅大。在春季由于升温快有利于作物生长，有"热性土"之称；在晚秋寒潮来临时，由于土温下降快，作物容易发生冻害，冬季冻土层深厚。

砂质土松散，耕作省力，宜耕期长，粘结性弱，耕后不起土块，耕作质量好。但砂土泡水后容易闭塞，农民称为"闭砂"。水田插秧时要随耕随插。

2. 黏质土类

黏质土中黏粒含量在 30% 以上，其特性与砂土类相反。

黏质土颗粒细小，毛孔多但小，所以通气透水性能差，土体内水流不畅，易受涝害，要注意采取排水措施。吸水、保水能力较强，但对植物的有效水分含量并不多。

黏质土含有较多矿质营养，有机质含量高，但由于水多气少，矿质养分转化慢，有机质分解也慢，有利于有机质的积累。有效养分的含量有时并不高，施肥后土壤保肥力强，肥效较慢，施肥量小时常表现不出肥效来，但养分可以逐步释放，肥效时间长。

由于黏质土水多气少，土温比较稳定，温度变幅小。早春土温不易升高，不利于作物出苗和发苗，农民称之为"凉性土"。早春作物播种后易缺苗，并且出苗晚，苗势弱。但到后期由于温度上升，养分释放快，有后劲。

由于土粒的表面大，土壤的粘结力和粘着力强，可塑性大，干时坚硬，湿时沾犁，耕作阻力大，宜耕期短，耕后形成的土块不易散碎，耕作质量差。缺乏有机质的黏质，土胀缩现象比较严重，失水干燥时，田面易开裂，特别是水田，在排干晒烤时，常板结龟裂，引起作物断根，并加速土壤水分的散失。

3. 壤质土类

壤质土类是介于砂质土和黏质土之间的质地类型。由于壤质土砂黏适中，大小孔隙比例适当，通透性好，保水保肥性好，养分含量丰富，有机质分解快，保肥性能也强，土性温暖，耕作方便，宜耕期长，耕作质量好，发小苗也发老苗，适宜种植各种作物。

土壤适宜于作物种植的情况称土宜。质地就是重要的土宜条件之一。不同作物所需的土壤条件不同。"因土种植"是合理利用土地，充分发挥土壤肥力的重要措施。如对砂质土，要充分利用土质松，土温高，出苗好，易耕作，但比较贫乏的特点，种植生长期短的块根，块茎作物及比较耐旱、耐瘠的作物，如花生、豆类、芝麻、薯类、棉花、瓜类及蔬菜等。黏性土则因后期养分供应多，可安排种植耐肥或生长期长的作物，如小麦、水稻、玉米、高粱等。壤土适种作物范围广。

二、中低产土壤的利用与改良

中国耕地中有 2/3 以上的中低产田，其主要类型有山地丘陵的旱坡地、南方部分地区的水稻土、沼泽土，北方的盐碱地和风沙地。针对不同土壤类型中低产土壤的障碍因素进行改造，是提高土地生产力的重要途径。

（一）旱坡地低产土壤利用与改良

旱坡耕地土壤是我国山地丘陵的主要农业土地资源，分布广泛，是发展农、林、牧、副等多种经营的重要基地。

1. 旱坡地低产的原因

旱坡地土壤由于分布区域不同和土壤类型的差异，其肥力状况也有所区别，但旱坡地土壤都具有与土壤侵蚀相关联的一些不良的低产性状。一是由于自身坡度的存在，加之覆被率极低，造成水土流失较为严重，造成耕层浅薄，土壤贫瘠；二是降雨量不足或季节分配不合理，缺少必要的调蓄工程，以及由于地形、土壤原因造成的保水蓄水能力缺陷等原因，在作物生长季节不能满足正常水分需要；三是土质粗糙。

2. 旱坡地改良利用措施

（1）植树造林。可以阻止雨水对地面的冲刷，吸收、调节地表径流和涵养水源。

（2）种植绿肥牧草。绿肥牧草在改良坡耕地方面的作用主要表现在保土与提高土壤肥力上。有以下几种种植形式：一是荒坡种植；二是牧草与农作物沿等高线带状间作；三是牧草缓冲带，即在坡耕地或荒坡每隔一定距离沿等高线种植一年生或多年生牧草带，用于拦截地表径流。

（3）坡面工程措施。从改变地形形态入手，通过大搞农田基本建设，改坡地为梯田能从根本上解决水土流水问题。

（4）施用有机肥和秸秆还田，培肥地力。要广辟肥源，充分利用沼液、沼渣、人畜粪便、堆肥、沤肥、饼肥和植物秸秆等，增加土壤有机质含量，改善土壤结构，提高土壤保水保肥能力。

（5）推广节水灌溉技术。对于季节性水源充沛而缺乏灌溉条件的地方，可在农田整治的基础上，结合地形特点，修筑旱井、旱窖等集水工程，并配套节水补灌设施，以满足作物苗期和生长关键期对水分的要求。

（二）低产水田土壤利用与改良

根据我国南方低产水田的成土环境、土壤特性等的不同，低产水田可归纳为冷浸类、黏瘦类、毒质类、漏水类等低产类型。

1. 低产水田低产原因

（1）冷浸类低产水田。由于终年积水，水冷而泥泞，从而导致一系列土壤性质的恶化，一是主要表现为水、土温度低；二是有机质含量虽高，但有效养分缺乏；三是长期渍水，还原性物质积累较多，会对根系造成为害；四是表层有 30~40 厘米厚的土壤终年处于泥泞状态，不利耕作，水稻移栽后也难以立苗，常出现前期浮秧多、后期易倒伏的现象。

（2）黏瘦类低产水田。此类水田土壤质地特别黏重，土壤结构性差，遇水成块不易破碎，易干，易涝，土壤耕性不良，养分含量低，对作物生长不利。

（3）毒质类低产水田。酸、毒、碱害并存是该类土壤的主要障碍因子，酸害是低产的主要原因。耕层 pH 值一般为 3.0~5.0；氯化钠、硫酸钠、硫酸铝等盐分含量过高，对水稻生长会造成严重为害；土壤处于还原状态，有机质分解慢，有效养分含量低。

（4）漏水类低产水田。这类土壤砂粒含量多，土体松散，结构性差，漏水漏肥严重，有机质和养分含量少。

2. 低产水田利用改良措施

（1）水利措施。改良冷浸田主要是修塘开沟，以达到防止山洪，排除积水，消灭串灌的目的。修塘就是在地形适当的山坑顶部修山塘小水库，蓄水供灌溉之用；开沟即是开挖防洪沟、排水沟和灌溉沟。

黏瘦类田发展灌溉是首要措施，如修建山塘、水库和引水、提水工程，整治好田间灌溉系统。

毒质类田首先要杜绝海水淹浸，防止咸潮侵袭，需筑堤拒咸；其次是田间开挖排水沟，灌入淡水，排除咸水；还可以采用淹水压酸的方法，保持水层以隔绝空气，使田底的硫化物不致于氧化和上升，降低上层土壤酸性。

（2）施肥改土。增施有机肥料、施用石灰等改土效果良好。

（3）耕作改良。冷浸田冬翻晒白可使土壤的理化、生物性质都能得到良好的改善。黏瘦类田耕层浅薄，犁底层紧实，必须逐年加深耕层，勤中耕除草，增进气体交换，促进养分分解释放。毒质类水田要通过多犁多耙，勤中耕，力求做到土壤细碎，田面平整，防止下层有毒物质上升和加快排除。

（4）合理轮作。经过开沟排水等改造后的冷浸田应选择油菜、小麦、绿肥等旱作物，实行水旱轮作。黏瘦田可采用水稻与花生、绿肥、大豆、油菜等复种轮作。毒质水田采取水稻、甘蔗、绿肥轮作效果好。粗砂田实行水稻与薯类、绿肥、棉花、大豆轮作。

（三）盐碱土利用与改良

1. 盐碱土低产的原因

盐碱土指由于耕地可溶性盐含量和碱化度超过限量，影响作物正常生长的多种盐碱化耕地。盐碱土壤低产原因主要有：一是高浓度盐分引起植物的生理干旱；二是盐分离子含量过高，或土壤碱性过强，对植物造成的直接毒害和间接毒害；三是土壤性质恶化，土壤理化性质、生物学性质变差，干时坚硬，湿时黏重，影响作物出苗生长。

2. 盐碱土改良利用措施

（1）降低和控制地下水位，增加农田灌溉的工程措施。地下水位高是形成盐渍化土壤的主要原因，降低和控制地下水位是盐渍化土壤改造的前提。同时要进行平田整地，提高灌溉质量，减少大水漫灌和局部积水。

（2）减轻盐分和钠离子为害的化学改良措施。对于盐渍化程度较重的土壤，钠离子含量多，为害严重，作物难以正常生长，可使用化学改良，如过磷酸钙、石膏、硫酸亚铁、磷矿石、腐殖酸类肥料等，以钙离子代换土壤胶体上的钠离子，降低土壤碱性，消除钠离子的毒害，促进土壤理化性状的改善和土壤肥力的提高。同时要进行适当的灌溉冲洗，以淋溶土壤中的可溶性盐分，活化钙离子，加速代换速度，提高改碱效果。

（3）增加地面覆盖，促进土壤培肥的生物措施。以有机肥为主、化肥为辅，尽量避免使用碱性和生理碱性肥料，平田整地，深耕、深松，推行深播浅盖种植技术、地膜覆盖和秸秆粉碎还田技术，种植绿肥。

（四）风沙土利用与改良

1. 风沙土低产原因

风沙土壤土体松散、风蚀严重、保水保肥能力差。土壤贫瘠，有机质含量少，养分含量少。风蚀严重的地区还可能对形成沙尘、沙暴天气提供沙源。

2. 风沙土改良利用措施

风沙土改良利用原则应突出于"固"（防风固沙），立足于"改"（改良质地、结构），着重于"肥"（培肥），合理开发利用。应采取以下措施。

（1）生物措施。即借助植物根系和地上部分对风沙土的固结和覆盖作用，增强抗风蚀能力，减缓风沙土的流动性，最终使之趋于固定。保护自然植被，不在风沙土区任意农垦、樵采和超载放牧。建立人工绿色带，即通过植树造林和种草活动，建立绿色屏障以阻当由风引起的砂粒移动。通常由乔木—灌木—草本植物组成，或可由灌木—草本植物组成；也可以用封沙育草的绿色带，依降雨及水文地质条件而定。在雨量较多（300 毫米以上）或地下水位较高（离地表 2 米以内）的地区可全部由乔木组成绿色带。

（2）机械措施。用灌木、草秆、泥土、砾石等作材料，呈带状或格状覆盖于风沙土表面，制止风沙流动。此法用于防治风沙对铁路、农田的为害，效果明显。

（3）农业措施。主要是通过增施有机肥料、客土（掺黏土）、留（高）茬和种植豆科绿肥等措施，增强风沙土的抗风蚀的能力，并提高土壤肥力水平。

三、高产土壤的培肥

高产土壤一般都具有耕作层疏松、深厚，质地较轻，而心土层较为紧实，质地较黏的土体结构，这既有利于通气、透水、增温、促进养分分解，又有利于保水保肥。同时高产土壤的有机质含量较高，养分丰富且协调，质地适中，耕性好，有较多的水稳性团聚体，有良好的水、气、热状况，非常适合作物生长。

随着对土壤生产力要求的提高，国内外都日益重视土壤培肥的措施。培育高产的肥沃土壤，必须在加强农田基本建设、创造高产土壤环境条件的基础上，进一步运用有效的农业技术措施来培肥土壤，从而提高土壤的肥力质量。

（一）增施有机肥料，培育土壤肥力

增施有机肥料既能营养植物，又能改善土壤物理性质，提高土壤肥力。

（二）发展旱作农业，建设灌溉农业

旱作土壤主要指由于降水量低，或降水量虽然不少，但分配不均，而且无灌溉条件的农业土壤。在这类土壤上进行农业生产完全靠天然降水。良好的旱作土壤水分性质应该是：渗透易、蒸发少、保蓄强、供应多。研究表明，在当前产量水平下，旱作农业的主要限制因素是"肥"而不是"水"。

发展灌溉，实现农业水利化是提高单产的重要措施。从农业技术方面考虑，在建设灌溉农业方面应注意：重视灌水与其他增产措施的配合；改进灌溉技术，节约用水；保护地下水资源，防止次生盐渍化；防止次生潜育化。

(三) 合理轮作倒茬，用地养地结合

通过轮作培肥地力是我国的传统经验。充分用地并积极养地，用养结合，是我国轮作倒茬制度的特点。轮作倒茬一方面要考虑茬口特性，另一方面要考虑作物特性，合理搭配耗地作物（如水稻、小麦、玉米）、自养作物（大豆、花生）、养地作物（草木犀、紫云英）。可根据各地具体情况，采用绿肥作物与大田作物轮作、豆科作物与粮棉作物轮作、水旱轮作等有利于养地增产的轮作类型。

(四) 合理耕作改土，加速土壤熟化

深耕结合施用有机肥料，是培肥改土的一项重要措施。深耕要注意逐步加深，不乱土层。深耕的时间要因地制宜，华北和西北地区以秋耕和伏耕为佳。在南方稻麦两茬、水旱轮作地区，大多在秋种和冬种前进行深耕。深耕还应与耙磻、施肥、灌溉相结合。

(五) 防止土壤侵蚀，保护土壤资源

应运用合理的农、林、牧、水利等综合措施，防止土壤侵蚀、土壤沙化、土壤退化、土壤污染，保护土壤资源。

四、常见肥料的施用

（一）化学肥料

1. 碳酸氢铵

碳酸氢铵简称碳铵，含氮量 16.5%～17.5%，是一种速效氮肥。化学性质不很稳定，具有易于挥发的特性，所以作基肥和追肥时都要深施覆土。由于分解放出的氨气会伤及茎叶和种子，所以碳铵不适于做根外追肥和种肥。

2. 尿素

尿素是一种高浓度酰胺态氮肥，含氮量 42%～45%。属中性速效肥料，施入土壤后要通过土壤微生物经 3～4 天作用，转化成碳酸铵或碳酸氢铵后才能被作物吸收利用。因此，作基肥要深施，而且要比碳酸氢铵、硫酸铵早施 4～5 天。尿素转化后形成的氨易挥发，所以尿素也要深施覆土。尿素不宜直接作种肥，因为高浓度的尿素直接与种子接触，常影响种子发芽，造成出苗不齐。

3. 硝酸铵

硝酸铵含氮量 15%～16%，易溶于水、易吸湿和结块，同时易发生热分解，产品一般制成颗粒状。施入土壤后，很快分解成铵离子和硝酸根离子，铵离子可被土壤吸附，而硝酸根离子不易被土壤保存，易随水流失。所以不宜作追肥和水田施用，以旱地追施为好。

4. 过磷酸钙

过磷酸钙简称普钙，其主要成分是水溶性磷酸一钙和难溶性硫酸钙，有效磷（P_2O_5）含量 12%～20%，具有腐蚀性和吸湿性，易吸湿结块。可作基肥、追肥，也可作根外追肥。注意不能与碱性肥料混施，以防酸碱性中和，降低肥效。适用于各种作物和土壤，宜采用条施、穴施、蘸秧根，集中施用或与有机肥料混用，可提高利用率。其所含的游离酸会产生烧种、烧苗现象，所以不能直接作种肥。

5. 钙镁磷肥

钙镁磷肥是一种以含磷（有效磷 14% ~ 19%）为主，同时含有钙、镁、硅等成分的多元肥料，不溶于水的碱性肥料，适用于酸性土壤，肥效较慢，作基肥深施比较好。与过磷酸钙、氮肥不能混施，但可以配合施用，不能与酸性肥料混施，在缺硅、钙、镁的酸性土壤上效果好。不宜在中性和碱性土壤施用，也不宜作追肥。钙镁磷肥施用后当季作物吸收利用率很低，因此在施用磷肥较多的田块不必连年施用，提倡隔年施用，以节本增效。

6. 氯化钾

氯化钾含有效钾（K_2O）50% ~ 60%。易溶于水，物理性状良好，不易吸湿结块，属于生理酸性肥料。宜作基肥深施，通常在播种前结合耕翻施入。适宜于大多数土壤和作物，但甘薯、马铃薯、甜菜、西瓜等忌氯植物不宜施用，盐碱地也不宜施用。

7. 硫酸钾

硫酸钾含有效钾（K_2O）48% ~ 52%。易溶于水，物理性状良好，不易吸湿结块，属于生理酸性肥料。可作基肥、追肥、种肥和根外追肥。旱田作基肥，应深施覆土，作追肥时应条施或穴施到根系密集的土层。根外追肥时，配成 2% ~ 3% 的溶液喷施。适宜于各类作物和土壤，特别是喜硫作物（如油菜、大蒜）效果较好。

8. 磷酸二铵

磷酸二铵，也称作磷酸氢二铵、磷酸氢铵，是一种高浓度的速效肥料，含氮量 15% ~ 18%，五氧化二磷 42% ~ 46%。适用于各种作物和土壤，特别适用于喜铵需磷的作物，宜作基肥使用，如作追肥，应早施并深施 10 厘米后覆土，不能离作物太近，以免灼伤作物。作种肥时，不能与种子直接接触。磷酸二铵不要随水撒施，否则会使其中的氮素大多留在地表，也不要与草木灰、石灰等碱性肥料混施，以防引起氮的挥发和降低磷的有效性。

9. 硝酸磷肥

硝酸磷肥的主要成分是磷酸二钙、硝酸铵、磷酸一铵，含氮量13%~26%，五氧化二磷12%~20%。有一定吸湿性，部分溶于水，水溶液呈酸性。主要作基肥和追肥使用，适宜于北方石灰质碱性土壤。硝酸磷肥含硝态氮，容易随水流失，所以在水田应避免施用。

（二）有机肥料

1. 人粪尿

人粪尿中有机物含量较低，磷钾也较少，但氮含量较多，且碳氮比小，施入土中易分解，利用率较高，肥效迅速，被称为细肥。多当作速效氮肥施用，一般施用时对水3倍左右泼浇。由于含有一定盐分，一次用量不可过多。人粪尿应专缸贮存，并加盖，添加少量苦楝，夏季贮存半个月、春秋季贮存1个月。

2. 猪圈粪

猪圈粪是猪粪尿加上垫料积制而成的厩肥，含有较多的有机物和氮磷钾养分，氮磷钾比例约在2:1:3，质地较细，碳氮比小，容易腐熟，肥效相对较快，是一种比较均衡的优质完全肥料。猪圈粪多作基肥秋施或早春施。积肥时多以秸草垫圈，起圈后肥堆外部抹泥堆腐一段时间再用。

3. 牛栏粪

牛栏粪质地细密，含水量高，养分含量略低，腐熟慢，是冷性肥料。牛栏粪肥效较缓，堆积时间长，最好和热性肥料混堆，堆积过程中注意翻捣。可以做晚春、夏季、早秋基肥施用。

4. 羊圈粪

羊圈粪质地细，水分少，肥分浓厚，发热特性比马厩肥略次，是迟速兼备的优质肥料。羊圈粪运用性广，可做基肥或追肥施用，用于西甜瓜一类作物穴施追肥比较适宜。堆制方便，容易腐熟，注意防雨淋洗即可。

5. 兔粪

兔窝粪肥分高，发热特性近似于羊圈粪，易腐熟，肥效较快，适用性广，可做追肥施用，施用特性同于羊圈粪。

6. 禽粪

禽粪养分含量高，含氮磷较多，养分比较均衡，是细肥，易腐熟，是热性肥料，可做基肥、追肥。

7. 秸秆堆肥

秸秆堆肥碳氮比高，是热性肥料，分解较慢，但肥效持久，长期施用堆肥可以起到改土作用。堆肥的适用性广，多做基肥施用。积造堆肥时应注意使堆肥水分控制在 60% ～ 75%，适当通气，加些粪肥调节碳氮比。

8. 沼渣与沼液

沼渣与沼液是秸秆与粪尿在密闭嫌气条件下发酵后沤制而成的，其养分含量因投料的不同而有差异。沼渣是养分比较完备的迟性肥料，质地细，安全性好，可做基肥，沼液是速效氮肥，可做追肥或叶面喷肥。

9. 饼肥

饼肥是热性肥料，养分含量高，碳氮比小，肥效略快且稳长，可做基肥或追肥。可以粉碎后直接施用，但能用作饲料的一般以过腹还田较为经济。

10. 绿肥

由于耕地有限，一般不专门种植普通绿肥，而是种植蚕豆、绿豆、豌豆、豇豆等养地作物；水花生有较好的富集水体中钾的能力，可以在沟渠中适当发展，以弥补钾肥的不足。绿肥一般不直接还田，以过腹还田或堆肥为宜。

五、测土配方施肥技术

（一）测土配方施肥的含义

测土配方施肥就是以土壤测试和肥料田间试验为基础，根据土壤供肥性能、作物需肥规律和肥料效应，在合理施用有机肥的基础上，提出氮磷钾和中微量元素的适宜比例、用量，以及相应的施用技术（包括施用时间和施用方法），以满足作物均衡吸收各种营养，达到氮磷钾三要素平衡、有机养分与无机养分平衡、大量元素与中微量元素平衡，维持土壤肥力水平，减少养分流失和对环境的污染，达到高产、优质和高效的目的。通俗的讲，"测土"就是摸清土壤的家底，掌握土壤的供肥性能；"配方"就是根据土壤缺什么，确定补什么；"施肥"就是执行上述配方，合理安排基肥和追肥比例，同时根据肥料的特性，选择切实可行的施肥方法，并与其他农艺措施相配套，以发挥肥料的最大增产作用。

（二）测土配方施肥的理论依据

配方施肥主要的理论依据有：养分归还学说；最小养分律；各种营养元素同等重要与不可替代律；肥料效应报酬递减律；生产因子的综合作用。

（三）测土配方施肥的技术内容

1. 土壤测试

按照代表性、典型性原则进行土壤样品采集和土壤氮、磷、钾及中、微量元素养分测试，了解土壤供肥能力状况。

2. 田间试验

由农技人员在优势作物主推品种上布置田间小区试验，以了解作物需肥规律、获取肥料效应参数，确定各个施肥单元不同作物优化施肥量，基、追肥分配比例，施肥时期和施肥方法，构建作物施肥模型，为施肥分区和肥料配方提供依据。

3. 配方设计

根据测土和肥料试验结果，组织专家会商，提出不同地区、不同作物的施肥配方。

4. 校正试验

对上述肥料配方通过田间试验来校准施肥参数，验证并完善

肥料配方，改进测土配方施肥参数。

5. 配方加工

根据相关的配方施肥参数，委托相关企业定向生产配方肥料。

6. 示范推广

建立测土配方施肥示范区，为农民创建窗口，树立样板，把该项技术落实到田头。

7. 宣传培训

对各级农技人员、肥料生产企业、肥料经销商、农民进行系统培训。

8. 效果评价

在测土配方施肥项目区进行动态调查并随机调查农民，征求农民的意见，检验其实际效果，以完善管理体系、技术体系和服务体系。

9. 技术创新

为保持这项技术的延续与发展，在田间试验方法、土壤测试、肥料配制方法、数据处理等方面开展创新研究，以不断提升测土配方施肥技术水平。

任务四、农作物的栽培技术

一、农作物的种植制度

种植制度是指一个地区或生产单位的农作物组成、配置、熟制与种植方式的总称。包括种什么农作物，种多少，种哪里，及农作物如何布局问题；一年种几茬，哪个季节种，即复种与休闲问题；是采用单作、间作、混作还是套作或移栽，即采用什么种植方式问题；不同生长季节或不同年份农作物的种植顺序如何安排，即轮作或连作问题。

（一）作物布局

作物布局是某一种植区域上要安排种植农作物的种类、品种及种植面积、比例。作物布局要遵循以下基本原则。

（1）坚持以农产品市场为导向，立足本地市场，面向全国，考虑国际，适应内外贸易发展的需要，满足社会需求。

（2）坚持发挥区域比较优势，因地制宜发挥资源、经济、市场技术等方面的区域优势，发展本地优势农产品。

（3）坚持提高农业综合生产能力，严格保护耕地、林地、草地和水资源，保护生态环境，实行可持续发展。

（4）适当扩大经营规模，并尽可能使同种作物种植区相连成片，以利于采用先进技术，提高管理水平和组织加工运输，逐步向区域化、专业化方向发展。

（二）种植模式

1. 复种和休闲

复种是指一年内于同一田地上连续种植两季或两季以上作物的种植方式。复种有利于扩大播种面积和提高单位面积年产量，有利于缓和粮、经、果、菜等作物争地的矛盾，有利于稳产。

同一地块上一年内种植两季农作物的称为一年两熟，如小麦—水稻；种植三季农作物的称为一年三熟，如油菜—早稻—晚稻；两年内种植三季农作物的称为两年三熟。复种程度高低可用复种指数来表示，即全年总收获面积占总耕地总面积的百分数。

与复种相反的农作方式是休闲。休闲是在可种农作物的季节不种植农作物，只对耕地进行耕作，或者不耕不种。耕地休闲的作用在于使耕地得到短租休息，减少水分、养分消耗，蓄积雨雪水，促进土壤养分转化，消灭杂草和病虫害，为下一茬作物生长提供良好条件。

2. 轮作与连作

轮作指在同一田块上有顺序地在季节间和年度间轮换种植不

同作物或复种组合的种植方式。如一年一熟的大豆→小麦→玉米三年轮作，这是在年间进行的单一作物的轮作；在一年多熟条件下既有年间的轮作，也有年内的换茬，如南方的绿肥—水稻—水稻→油菜—水稻→小麦—水稻—水稻轮作，这种轮作有不同的复种方式组成，因此，也称为复种轮作。合理的轮作有很高的生态效益和经济效益，如防治病、虫、草害，均衡地利用土壤养分，改善土壤理化性状，调节土壤肥力等。

连作在同一块田地上连续种植相同作物或采用相同的复种方式的种植方式，前者又称重茬，后者称复种连作。在一定条件下连作有以下好处：扩大种植适于当地气候、土壤的作物，以满足社会需要或获得较多利润；专业化程度高，生产者较易掌握其高产栽培技术，也便于机械化等，但连作会破坏土壤中营养元素之间的平衡，造成某些养分匮缺，易造成病虫草害重发，也容易在土壤中积累有毒物质最终导致减产。

3. 单作、混作、间作与套作

单作是在同一块田地上种植一种作物的种植方式。由于单作的作物单一，对条件的要求一致，生育期一致，因此单作具有便于种植、管理、收获，便于机械化操作、大规模经营，有利于产业化发展等优点，也由于单作的群体单一，如果大面积种植单一作物，会出现系统稳定性下降，抗逆能力减弱等问题。

混作是在同一块田地上同期混合种植两种或两种以上作物的种植方式。混作好处是在混合种植作物的生态适应性比较一致的情况下，能节约利用空间，增加作物的种植数量。

间作是在同一块田地上于同一生长期内，分行或分带相间种植两种或两种以上作物的种植方式。

套作也称套种，是在同一块田地上，在前季作物生长后期的株行间播种或移栽后季作物的种植方式。

在农业生产中，间作套种的好处可以概括为以下几点：①充分利用生长季节，实现一季多收，高产高效。②充分利用光能。

间作套种能够合理配置作物群体，使作物高矮成层，相间成行，有利于该作物的通风透光条件，提高光能利用率，充分发挥边行优势的增产作用。③用地养地相结合，实行粮肥间套、粮豆间套，以地养地，既增产粮食，又培肥地力，有利持续增产。④抑制病虫害发生。间作套种增加了生态系统的生物种类和营养结构的复杂程度，能提高生态系统的稳定性，减少病害发生。

实行间作套种，要注意掌握以下要点。

（1）作物种类和品种搭配要合理。一般应遵循的原则是高、矮秆作物搭配；深、浅根作物搭配；喜光作物与耐阴作物搭配等。间、套作物群体中，各作物间既能互补也会竞争，如处理不好、条件不具备，不但不会增产反而会减产，因此选择搭配适宜的作物和品种非常重要。

（2）配置比例及方式要适宜。要先确定主作物与副作物的种植比例，主作物所占比例应较大，副作物比例则应较小。套作时，前作要为后播作物预留够空行。

（3）适时播种，缩短共生期。间作各作物，有的要求同时播种，有的应分期错开播种。套作时，播种过早，共生期长，后作物受荫蔽时间长，播种过晚又不能保证正常的生育期。一般应掌握"短期偏早"的原则。

（4）加强田间管理。间、套作的作物生长发育时间不同，对环境条件要求也有差异，应采用综合栽培技术进行管理，尽量使主、副作物都能健壮生长。遵循措施主要为确保套种作物全苗，培育壮苗，及时收获前作物等。

二、农作物的土壤耕作

（一）土壤耕作的概念与目的

土壤耕作是利用农机具的机械力量来改善土壤的耕层结构和地表状况的技术措施。进行土壤耕有以下一些目的。

（1）为农作物播种和生长发育创造适宜的环境，通过耕作可以创造上松下实的种床、苗床和根床，促进种子发芽、生根和生长发育。

（2）调节土壤水、气状况，保证旱时蓄水保墒，湿时通气散墒。

（3）消灭植物残茬，掩埋肥料，加速养分转化与循环。

（4）消灭病虫害与杂草。

（二）土壤耕作的类型和作用

1. 基本耕作

基本耕作作用于整个耕层，包括翻耕、深松耕和旋耕三种方式。

（1）翻耕。是用有壁犁将土壤翻转的作业。翻耕有深翻和浅翻两种，浅翻深度 15~20 厘米，深翻深度 20~25 厘米。翻耕对土壤具有切、翻、松、碎、混等多种作用，并能一次完成疏松耕层、翻埋残茬、拌混肥料、控制病虫草害等多项任务。翻耕也存在不少缺点：一是全层耕翻，动土量大，消耗动能多；二是耕层一般偏松，下部常有暗坷垃架空，有机质消耗强烈，对植物补给水分的能力较差；三是耕翻过程中损失较多水分，在干旱地区往往影响及时播种和幼苗生长；四是耕翻后一般要辅以耙、耱、压等作业（通常不止一次），增加作业数和成本；五是可以形成新的犁底层；六是在风蚀严重地区会加剧土壤侵蚀。

（2）深松耕。是指用无壁犁或松土铲对土壤进行较深部位松土的作业。与翻耕相比，深松耕的主要优点有：松土深度一般都比翻耕为深，达 30~40 厘米，可打破常规翻耕形成的犁底层；只松土、不翻土，可保持熟土在上、生土在下，不乱土层；碎土效果好，地面平整细碎少坷垃，亦不发生暗坷垃架空现象；在松土过程中丢失水分较少；可间隔深松，创造出虚实并存的局面；深松后大土块较少，可减少耙、压次数，降低生产成本。深松耕的缺点是掩埋残茬、肥料和杂草的能力差。

（3）旋耕。是指用旋转犁对土壤进行的切削、松碎作业。优点是破碎土壤，消灭残茬和杂草，拌混肥料的能力极强；一次作业即可完成松碎、拌混和平整等多项功效。旋耕的缺点是耗能大，生产效率较低；耕作深度较浅，一般只有 10 厘米左右。

2. 表土耕作

表土耕作是基本耕作的辅助措施，作用深度限于土壤表层 10 厘米以内，包括耙地、耱地、镇压、作畦和起垄等项内容。

（1）耙地。翻耕后的土壤往往不够平整，且土块较大，耙地的主要作用就在于破碎表层土块，并平整地面。耙地还具有灭除杂草、拌混肥料、疏松表土和轻微压实土壤的作用。在干旱和半干旱地区，翻耕后随即耙地，可起到保墒抗旱的功效。耙地的农具有圆盘耙、钉齿耙、刀耙等。

（2）耱地。常在耕地后与耙地结合进行，其主要作用是平整地面、耱碎土块、耱实土壤，进而利于保墒和播种。耱地的农具通常为用柳条、荆条等编织的耱或厚木板、铁板等。

（3）镇压。镇压的主要功能是紧实土壤，同时还具有压碎土块、平整地面的作用。紧实土壤可增加毛管作用，进而收到提墒、保持土表湿润的功效。镇压必须在土壤较为干燥、比适宜耕作的含水量稍低时进行，以免造成土壤板结。镇压常结合播种在播种前后进行。镇压用的农具有石磙及各种类型的专用镇压器。

（4）作畦。我国有两种畦。北方水浇地上作低畦，畦长 10～50 米，畦宽 2～5 米，通常为播种机宽度的倍数；四周之畦埂宽约 20 厘米、高约 15 厘米。低畦的作用是便于灌溉，既能使灌溉较为均匀，又可节约灌溉用水。灌水时由畦的一端开口，水流至畦长 80% 位置时关闭入水口，让余水流到畦的另一端。南方旱田作高畦，畦长 10～20 米，畦宽 2～3 米，四面开沟。高畦的作用是便于排水，可预防涝害。作畦的专用机械有筑埂机、开沟机等。

（5）起垄。我国东北地区与各地山区盛行垄作。东北地区垄作的目的是便于排水和提高局部地温；山区垄作主要是为了保持水土。另外，垄作还有防止土壤板结，改善土壤通气性，压埋杂草，防倒伏等效果。垄宽 40～80 厘米，宽者称大垄，窄者称小垄；垄高 15～30 厘米。起垄是垄作的一项主要作业，通过有壁犁开沟培土完成。

（三）少耕与免耕

1. 少耕

少耕指在常规耕作基础上尽量减少土壤耕作次数或在全田间隔耕种、减少耕作面积的一类耕作方法，它是介于常规耕作和免耕之间的中间类型。凡多项作业一次完成的联合作业，以局部深松耕代替全面深耕，以耙茬、旋耕代替翻耕。在季节间、年份间轮耕，间隔带状耕种，减少中耕次数或免中耕等，均属少耕范畴。

少耕是通过减少不必要的耕作次数，以降低生产成本，减少对土壤结构破坏。

2. 免耕

又称零耕、直接播种，指作物播种前不用犁、耙整理土地，直接在茬地上播种，播后作物生育期间不使用农具进行土壤管理的耕作方法，有保土、保水、保肥、省工、省力、省能及增产、增效、增收的特点。

免耕常由 3 个环节组成：一是利用前作物残茬覆盖代替土壤耕作；二是应用除草剂、杀虫剂等代替土壤耕作的除草、杀虫作业；三是采用联合作业的免耕播种机，一次完成喷药、施肥、播种、覆土、镇压等多项作业。

任务五、主要农作物生产与病虫害防治技术

一、小麦生产与病虫害防治技术

小麦是世界上重要的粮食作物之一，在我国的种植面积仅次

于水稻，常年种植面积约 3×10^7 公顷，占全国粮食作物总面积的 $1/5$，总产量占全国粮食产量的 $1/6$，小麦生产情况对我国粮食安全具有重要意义。

（一）小麦的播前准备与播种技术

1. 良种选择

要根据当地自然生态条件、地力水平、病虫害和气象灾害（如干旱、冻害、干热风等）发生特点，因地制宜、因种制宜选择小麦品种，良种良法良田配套，规避生产风险，最大限度地发挥品种的增产潜力，实现高产、稳产、优质。

2. 种子处理

播前要精选种子，去除病粒、秕粒、烂粒等不合格种子，并选晴天晒种 $1 \sim 2$ 天。根据当地主要病虫种类，选择对路种衣剂或拌种剂，按推荐剂量进行种子包衣或药剂拌种，尤其要注意根部和茎基部病害，如纹枯病、全蚀病、根腐病、胞囊线虫病等的防治。条锈病、纹枯病、腥黑穗病等多种病害重发区，可选用戊唑醇（2%立克秀干拌剂或湿拌剂、或6%亮穗悬浮种衣剂）或苯醚甲环唑（3%敌萎丹）悬浮种衣剂、氟咯菌腈（2.5%适乐时）悬浮种衣剂；小麦全蚀病重发区，可选用硅噻菌胺（12.5%全蚀净）悬浮剂或苯醚甲环唑＋氟咯菌腈悬浮种衣剂；小麦黄矮病和丛矮病发生区，可用吡虫啉拌种。防治蝼蛄、蛴螬、金针虫等地下害虫，可选用40%甲基异柳磷乳油或40%辛硫磷乳油进行药剂拌种。多种病虫混发区，采用杀菌剂和杀虫剂各计各量混合拌种或种子包衣。

3. 精细整地

按照"秸秆还田必须深耕，旋耕播种必须耙实"的要求，提倡大型机械深耕，耕深25厘米以上，耕后机耙 $2 \sim 3$ 边，除净根茬，粉碎坷垃，达到上虚下实，地表平整；旋耕播种麦田要旋耕2遍，旋耕深度15厘米左右，并要耙实；连续旋耕 $2 \sim 3$ 年的麦田必须深耕或深松一次，以打破犁底层。

耕翻前应将全部有机肥和磷钾肥、50%的氮肥作为底肥。

4. 灌水造墒

麦播时0~10厘米土层最适宜小麦播种出苗的土壤含水量为田间持水量的70%~80%，底墒不足麦田应在播前10~15天施肥、耕翻后进行灌水造墒，一般年份每亩灌底墒水60~80立方米，井灌区宜采用沟灌，一般沟长20~30米，也可采用地下低压管道输水、地面软管配水方式；渠灌区宜采用畦灌，畦长30~50米，畦宽4~5米。

5. 播种技术

北方冬麦区半冬性品种适宜播期一般为10月上中旬，弱春性品种为10月中下旬。在适期播种范围内，早茬地种植分蘖力强、成穗率高的品种，一般亩播量7~8千克；中晚茬地种植分蘖力弱、成穗率低的品种，一般亩播量8~10千克。如遇墒情较差、因灾延误播期及整地质量较差等，可适当增加播种量。一般每晚播3天亩播种量增加0.5千克，但每亩播量最多不能超过15千克。

采用精播楼或播种机宽窄行或窄行等行距播种。高产田块采用20厘米等行距，或15厘米×25厘米宽窄行种植；中产田采用20~23厘米等行距种植；与经济作物间作套种的麦田还应注意留足留好预留行。

播种深度以3~4厘米为宜，并做到深浅一致，落籽均匀。旋耕种植麦田，一定要在播前或在播种的同时镇压踏实土壤，防止播种过深；也可在播种后及时根据墒情适当镇压。

(二) 小麦的前期管理技术

小麦前期生长阶段是指种子萌发出苗到越冬阶段。此阶段的管理目标是在苗全苗匀基础上，促根增蘖，促弱控旺，培养壮苗，保苗安全越冬。

(1) 及时浇水。对于口墒较差、出苗不好的麦田尽早浇水；对整地质量差、土壤暄松的麦田先镇压后浇水；对晚播且口墒较差的麦田播后及时浇蒙头水，保证出苗均匀整齐。

（2）查苗补种。出苗后及时检查出苗情况，对缺苗断垄（10厘米以上无苗为"缺苗"；17厘米以上无苗为"断垄"）的地方，用同一品种的种子浸种至露白后及早补种；或在小麦 3 叶期至 4 叶期，在同一田块中堌堆苗或苗稠密处选择有分蘖的带土麦苗，移栽至缺苗处。移栽时覆土深度要掌握上不压心，下不露白。补苗后压实土壤再浇水，并适当补肥，确保麦苗成活。

（3）适时中耕。每次降雨或浇水后要适时中耕保墒，破除板结，灭除杂草，促根蘖健壮生长。对群体偏大、生长过旺的麦田，可采取深中耕断根或镇压措施，控旺转壮，保苗安全越冬。

（4）肥水管理。对整地质量高、底肥充足、生长正常、群体和土壤墒情适宜的麦田冬前一般不再追肥浇水；对底肥施用不足，有缺肥症状的麦田，应在冬前分蘖盛期结合浇水每亩追施尿素 8~10 千克；对秸秆还田、旋耕播种、土壤悬空不实或缺墒的麦田必须进行冬灌，保苗安全越冬。冬灌时间一般在日平均气温 3℃ 左右时进行，在上大冻前完成。提倡节水灌溉，禁止大水漫灌，浇后及时划锄松土。

（5）化学或人工除草，防治草害。防治野燕麦、看麦娘、黑麦草等禾本科杂草，每亩可用 6.9% 骠马乳油 60~70 毫升加水进行叶面喷雾；防治节节麦、雀麦，可用 3% 世玛每亩 30 克或 3.6% 阔世玛每亩 20 克喷雾；防治播娘蒿、荠菜、猪殃殃等阔叶类杂草，每亩可用 75% 苯磺隆（阔叶净、巨星）干悬浮剂 1.0~1.8 克或 10% 苯磺隆可湿性粉剂 10 克或 20% 使它隆乳油 50~60 毫升加水 30~40 千克，均匀喷雾。防治时间宜选择在 11 月中旬至 12 月上旬，小麦 3~4 叶期，杂草 2 叶 1 心至 3 叶期时进行。

（三）小麦的中期管理技术

小麦的中期生长阶段是指小麦从返青到孕穗的生长时期。此时期的管理目标是促弱控旺转壮，及时防治病虫草害，保苗稳健生长，培育壮秆大穗，搭好丰产架子。

（1）普遍进行中耕。早春浅中耕松土，提温保墒，弥实裂缝，破除板结，灭除麦田杂草，促苗早发稳长，抑制春蘖过多滋生，促进根系和个体健壮生长。

（2）看苗分类管理。对返青期叶色浓绿，有旺长趋势的麦田，采取深耕断根，或在起身前每亩用15%多效唑可湿性粉剂30～50克或壮丰胺30～40毫升，加水25～30千克均匀喷洒，控旺防倒；对于播量大、个体弱、有脱肥症状的假旺苗，应在起身初期追肥浇水；对返青期麦苗青绿，叶色正常，根系和分蘖生长良好的壮苗麦田，推迟到拔节中后期，即在基部第1节间固定，第2节间伸长1厘米以上时结合浇水每亩沟施或穴施尿素10千克左右，并配施适量磷酸二铵；对返青期麦叶色较淡的麦田，及时进行肥水管理，促弱转壮，一般在起身初期结合浇水每亩追施尿素10～12千克。

（3）预防"倒春寒"和低温冷害。小麦拔节后如预报出现日最低气温降至0～2℃的寒流天气，要及时浇水，预防冻害发生。寒流过后，及时检查幼穗受冻情况，发现茎蘖受冻死亡的麦田要及时追肥浇水，一般每亩追施尿素5～10千克，促其尽快恢复生长。

（4）防治草害。返青期是麦田杂草防治的有效补充时期，对冬前未能及时除草，而杂草又重的麦田，此期应及时进行化除。

（四）小麦的后期管理技术

小麦的后期生长是指小麦抽穗至成熟的各个时期。此时期的管理目标是养根护叶，防止早衰，提高光效，促进灌浆，提高粒重，丰产丰收。

（1）适时浇好灌浆水。小麦生育后期如遇干旱，应在小麦孕穗期或籽粒灌浆初期选择无风天气进行小水浇灌，此后一般不再灌水，尤其是种植强筋小麦的麦田要严禁浇麦黄水，以免发生倒伏，降低品质。

（2）叶面喷肥。在抽穗至灌浆前中期，每亩用尿素1千克，磷酸二氢钾0.2千克加水50千克进行叶面喷洒，以预防干热风和延缓衰老，增加粒重，提高品质。

（3）适时收获。人工收割的适宜收获期为蜡熟末期；采用联合收割机收割的适宜收获期为完熟初期，此时茎叶全部变黄、茎秆还有一定弹性，籽粒呈现品种固有色泽，含水量降至18%以下。

（五）小麦常见病虫害的防治

冬前应重点加强对地下害虫、麦黑潜叶蝇和胞囊线虫病的查治，生长中期重点防治麦田草害和纹枯病，挑治麦蚜、麦蜘蛛，补治小麦全蚀病，小麦生长后期的主要病害有白粉病、赤霉病、条锈病；主要虫害有麦蜘蛛、吸浆虫和蚜虫等。

1.地下害虫

地下害虫主要是蛴螬、金针虫，为害症状从小麦播种后即开始为害种子、嫩芽和幼苗根茎，造成缺苗、断垄，甚至毁种见图2-1，扒开受害麦苗根部，可见为害幼虫。

图2-1 受害麦苗

防治技术措施，精耕细作耕翻土壤，破坏地下害虫滋生繁殖场所；作物茬口合理布局；适当调整播种期；合理施肥、适时灌水和及时除草等可压低虫口密度，减轻为害程度。对苗期受地下虫为害较重的麦田，每亩用40%甲基异柳磷乳油或50%辛硫磷乳油500毫升加水750千克，顺垄浇灌。

2. 麦蚜

为害症状，小麦蚜虫成、若虫均可对小麦进行刺吸为害，麦长管蚜多在植物上部叶片正面为害，小麦抽穗后集中在穗部为害，形成秕粒，使千粒重降低造成减产见图2-2。麦二叉蚜喜在苗期为害，被害部形成枯斑，其他蚜虫无此症状。

图2-2 小麦蚜虫为害症状

防治技术措施，选用抗虫耐病品种。加强栽培管理，麦田冬灌可大量杀死越冬蚜；冬麦适当晚播，春麦适时早播。麦收后深耕灭茬，可消灭在杂草和自生麦苗上越夏越冬的蚜虫。保护天敌：据调查麦田内益蚜比在1：150以上时，天敌能将麦蚜控制在防治指标以下，不必用药防治。发生严重麦田，每亩用40%氧化乐果 80 毫升，加 4.5% 高效氯氰菊酯 30 毫升，加水 40 ~ 50 千克喷雾；或用 1% 阿维菌素 3 000 ~ 4 000 倍液喷雾，兼治小麦蚜虫和红蜘蛛。

3. 小麦吸浆虫

为害症状，小麦吸浆虫以幼虫潜伏在小麦颖壳内吸食正在灌浆的麦粒汁液，造成秕粒、空壳见图 2 – 3。

图 2 – 3　小麦吸浆虫为害症状

防治技术措施，选用抗虫品种。选用那些穗形密、颖壳厚硬而且合得紧的品种。药剂防治，小麦吸浆虫化蛹盛期和成虫羽化期对化学药剂最为敏感，此时正值小麦抽穗前 3 ~ 5 天（4 月下旬）为中蛹盛期，也是防治适期。每亩用 3% 甲基异柳磷粉剂 2 千克或 5% 毒死蜱粉剂 0.6 ~ 0.9 千克或 48% 毒死蜱乳油 200 ~ 250 毫升，拌细砂土 20 ~ 25 千克配成毒（沙）土，顺麦垄均匀撒施地表，撒毒土前未浇水的及时浇水可提高药效。发生严重田块，小麦扬花期成虫开始产卵时，可选用 4.5% 高效氯氰菊酯、50% 辛硫磷、50% 毒死蜱 1 500 倍液，或与 3% 啶虫脒（10% 吡虫啉）1 000 倍液混配喷雾防治。

4. 小麦纹枯病

为害症状，小麦各生育时期均可受害，造成烂芽、病苗死苗、花秆烂茎、倒伏、枯孕穗等多种症状。种子发芽后，芽鞘受侵染变褐，继而烂芽枯死，不能出苗。小麦 3~4 叶期发生，在第一叶鞘上呈现中央灰白、边缘褐色的病斑，严重时因抽不出新叶而造成死苗。花秆烂茎出现在拔节后，病斑最早出现在下部叶鞘上，产生中部灰白色、边缘浅褐色的云纹状病斑（图 2-4）。

图 2-4　小麦纹枯病症状

（1、3 叶期；2、拔节期）

防治技术措施，选用抗病和耐病品种；合理轮作，减少菌源的积累；提高整地质量，适期晚播，合理密植，避免田间密度过大；增施有机肥，平衡施用磷、钾肥，提高植株抗病能力。药剂拌种一般选择用 2.5% 咯菌腈悬浮种衣剂 15~20 毫升或 2% 戊唑醇拌种剂 10~15 克或 5% 井冈霉素水剂 60~80 毫升，对水 700 毫升，拌种 10 千克。化学药剂防治，每亩用 12.5% 烯唑醇（禾果利）可湿性粉剂 20~30 克或 15% 三唑酮可湿性粉剂 100 克或 25% 丙环唑乳油 30~35 毫升，加水 50 千克喷雾，隔 7~10 天再施一次药，连喷 2~3 次。注意加大水量，将药液均匀喷洒在麦株茎基部，以提高防效。

5. 小麦条锈病

小麦条锈病是小麦 3 种锈病中发生最广、为害最重的病害，主要发生于西北、西南、黄淮海等冬麦区和西北春麦区。

为害症状，主要为害叶片，病菌夏孢子在成株叶片上排成一条一条的形状，但不穿透叶片背面，严重时小麦的颖壳、叶鞘、茎秆也可被侵染。在幼苗叶片上，特征不明显。在小麦生长后期，由于气温上升，受侵染的部位出现黑色小点，即病菌的冬孢子堆，呈黑色条状，表皮不破裂（图2-5）。

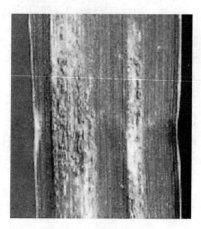

图2-5　小麦锈病症状

防治技术措施，选用抗病品种；适期播种，减轻秋苗发病；越夏区要消灭自生麦苗，减少越夏菌源的积累和传播；合理施肥，氮肥应早施，增施磷、钾肥增强植株抗病性；合理密植可以改善麦田小气候减轻病害。可用粉锈宁、速保利等三唑类杀菌剂拌种或成株期喷雾。粉锈宁可按麦种重量0.03%（有效成分）拌种，速保利可按种子量0.01%（有效成分）拌种，持效期可达50天以上。在小麦拔节至抽穗期，田间病叶率达2%～4%时，应进行叶面喷雾；每亩用粉锈宁（有效成分）5～9克，用速保利（有效成分）3～4克，一次施药即可控制成株期为害。

6. 小麦白粉病

为害症状，在苗期至成株期均可为害。该病主要为害叶片，严重时也可为害叶鞘、茎秆和穗部（图2-6）。一般叶片正面的病斑比背面多，下部叶片比上部叶片发病重。病部发病初产生黄色小点，而后逐渐扩大为圆形或椭圆形的病斑，表面生一层白粉状霉层，霉层以后逐渐变为灰白色，最后变为浅褐色，其上生有许多黑色小点。病斑多时可愈合成片，并导致叶片发黄枯死。病株穗小粒少，千粒重明显下降。

图 2 - 6　小麦白粉病症状

防治技术措施，选用抗病品种；消灭自生麦苗，减少初侵染来源；培育壮株，合理肥水，改善田间通风透光条件；在秋苗发病较重的地区，可采用烯唑醇按种子量 0.02% 或用三唑酮（粉锈宁）按种子量的 0.03% 拌种，拌种后堆闷 6 小时以上再播种，可以兼治小麦黑穗病。在春季发病初期（病叶率达到 10% 或病情指数达到 1 以上）及时进行喷药防治。每亩可用 15% 三唑酮可湿性粉剂 80 ~ 100 克或 12.5% 烯唑醇（禾果利）可湿性粉剂 40 ~ 60 克或志信星 25 ~ 32 克或 25% 丙环唑乳油 30 ~ 35 克，加水 50 千克均匀喷雾防治，间隔 7 ~ 10 天再喷药一次。

7. 小麦立枯病

为害症状，小麦苗期和成株期均可发病。幼苗期病株矮小，种子根和地中茎变成灰黑色（图2－7），严重时造成麦苗连片枯死。拔节后茎基部1～2节叶鞘内侧和茎秆表面在潮湿条件下形成肉眼可见的黑褐色菌丝层，称为"黑脚"，抽穗后田间病株成簇或点片状发生植株早枯，形成"白穗"。

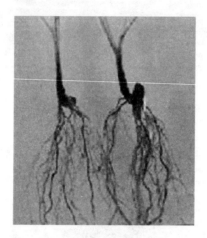

图2－7　小麦立枯病症状

防治技术措施，每亩用85%三氯异氰尿酸100克拌20千克细土或混于底肥（含磷比例高的最好）中撒施，或亩用50%多菌灵1千克加15%粉锈宁1千克，加100千克水，随水灌入土壤或喷于地表，然后翻耕整地播种。每亩小麦种子用12%烯唑醇按种子重量0.02%～0.03%拌种；对于未做药剂土壤处理和拌种的病田，可在小麦返青期，每亩用15%三唑酮可湿性粉剂150～200克对水50～70千克；或用含5亿活芽孢/克荧光假单胞杆菌的消蚀灵可湿性粉剂100～150克，对水50～70千克，充分搅匀，顺垄喷灌于小麦茎基部，进行补救防治。重病田隔7～10天再防治一次。

二、水稻生产与病虫害防治技术

水稻是我国主要的粮食作物之一，其种植面积约占粮食作物总面积的 30%，总产量占粮食作物总产量的 42%，均居粮食作物首位。搞好水稻生产，提高水稻产量和改善稻米品质，对我国粮食安全和国民经济发展具有十分重要的意义。

（一）水稻育秧技术

1. 育秧前的准备

（1）选用良种。我国北方生产上推广的水稻良种很多，各地应根据当地的气候条件、生产条件和市场需求等选择适宜的品种。每一地区选择 1~2 个最适宜的主推品种，再搭配其他品种，并搞好品种布局。

（2）秧田准备。选背风、向阳、地下水位低、土质松软、通气透水性好、肥力较高、杂草少和无病源、水源足且排水方便的田地。整地要求平整，细碎匀和，经沉实 1~3 天后，排水晾底，再开沟做厢。一般厢宽 1.3~1.5 米，厢沟宽 25~30 厘米，沟深 15 厘米，厢面平整，不滞水，无杂草及残茬外露。

苗床作好后，每平方米施优质农家肥 7.5~10 千克，硫酸铵 50 克，过磷酸钙 150 克或磷酸二铵 50 克，硫酸钾 50 克，用丁齿耙翻拌床土，将肥料均匀掺拌在 10 厘米深的床土内。

（3）种子处理。

晒种：晴天晒 1~2 天即可，要薄摊勤翻，防止谷壳破裂。

选种：可用风选、筛选或溶液选种。溶液一般用黄泥水、盐水，溶液比重为 1.05~1.10。选种后用清水冲洗干净。

浸种：浸种可以使种谷较快地吸足达到正常发芽的含水量（40%左右），促进发芽整齐。结合浸种可以进行种子消毒，用 40% 克瘟乳剂 500 倍液或 50% 多菌灵 1 000 倍液浸种 48 小时，捞出用清水冲洗后，再进行清水浸种。浸种时间长短与水温有关，15℃时，需 5~6 天（包括药剂浸种），20℃时需要 3~4 天。浸种时水要漫过种面，每天轻轻搅动一次，2 天换水一次。浸好的种子表现为谷壳半透明，腹白清晰可见。

催芽：催芽方法因热源和保温方法不同，有地窖催芽、温室催芽、酿热物温床催芽等。催芽过程可分为 4 个阶段。

高温露白。是指种谷开始催芽至破胸露白阶段。可先将种谷在 50～55℃温水中预热 5～10 分钟，再起水沥干，上堆密封保温，保持谷堆温度 35～38℃，15～18 小时后开始露白。

适温催根。种谷破胸露白后，呼吸作用大增，产生大量热能，使谷堆温度迅速上升，如超过 42℃，就会出现"高温烧芽"。露白后要经常翻堆散热，并淋温水，保持谷堆温度 30～35℃，促进齐根。

保湿促芽。齐根后要控根促芽，使根齐芽壮。适当淋浇 25℃左右温水，保持谷堆湿润，促进幼芽生长。

摊凉锻炼。为增强芽谷播后对环境的适应性，播种前把芽谷在室内摊薄炼芽 24 小时左右。遇低温寒潮不能播种时，可延长将芽谷摊薄时间，结合洒水，抢晴天播种。

（4）确定播量和播期。播种量应根据秧龄长短、品种特性而定。秧龄长播种量小，秧龄短则播种量大。春稻培育 3.5 叶以下小壮苗，每平方米秧田用种 120 克左右，4.5 叶中壮苗用种 80 克左右，5.5 叶以上大壮苗用种 50 克左右，若采用杂交稻，生产上适宜播种量为同叶龄常规稻的 50%。

山东、河南、河北春稻一般在 4 月中旬开始播种；采用塑料薄膜保温育秧时，可在 3 月末至 4 月初播种；麦茬稻育秧时，一般 4 月底到 5 月初播种，苗龄 30～35 天。

2. 露地湿润育秧技术

湿润育秧秧田管理的中心是水肥管理。根据秧苗生育特点和生产栽培管理特点，可以分为立苗、扎根和成秧 3 个管理时期。

（1）立苗期。是指从播种到一叶一心时期。此期应保持床面湿润，只在沟内灌水，一般不建立水层。通常是"晴天满沟水，阴天半沟水，小雨水放干"，如遇暴雨，应保持床面 3～5 厘米水层，以防冲乱谷粒，雨停后立即放水。寒流期间，晚上要灌浅水到床面。

（2）扎根期。是指从一叶一心到三叶一心时期。此期从湿润灌溉、浅水间断灌溉过渡到全部浅水灌溉。寒流期间，水层可达到苗高的 1/2。要及时追施"断奶肥"，每亩可施硫酸铵 20 千克。

（3）成秧期。是指三叶一心到移栽的时期。此期要促上控下，防止秧根深扎。通常要保持 2~3 厘米水层。四叶前后根据苗情，每亩可追施 10~20 千克"提苗肥"；栽秧前 4~6 天，如果叶色较浅，可追施 20 千克"送嫁肥"。拔秧时要加深水层，便于拔秧洗泥。

3. 地膜（薄膜）保温育秧技术

在湿润育秧的基础上，利用地（薄）膜覆盖保温增湿，可以适期早播，防止烂秧，提高成秧率。薄膜保温育秧效果好，但技术性较强，重点抓好以下几点。

（1）出苗期的保温保湿。从播种至一叶一心期，要求薄膜严密封闭，创造高温高湿的环境，促进迅速扎根立苗。

（2）炼苗期看天气及时揭膜盖膜。从一叶一心至二叶一心期，要求适温保苗，一般膜内适宜温度为 25~30℃，此期可逐步增加通风时间，采用两头通风，或一边揭开，日揭夜盖，最后全揭的办法进行炼苗，以适应膜外环境。揭膜时要在 9 时左右，先灌水后揭膜，使厢面保持浅水，防止生理失水死苗。

（3）揭膜后按湿润育秧方式管理。秧苗 3 叶期后为揭膜期，秧苗经过 5~6 天通风炼苗，当日均气温稳当在 15℃ 左右，苗高达 10 厘米左右，便可灌水揭膜。揭膜后，就可以按湿润育秧方式管理。

4. 旱育秧技术

旱育秧是整个育秧过程中，只保持土壤湿润，不保持水层的育秧方法。旱育秧操作方便，省工省时，不浪费水资源，是寒冷地区和双季早稻培育壮秧、抗寒、抗旱、节水的重要育秧方法。旱育秧要把握以下几个环节。

（1）苗床调酸。苗床要选择通气良好的菜园地或水浇旱地，土壤呈酸性或微酸性。切忌在低洼易渍水地块或碱性土壤的地块选择苗床。如果 pH 值在 6.0 以下，可以不调酸，如果 pH 值在 6.0 以上则应进行调配处理，播种前每方米用 98% 浓硫酸 30 克对入 3 千克水中，浇喷在 100 平方米苗床上，使置床土壤 pH 值达到 4.5 ~ 5.5。

（2）苗床消毒。在土壤浇透水的情况下，播种前每平方米床用 70% 敌克松 2 ~ 3 克与细土混匀，均匀撒在秧床上进行土壤消毒，防治立枯病。

（3）播种和盖膜。人工撒播，播种要均匀，播后轻压种子三面入土，盖上 1 厘米左右的细粪土，每亩用 40 克杀草丹对水 10 千克喷雾防除杂草，然后盖上薄膜，四周压紧压实。

（4）苗床管理。播种至现针前，以保温，保湿为主，不通风，不浇水，但膜内温度超过 36℃ 必须通风降温；现针后严格控制水分，促进根系下扎，中午揭膜，傍晚盖膜进行炼苗；3 叶 1 心期即可揭膜，一般晴田中午揭膜，阴天下午揭膜，雨天雨后揭膜。

揭膜后结合追肥，防治立枯病一次，每平方米床用尿素 15 ~ 20 克，播种后 10 ~ 12 天每平方米用 70% 的敌克松 1.5 ~ 2 克对水 1 千克拌细土撒施，浇透水一次，防治立枯病。

揭膜至移栽前，出现早、晚秧苗叶片无水珠或床土干燥时，浇一次透水。移栽前 5 ~ 7 天，每平方米用尿素 10 ~ 25 克，追施一次"送嫁肥"。

5. 塑盘旱育秧技术

（1）播前准备。杂交稻每亩大田用种量 0.75 ~ 1.05 千克，常规稻 2 ~ 3 千克。每亩大田用 561 孔塑料育秧软盘 40 ~ 45 张，434 孔塑料盘 50 张。秧龄短的选用 561 孔秧盘，秧龄长的用 434 孔。每 150 个秧盘需备营养土 210 千克，壮秧剂 2.5 千克，混拌均匀。

播种前 15 天进行耕翻作苗床，床宽 1.2 米。结合作床，每平方米施尿素 60 克，过磷酸钙 150 克，氯化钾 40 克作基肥。施肥后翻整床土 3 次，使土肥充分混合，床面精细整平，苗床周围开好排水沟。

（2）摆盘播种。播种前一天晚上先浇透水，再将塑料软盘 4 个横摆，用木板压实，盘与盘衔接无缝隙，软盘与床土充分接触。

将营养土撒入摆好的秧盘孔中，以秧盘孔容量的 2/3 为宜，再按每亩大田用种量，均匀播到每个孔中，杂交稻每孔 1～2 粒，常规稻每孔 3～4 粒，尽量降低空穴率，然后覆盖细土并用扫帚扫平，使孔与孔之间无余土，以免串根影响抛秧，播后用喷壶浇足水分。早稻、中稻盖膜保温；晚稻盖草籽壳、麦秆或无病稻草遮阴保墒。

（3）苗床管理与前述旱育秧基本相同，在抛栽前一天浇一次透墒水，使秧根与盘土粘结在一起。

（二）水稻秧苗移栽技术

1. 水稻手栽与机栽

在深耕、耙透耙平的基础上，筑埂作畦，每畦一亩左右。然后灌水泡田，待土泡软后水耙。结合整地将腐熟有机肥与化肥（氮肥总量的 30%，全部磷肥，钾肥总量的 30%）耙入土中。插秧前一天，耖平田面，达到寸水不露泥。

（1）合理密植。合理密植应根据品种、地力、秧苗情况、气候条件而定。一般情况下，豫南春稻每亩 2.0 万～2.2 万穴，每穴 6～7 苗，基本苗 12 万～14 万株，沿黄稻区春稻每亩 2.0 万～2.5 万穴，每穴 6～7 苗，基本苗 12 万～17 万株。

（2）适时早栽。影响春稻移栽期的主要因素是气温。一般认为日均气温稳定在 15℃时，可开始插秧。对于麦茬稻来说，插秧时间原则上是抢时移栽，麦收后越早越好。

（3）插秧技术。水稻插秧要做到"五要""五不要"。"五要"是"浅、稳、足、匀、直"。"浅"是插秧不要超过 3.3 厘米，水层深 1 厘米；"稳"是指秧苗不漂不倒；"足"是每穴苗数要插够，以保证密度；"匀"是指行、穴距一致，秧苗大小一致；"直"是插正，秧苗不歪斜。"五不要"是不插隔夜苗，不插超龄苗，不插混杂苗，不插带病虫苗，不丢秧。

（4）灌深水返苗。灌深水护苗，水深以不淹没"秧芯"为宜。

2. 水稻抛秧技术

水稻抛秧就是把育成的秧苗直接均匀地抛撒在大田中的一种移栽方式，是一种省力、省工、省种、省秧田的技术。

根据育秧方式不同，水稻抛栽又分为塑盘湿润育秧抛栽、肥床旱育秧抛栽、塑盘旱育秧抛栽等方式。

塑盘旱育秧抛栽较好解决了抛栽中不串根、不分秧的技术问题，秧苗素质好，秧龄弹性大，适宜于大、中、小苗抛栽，是生产上的主要抛栽方式。其要点是：整地要做到田面平整，高低不过寸，寸水不露泥，无杂草、杂物。由于旱育秧有较强的根系和分蘖优势，抛栽密度可以比常规抛秧小些，一般杂交水稻每亩 1.5 万穴，3 万基本苗；常规稻每亩 2 万穴，6 万～8 万基本苗。抛栽时人（机）应退着走抛，并垂直向上高抛，抛高 2.5～3 米，使秧苗直入泥浆。抛秧时先抛 70%，余下的部分用于补稀补漏。

（三）返青分蘖期管理技术

水稻返青分蘖期是指水稻从插秧到最高分蘖期的一段时期，这个时期的主攻目标是缩短返青期，争取早分蘖，分壮蘖，提高分蘖成穗率。主要措施如下。

1. 查苗补苗，保证全苗

一般栽秧后都会出现漂秧与缺窝现象，要及时查苗补苗，保证苗全苗匀。

2. 调节水层

此期水分管理的原则是"浅水栽秧，深水返青；浅水勤灌促分蘖，晒田抑制无效分蘖"。栽秧后保持 3～5 厘米水层，返青后浅水勤灌保持 3 厘米左右的浅水。到有效分蘖终止时要及时排水晒田。长势旺、叶色浓、底肥足以及冷浸田要早晒、重晒，黑根的要早晒、重晒。晒田一般到苗色落黄为止。晒田的主要目的是控制无效分蘖。

3. 早施分蘖肥

分蘖肥应在插秧后 5~7 天施用。以速效氮肥为主，可占氮肥总量的 40% 左右。土壤肥力高、底肥特别充足、稻苗长势旺的，可适当少施。分蘖肥要浅水施，边施边耪，耪肥入泥。

4. 及时除草

一般要进行 2~3 次中耕除草。返青后及早中耕，以后每隔 10 天左右中耕一次，深度 2~3 厘米，最后一次在分蘖盛期进行。

使用化学除草剂一般在插秧后 5 天左右进行。可随分蘖肥一起施入。每亩用 50% 杀草丹 0.4 千克或 60% 去草胺 0.15 千克，用毒土法施入，并保持 3 厘米水层 5~7 天，主要消灭以稗草、牛毛草为主的前期杂草。

（四）拔节孕穗期管理技术

拔节孕穗期是指水稻从拔节、幼穗开始分化到抽穗前的一段时期。此时期的主要目标是促进株壮蘖壮，提高成穗率，在此基础上，促进幼穗分化，争取穗大粒多。

1. 合理灌水

此期是水稻一生需水最多的时期，不能缺水。一般宜采取浅水勤灌，一般保持水层 5~7 厘米。

2. 巧施穗肥

凡是前期追肥适当，群体苗数适宜，个头长势平稳的，宜只施保花肥，可于孕穗期每亩施尿素 3 千克左右；前期追肥不足，群体苗数偏少，个体长势差的，可促花、保花肥均施，于晒田复水后施尿素 3 千克左右，减数分裂期前后再施尿素 2 千克；前期施肥较多，群体长相偏旺的，可以不施。

（五）抽穗结实期管理技术和收获技术

水稻从抽穗到成熟为抽穗结实期。此期的管理目标是养根保叶，防治早衰、贪青、倒伏，以保穗、攻粒、增粒重。

1. 合理灌排水

抽穗期是对水比较敏感的时期，不能缺水，田间应保持 3～4 厘米水层；灌浆期湿润灌溉，一次灌水 2～3 厘米，自然落干后，湿润 1～2 天再灌溉，实行干湿交替。到收获前 7 天左右可以断水，不能断水过早，以免加速衰老，影响灌浆。

2. 补施粒肥

临近抽穗和抽穗后施的肥料都称粒肥，粒肥要早施、少施，只施在前期施肥不足，表现脱肥的地块，可在抽穗前后用 1% 的尿素溶液作根外追肥。对于贪青的田块，可叶面喷施 1%～2% 的过磷酸钙或 0.3%～0.5% 的磷酸二氢钾溶液。

3. 适时收获，安全储藏

一般以水稻蜡熟末期到完熟初期收获为好。此时谷粒全部变硬，穗轴上干下黄，2/3 枝梗已经干枯。收获后要精收细打，晒干扬净，当种子含水量低于 13.3% 时即可入仓。

（六）水稻病虫害的防治

水稻分蘖期主要有稻飞虱、叶蝉、蓟马、二化螟、三化螟、稻纵卷叶螟等害虫，叶瘟病、白叶枯病等病害。拔节长穗期的主要虫害是螟虫，主要病害是纹枯病、稻瘟病、白叶枯病。

1. 二化螟、三化螟

为害症状，三化螟专食水稻，二化螟除为害水稻外还为害其他禾本科作物和杂草，以幼虫蛀茎为害（图 2－8），分蘖期形成枯心，孕穗至抽穗期，形成枯孕穗和白穗，转株为害还形成虫伤株。"枯心苗"及"白穗"是其为害后稻株主要症状。

防治技术措施，齐泥割稻、锄劈或拾毁冬作田的外露稻桩；春耕灌水，淹没稻桩 10 天；选用良种，调整播期，使水稻"危

1 二化螟   2 三化螟

图 2 – 8 二化螟、三化螟为害症状

险生育期"避开蚁螟孵化盛期;合理施肥和水浆管理,可用 60% 劲丹可湿性粉剂 1 000 倍液,25% 杀虫双水剂每亩 200 ~ 250 克,对水 50 千克喷施。

2. 水稻褐飞虱

为害症状,只取食水稻。成虫和若虫群集稻丛基部吸汁为害(图 2 –9),唾液中分泌有毒物质,因而稻株不仅被吸食耗去养分,而且在虫量大时,引起稻株基部变黑、腐烂发臭,短期内水稻成团成片死秆倒伏,导致严重减产或绝收。

图 2 – 9 水稻褐飞虱症状

防治技术措施，除选用抗虫品种和科学水肥管理外，可用25%扑虱灵可湿性粉剂每亩 25～30 克或 10% 叶蝉散可湿性粉剂每亩 250 克，对水 50 千克喷施。

3. 稻纵卷叶螟

为害症状，初孵出的幼虫先在嫩叶上取食叶肉，很快即到叶尖处吐丝卷叶，在里面取食。随着虫龄的增加叶苞增大，白天躲在苞内取食，晚上出来或转移到新叶上卷苞取食。老熟幼虫多在稻株下部枯死的叶鞘或叶片上结茧化蛹（图 2-10）。

1 幼虫　　　　　　　　　　2 蛹

图 2-10　稻纵卷叶螟为害症状

防治技术措施，合理施肥，加强田间管理，使水稻生长健壮，防止前期猛发旺长，后期恋青迟熟。稻纵卷叶螟二龄高峰期为化学防治的适宜时期，可用杀虫双每亩 500 克，对水 50 千克喷施。

4. 稻瘟病

为害症状，在整个生长期都有发生。秧苗发病后变成黄褐色而枯死。叶片斑点主要有两种：一是急性型病斑，呈暗绿色，多近圆形或椭圆形；二是慢性型病斑，多为梭形，外围有黄色晕圈，内部为褐色，中心灰白色，有褐色坏死线向两头延伸（图 2-11）。茎节病斑呈黑褐色或黑色斑点，病斑在节上成环状蔓延，最后整个节变黑色坏死。穗茎病斑常在穗茎上发生淡褐色或墨绿色的病变，影响结实，形成白穗。谷粒病斑边缘暗褐色，中部灰白色。

图 2 - 11　稻瘟病叶片症状

防治技术措施，应采取选用抗病品种，加强水肥管理，化学防治的综合措施。20％ 或 75％ 三环唑是防治稻瘟病的专用的杀菌剂，在叶瘟初期或始穗期叶面喷雾。防治苗瘟在秧苗三、四叶期或移栽前 5 天施药；防治穗颈瘟可于破口至始穗期喷施一次，在齐穗期喷施第二次。

5. 纹枯病

为害症状，起初在近水面的叶鞘上产生暗绿色水浸状小斑点，以后逐渐扩大呈椭圆形斑纹，似云彩状。病斑中央灰白色，边缘呈暗褐色或灰褐色。叶片上的病斑与叶鞘上的相似（图 2 - 12）。稻穗受害变成墨绿色，严重时成枯孕穗或变成白穗。

防治技术措施，实行"前浅、中晒、后湿"的用水原则；施足基肥，多施有机肥，避免过多、过晚施用氮肥。彻底清除稻田

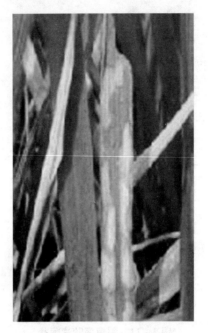

图 2 - 12　纹枯病病叶症状

周围杂草，以消灭野生寄主。病稻草及杂草要经过高温堆沤腐熟后，才能作肥料施用。亩用 20% 井岗霉素粉剂 25 ~ 50 克或 5% 井冈霉素水剂 150 ~ 200 毫升，加水 50 千克喷雾。

6. 白叶枯病

为害症状，主要发生于叶片及叶鞘上。初期在叶缘产生半透明黄色小斑，以后沿叶脉一侧或两侧或沿中脉发展成波纹状的黄绿或灰绿色病斑；病部与健部分界线明显；数日后病斑转为灰白色，并向内卷曲（图 2 - 13）。空气潮湿时，新鲜病斑的叶缘上分泌出湿浊状的水珠或蜜黄色菌胶，干涸后结成硬粒，容易脱落。

防治技术措施，除选用抗病品种，培育无病壮秧外，化学防治用的药剂有 20% 叶青双可湿性粉剂每亩 75 ~ 100 克，10% 叶枯净每亩 250 克等。

图 2 – 13　白叶枯病症状

三、玉米生产与病虫害防治技术

玉米是世界上最重要的粮食作物之一，我国的玉米种植面积及产量仅次于水稻与小麦，居秋粮之首，是一种高产农作物。玉米籽粒与秸秆还是优质饲料。

（一）玉米的播种技术

1. 良种选择

我国北方生产上推广的玉米良种很多，各地应根据当地的气候条件、生产条件和市场需求等选择适宜的品种。

2. 种子处理

播种前，通过晒种、浸种和药剂拌种等方法，增加种子生活力，提高发芽势和发芽率，并可减轻病虫害发生，达到苗早、苗齐、苗壮的目的。

晒种：可在播种前 2 ~ 3 天，选择晴天，摊在干燥向阳的土场（切忌在水泥地）上连续暴晒，并注意翻动。

浸种：播种前用冷水浸种 12 小时，或用温水（水温 55 ~ 57℃）浸种 6 ~ 10 小时。

药剂拌种：防治地下害虫可用 50% 辛硫磷乳油或 40% 甲基异

柳磷乳油拌种；有条件时最好用玉米种衣剂进行包衣处理。

3. 播种

采用麦田套种，一般在麦收前 7 ~ 10 天进行点播。麦收后直播时最好采取耕、耙、播种复合作业措施，也可采用圆盘耙灭茬，耙后播种，力争早播。一般点播每亩用种 2 ~ 3 千克，每穴 2 ~ 3 粒；机械化播种每亩用种 1 ~ 1.5 千克；播深一般 4 ~ 6 厘米为宜。

(二) 玉米的苗期管理技术

玉米苗期田间管理主要管理目标是促进根系良好发育，实现苗全、苗齐、苗匀、苗壮。主要措施如下。

1. 查苗补苗

玉米出苗后要及时查苗，发现缺苗应及时补苗，可采取移苗补栽的方法，移栽苗以 2 ~ 3 叶苗龄苗为宜，在阴天或晴天的傍晚移栽，栽后浇水。

2. 间苗定苗

通常在三叶期间苗，五叶期定苗，间苗每穴留 2 株，定苗留 1 株。干旱或病虫害严重地区间定苗时间可适当延迟。

3. 蹲苗促壮

蹲苗就是采取控制水肥、扒土晾根的措施，控制地上部生长，促进地下部生长，以达到壮苗的目的。具体方法是在底肥足、底墒好的情况下，苗期不追肥、不浇水，多中耕，造成上虚下实、上干下湿的土壤环境，促根下扎。蹲苗应在拔节前结束。

4. 弱苗偏管

发现弱苗应立即浇偏水，施偏肥，特别是套种玉米，苗情一般较弱，定苗后要及时追施有机肥或酌施速效肥，促弱转壮。

5. 中耕除草与化学除草

苗期中耕一般进行 2 ~ 3 次，第一次在出苗后、定苗前，中耕宜浅，一般 3 ~ 5 厘米；第二次在定苗后；第三次在拔节前，耕深在 10 厘米左右。结合中耕进行除草。

使用除草剂除草时要注意选择适合的除草剂及施药时间，防止误伤玉米苗。玉米播种后到出苗前是防治杂草的有利时期，可选择一些土壤封闭性除草剂，将杂草消灭在萌芽状态，如40%乙莠水悬浮剂在玉米播种后出苗前喷施在土表，可有效防除一年生禾本科杂草和阔叶杂草，50%禾宝乳油对一年生禾本科杂草及马齿苋等阔叶杂草有特效。在玉米3~5叶期，可用4%的玉农乐（烟嘧磺隆）悬浮剂喷雾，防治一年生和多年生禾本科杂草、部分阔叶杂草。

（三）玉米的穗期管理技术

玉米穗期是指玉米拔节至抽雄这一阶段时期，历时30天左右，是玉米一生中生长最旺盛的时期。田间管理的重点是合理运筹肥水、协调营养生长和生殖生长的矛盾，培育健壮植株，达到穗大粒多，为玉米高产打下良好的基础。主要管理措施如下。

（1）及时中耕培土，拔除病弱株。拔节前后结合追肥可进行中耕，深度以5~7厘米为宜。中耕时一般行间深一些，根旁浅一些，以防伤根。培土可以增厚玉米的根部土层，有利于气生根的发生和伸展，也便于灌溉和排水，同时还能够减轻后期玉米的倒伏。培土宜在拔节后进行，将行间的土培到玉米的根部，高度10厘米左右。病弱小株既占据一定的空间，消耗肥水，影响通风透光，又容易染病，不能够形成相应的产量，应及早拔除。

（2）重施穗肥。穗期是玉米一生中吸收养分最快、最多的时期，也是玉米追肥的最重要时期。穗期追肥以氮肥为主，且多选用尿素，在拔节期和大喇叭口期分两次进行。因中产田地力基础较差，需要促进幼苗的生长，分两次追肥时宜采取前重后轻施肥法，拔节期氮肥70%左右，大喇叭口期30%左右；高产田土壤肥力较高，为了提高肥料的利用效率，可采取前轻后重施肥法，拔节期施尿素30%左右，大喇叭口期70%左右。

（3）及时浇水和排灌。穗期玉米生长旺盛，加上气温较高，蒸腾蒸发量大，需水量较多，降水不足的地区，应该及时灌水，保证玉米对水分的要求。尤其是在大喇叭口期，玉米对水分的反应十分敏感，缺水会引起"卡脖旱"，雌穗小花数量减少，造成雌雄不协调，影响正常授粉，导致秃顶，穗粒数减少。灌水一般结合追肥进行。降水过多时应该及时排除田间的积水，防止玉米受涝害。

（四）玉米的花粒期管理技术

花粒期是指玉米从抽雄到成熟这一阶段。此期管理的主攻目标是养根保叶，防止早衰和贪青，延长绿叶的功能期，防止籽粒败育，提高结实率和粒重。田间管理的主要技术措施如下。

（1）酌情追施"攻粒肥"。若穗肥不足，植株发生脱肥现象，应补施粒肥。攻粒肥一般在雌穗开花期前后追施，结合浇水，亩施尿素 5 千克或碳铵 10～15 千克，打穴深施。在穗肥充足，植株长相好，叶色浓绿，无早衰退淡现象的田块，则可不施，以免延长生育期。

（2）及时去雄。去雄可减少养分消耗，促使养分向雌穗中运送，增加光照强度，提高光能利用率，降低株高，增强抗倒伏能力，同时去雄还能将一部分玉米螟和蚜虫带出田外，减少为害。去雄在雄穗刚抽出而未散粉前进行，过早易带出叶片，减少光合面积，过晚雄穗已开花散粉，降低去雄效果。去雄要隔行去雄或隔株去雄，去雄株数不超过全田株数的一半，地头地边不去雄，连阴雨天和高温干旱的天气不去雄，以防花粉不足影响授粉而造成稀粒秃尖。

（3）人工辅助授粉。人工辅助授粉能保证正常授粉受精，提高结实率，减少秃顶，促进籽粒齐整度。辅助授粉对抽丝偏晚的植株以及群体偏大、弱株较多的地块效果更为明显。人工授粉一般在盛花末期，选择晴天 9—11 时进行，边采粉，边授粉，连续进行 2～3 次，要注意异株授粉。

（4）及时浇水与排涝。玉米花粒期应灌好 2 次关键水：第一次在开花至籽粒形成期，是促粒数的关键水；第二次在乳熟期，是增加粒重的关键水。花粒期灌水要做到因墒而异，灵活运用，沙壤土、轻壤土应增加灌水次数；黏土、壤土可适时适量灌水。此外，玉米花粒期若遇雨水过多，应注意及时排涝。

（5）拔除空秆小株。玉米田内总有一定数量的植株形成不结果穗的空秆或低矮小株，对空秆和低矮小株要及早拔掉，把有限的养分和水分集中供应给正常的植株，使其穗大粒多籽饱。

（6）适时收获。玉米成熟的外部长相特征是苞叶变色松散，籽粒变硬，皮层光亮。籽粒与穗轴相接的断面处出现黑色层，标志玉米已进入完熟期，玉米可以收获。

（五）玉米倒伏、空秆和缺粒的防止技术

1. 玉米倒伏的原因

玉米的抗倒性品种之间存在显著差异，不同品种的抗倒性表现不同。玉米倒伏的自然因素主要由风灾和虫害引起，但造成玉米倒伏的栽培因素也较多。在实际生产中，往往由于栽培措施不合理，造成玉米植株的抗倒性下降，形成倒伏，造成减产。

（1）种植密度不合理。对玉米的田间管理较粗放，甚至播种后不间苗、定苗，造成种植密度过大，使玉米生长中后期植株拥挤，抗性下降，极易发生病虫害和倒伏。

（2）肥水管理不合理。有些田块各种肥料施肥不平衡，氮肥用量过大，磷钾肥施用量不足，造成营养元素失衡。氮肥地多，玉米茎秆的柔韧性降低，抗拉能力下降，从而造成玉米植株的抗倒伏能力下降。玉米生长期间浇水不当，也容易造成植株抗性降低，尤其是在玉米生长前期，氮肥和水分过多极易造成水渍弱苗或植株旺长，降低玉米的抗倒能力。

2. 玉米空秆、缺粒的主要原因

（1）密植过大。密度过大造成植株过早封行、遮荫，使果穗的功能叶受到的光照不足，缺乏营养，腋芽不能转为花芽，影响雌穗生长发育。同时由于叶片互相交接，往往造成花丝受叶片遮盖，而不能授粉引起缺粒。

（2）营养物质供应失调。营养不足空秆率增多；氮、磷、钾配合比例不当，也能增加空秆率。如果缺磷、钾，穗分化迟缓，开花延迟，甚至由于养分运转受阻，雌花发育遭到破坏，雄花花粉的不孕花粉增多，授粉条件恶化，引起缺粒。

（3）不良气候条件的影响。在玉米雌穗形成期和发育时期过分干旱，则雌穗不能抽出或抽出而不能吐丝。雌雄穗分化期如阴雨绵绵，日照不足，光合强度低，土壤长期积水，通气不良，根系吸收能力减弱，营养物质少，不能进行雌穗分化或分化后不能正常发育，形成空秆。在雌雄穗开花前如果遇上干旱，土壤水分不足，则雌雄花序两者开花间隔时间延长可达 10 天以上，加上果穗顶部开花最迟，当花丝抽出时，花粉不足，难以授粉形成秃顶。开花期若遇高温干燥而又有暴雨，或阴雨绵绵，则花粉生活力很快丧失，花丝也很快失去授粉能力，不能进行受精，或一部分花丝根本不能吐出而造成缺粒、秃顶。

（4）栽培技术不良。种子质量差，整地粗放，土块大，覆盖不均匀，出苗不整齐，植株生长势不同，形成强凌弱，大欺小，弱株很难结实增加空秆。补栽苗生长跟不上，也易成空秆。

3. 防止倒伏、空秆、缺粒的途径

（1）因地制宜选用良种。在自然条件差，土质瘠薄的地块，选用耐瘠薄的、适应性强的品种；在土壤肥力条件高的地块宜选择耐密性强，丰产性高的品种。

（2）合理密植。根据土壤性质，施肥水平，水利条件、品种特性等决定每亩株数及种植方式。

（3）适量施肥、适量供水。除施足基肥外，针对玉米不同生育时期对养分和水分的要求，合理施肥灌水。

（4）提高整地质量与播种质量，使出苗整齐一致，不形成强株弱株。

（5）采用人工辅助授粉。

（六）玉米病虫害的防治技术

玉米苗期重点防治地老虎、蛴螬、蝼蛄、蚜虫、黏虫等，玉米穗期是病虫害发生的一个重要时期，害虫主要有玉米螟、蚜虫和棉铃虫，其中尤以玉米螟为害最为严重，穗期病害主要有玉米大、小斑病等。

1. 玉米螟

为害症状，以幼虫蛀食为害为主，玉米心叶出现花叶和排粪孔。若蛀食玉米茎秆，则茎秆易断。若未抽出的雄穗被害，则穗轴易断。雌穗被害状为咬断花丝，蛀食穗端和籽粒（图2-14）。

图2-14 玉米螟为害果穗和茎秆症状

防治技术措施，在越冬幼虫化蛹、羽化前采用各种方法处理寄主秸秆和穗轴，杀死越冬虫体。也可选用抗虫品种抑制玉米螟的入侵为害。成虫发生期用黑光灯或性诱剂诱杀。药剂防治一般在小喇叭口和大喇叭口期分两次进行，可采用将2.5%的辛硫磷拌成毒土后撒入心叶进行防治。

2. 玉米大、小斑病

为害症状，玉米大斑病主要为害玉米叶片，严重时也为害叶鞘和苞叶，先从植株下部叶片开始发病，后向上扩展。病斑长梭形，灰褐色或黄褐色，长5~10厘米，宽1厘米左右，有的病斑更大，严重时叶片枯焦。天气潮湿时，病斑上可密生灰黑色霉层。玉米小斑病自苗期到后期都可发生。自下部叶片开始，出现褐色半透明水渍状小斑，逐渐向上蔓延，以玉米抽穗时最多。病斑扩大后呈黄褐色纺锤形或椭圆形，边缘常有赤褐色晕纹。后期严重时，叶片枯死。在潮湿时病斑上产生黑色绒毛状物（图 2 – 15）。

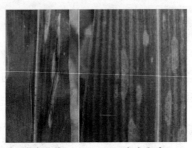

玉米大斑病　　　　玉米小斑病

图 2 – 15　玉米大、小斑病为害症状

防治技术措施，选用抗病品种，抗病杂交品种有郑单 2 号、商单 4 号、丹玉 6 号等；自交系有吉 63、辽 1311、自 330 等。实行轮作倒茬制度避免玉米连作，秋后深耕土壤，深埋病残体，消灭菌源。在玉米播种前及早处理完秸秆。加强栽培管理早播早管，增施有机肥，穗期追施氮肥，加强中耕、排水等田间管理，以增强植株抗病力。发病后应及时摘除染病叶片或拔除染病植株，并喷洒 50%多菌灵可湿性粉剂 300～500 倍液或 75%百菌清 300～500 倍液防治。

3. 玉米丝黑穗病

为害症状，发病早的植株，果穗和雄穗均受害，发病较晚的常果穗受害。病果穗较健穗短，顶端尖，不抽花丝，整个果穗变成病瘿，后期苞叶张开，内部黑粉散落后，残留丝状的寄主维管束组织，似乱发状（图 2 – 16）。雄穗早期受害，整个花序变为厚垣孢子团。

防治技术措施：选用抗病自交系，种植抗病杂交种；发现病

图 2 – 16 玉米丝黑穗病为害症状

株，及早拔除，要做到早拔、彻底拔，并带出田外深埋；重病区实行 3 年以上轮作，施用净肥，秸秆肥要充分堆沤发酵；深翻土壤，加强水肥管理，增强玉米的抗病性；选用 15% 粉锈宁或羟锈宁可湿性粉剂或 50% 甲基托布津粉剂，按种子重量的 0.3% ~ 0.5% 进行拌种。

四、棉花生产及病虫害防治技术

棉花是我国重要的经济作物，棉纤维是纺织工业的主要原料，也是轻工、化工和国防工业的重要原料。棉籽是食用油来源和化工原料，棉籽壳是培育食用菌的原料，棉粕是优质饲料和肥料，棉秆是重要的造纸原料。因此，搞好棉花生产，实施区域化种植、规模化生产和综合利用，可以满足国民经济发展多方面需求。

（一）棉花的播种技术

1. 良种选择

生产上推广的棉花良种主要有常规种和杂交种两种类型。杂交种营养体大，优势强，增产潜力大，但制种成本高。各地应根据当地的气候条件、生产条件和市场需求等选择适宜的品种。

2. 种子处理

棉花播种前处理种子，是保证棉花全苗壮苗乃至高产优质的重要技术措施。因此，必须下功夫搞好棉种的粒选、晒种、浸种、拌药、催芽等一整套处理措施。

（1）粒选。粒选能提高种子的纯度和质量。将棉种摊开，把虫籽、破籽、瘪籽、病籽、绿籽、空籽、稀毛籽、异型籽、多毛大白籽等一并去掉，留下符合原品种特征、成熟饱满的种子作良种。

（2）晒种。晒种能促进种子的后热，增强酶的活性和胚的活力，提高种子的发芽率，还能杀死附着在种子表面的部分病菌。晒种一般在播种前 10~15 天进行，选好晴天摊晒于席或土场上，连晒 4~5 天。

（3）浸种。温汤浸种：先将种子量 2.5 倍左右的热水倒入容器内调到 70℃ 左右的温度放入棉种搅拌保持 55~60℃，浸泡 30 分钟后加凉水冲冷却，再浸泡 8 小时左右，捞出待水沥干后拌药即可播种。

多菌灵胶悬剂浸种：用 40% 多菌灵胶悬剂 350 克，对水 50 千克浸种 25 千克，浸泡 12~24 小时后捞出晾干即可播种，可防立枯病、黄萎病、枯萎病等病害。

（4）拌种。可用用 50 克多菌灵可湿性粉剂和 30 克 50% 福美双可湿性粉剂，拌种 10 千克。

3. 棉田准备

对一熟棉田，冬耕前要施足底肥，冬耕后及时耙糖，开沟整畦，准备冬灌。灌溉后的第二年春天要顶凌耙地，以利保墒。北方麦棉两熟棉田，棉花拔柴后，将小麦和次年棉花的基肥足量施入，然后深耕耙糖，按预定方式做成高低垄，垄高 15 厘米，小麦种在垄沟内，高垄为预留棉行。棉花播种前 10~15 天，结合小麦灌水，浸透高垄，用耙搂平保墒，即可开沟直接播种。采用地膜覆盖的，要边播种边覆膜。

4. 播种技术

棉花播种一般是 3 厘米地温稳定在 14℃ 时，黄河流域棉区适宜播期在 4 月 15—25 日，地膜棉可提早到 4 月 10—15 日；播种量依留苗密度及种子质量而定，一般种子粒数为留苗数的 5 倍；播种方法可以用机械条播或用定量点播机点播，也可人工播种；棉花的两片子叶肥大，出苗阻力较大，播种不宜太深，播种深度一般在 2 厘米左右，丘陵干旱区不超过 5 厘米。

（二）棉花的育苗移栽技术

（1）设置苗床。苗床应选择背风向阳、排灌方便的生茬地，为了便于运苗，苗床要设在移栽田附近。

（2）配制营养土。营养土要选择富含有机质、通气性良好、保水保肥能力强、没种过棉花的肥沃粮田土。每 6 份土加 4 份充分腐熟的粪肥，混匀过筛。每 50 千克土加 0.5 千克含氮、磷、钾各 15% 的复合肥，并掺入少量的杀菌剂。肥料和药剂的用量不宜过多，以免造成烧苗。土肥要充分掺匀，以备装袋。

（3）营养袋的选择与装填。营养袋的规格以 10 厘米×12 厘米或 12 厘米×14 厘米较为适宜。每亩棉花需 3 000～4 000 个营养袋。把配制好的营养土填满营养袋，并轻度压实。苗床可采用半地下式，床宽可根据地型和育苗数量设置。整好苗床后，苗床底层先放些松土或沙，然后把营养袋按规格摆平。

（4）精细播种。选择晴天的上午，先将苗床浇透水，然后用木棒在营养袋中央打一个直径 2 厘米、深 1.5 厘米的小洞，每个营养袋放入 2～3 粒棉子，上面覆盖 1.5～2 厘米厚的营养土。播种后，应立即用小拱棚覆盖，薄膜周围用土压实。

（5）苗床管理。出苗前，苗床温度保持在 25～30℃，出苗后 20～25℃，出现第一片真叶后保持在 20℃ 左右。出苗后尽量少浇水，到第一、二片真叶期，开始通风炼苗，逐渐扩大风口，并延长通风时间，到移栽前 2～3 天，薄膜全部揭开。齐苗后选择晴天间苗，2 片真叶定苗，间定苗时应剪苗，不要直接拔苗。

（6）移栽。营养袋育苗移栽田应比普通春棉田每亩增加200～300株，薄地宜密，肥地宜稀，一般每亩留苗3 300～4 000株。行株距可根据留畦情况而定。麦收后要抢时贴茬移植，可顺垄开沟，把脱袋后的棉钵摆正埋平。移栽后要浇一次透水。定植后要及时进行检查，发现有歪苗、死苗要及早扶正补齐。

（三）棉花苗期的管理技术

棉花苗期是指从出苗到现蕾这段时间。此阶段要围绕保全苗、防病苗、促壮苗、加强田间管理，为早现蕾、多现蕾打好基础。

（1）查苗补栽。在棉苗出土70%～80%时应进行查苗，发现缺苗应及时补种。可采用催芽补种或芽苗移栽的办法。

（2）中耕松土。棉花苗期中耕分两次进行，一次是棉花显行时进行浅中耕松土，以破除板结、提高地温。另一次是棉花定苗后，要进行深中耕松土，深度10～12厘米，促使根系深扎，扩大营养吸收范围，为棉花壮苗奠定基础。

（3）适时间苗定苗。棉苗出齐后，要及时间苗，以叶片互不相搭为好。第2、3片真叶时进行定苗。

（4）轻施提苗肥。棉花苗期虽然植株小、生长慢、需肥量少，但因根系少，吸收能力弱，故对肥料十分敏感，缺肥会严重影响生长。针对棉田地力差，底肥不足，棉苗晚发的情况，定苗后要及时追施提苗肥，每亩追施氮素化肥4～6千克。在离苗10厘米处开沟追施，追后覆土盖严。

（四）棉花蕾期的管理技术

棉花蕾期是指棉花现蕾至开花的这段时期。此期既要确保棉花稳键生长和搭好高产架子，又要为防早衰打基础。

（1）稳施、巧施蕾肥。蕾期肥水不足或肥水过多都会造成营养生长和生殖生长失调而减产。因此，蕾肥的施用技术性很强，既不能冲，又不能脱，力求做到"稳""巧"。稳施，就是实行有机肥与化肥相结合，以有机肥为主，氮、钾配合使用；巧施，就是要根据棉株长势长相和土地肥力基础及施肥情况，确定蕾肥施用的数量、时间和方法。一般每亩可施腐熟农家肥 1 000 千克，中等肥力农田可施尿素 5～7.5 千克。

（2）中耕培土。蕾期棉田的中耕次数、深度，要根据天气情况、田间杂草和棉株长势灵活掌握。现蕾至封行之前，一般可中耕 2～3 次，并结合中耕进行一次培土。

（3）去叶枝。叶枝是棉株主茎下部叶腋间长出的枝条，它不直接着生花蕾。当棉株长到 9 片叶左右，第 1 台果枝上的花蕾能明显辨认时（约 3 毫米），其以下节位中腋芽（叶枝）应全部打去。

（4）适时化调。在盛蕾期，对有旺长趋势的棉田，每亩可用缩节胺 2 克对水 40 千克喷施。要严格掌握用量，严防控制过头，造成棉株僵化，幼蕾大量脱落，晚熟减产。

（五）棉花花铃期的管理技术

棉花花铃期是指从开花到开始吐絮这段时期。这段时期棉花边长茎、枝、叶，边现蕾、开花、结铃，是决定产量和品质的关键时期。主攻目标是早结铃、多结铃、结大铃，促早熟，防早衰。

（1）重施花铃肥。花铃期棉桃大量形成，是棉花一生中需要养分最多的时期，重施花铃肥是保伏桃、争秋桃、防早衰的关键措施。追肥量一般应占追肥总量的 50% 或更多一些，施肥时间、数量和方法要根据气候、土壤及棉花长势等因素，灵活掌握。若天气干旱，基肥、蕾肥施得较少，棉株长势较弱的，铃肥要早施、重施，做到"花施铃用"。若天气多雨，蕾肥施得较多的，棉株长势旺盛，铃肥应迟施。一般在盛花期棉株下部坐住 1～2 个棉桃时施用，一般以亩施尿素 10～12 千克，并配合钾肥 5～7 千克，开沟或控穴深施。为防棉株早衰，多结铃，盛花期以后还要根据土壤肥力和棉株长相的情况施盖顶肥。一般在棉花打顶后亩施尿素 2.5 ~ 3.5 千克；若底肥足，土壤肥，棉株旺长的棉田，可不施盖顶肥。

（2）及时浇水和排水。发现旱情及时浇水，一般采用沟灌，雨季注意及时排水。

（3）中耕培土。在棉花未封行前，浇水后和雨后及时中耕松土，结合中耕进行培土，中耕不宜过深。

（4）适时打顶。打顶可消除顶端生长优势，有利于增蕾保铃。打顶时间控制在早霜到来前 80 ~ 90 天，黄河流域在 7 月 25 日前后。主茎和果枝叶腋处长出的赘芽、疯杈要及时抹掉，以免争夺养分，影响产量。

（5）适时化控。一般棉田有旺长趋势时，每亩可用缩节胺粉剂加水 50 千克喷施。注意打顶前后 5 天内不要使用。

（六）棉花吐絮期的管理技术

吐絮期是指棉花从吐絮到收花结束的一段时期，管理的主要目标是增加铃重，提高品质，多坐秋桃，防治早衰。

（1）整枝。后期整枝能改善棉田通风透光条件，减少养分消耗，有利增秋桃、增铃重、促早熟、防烂铃。对后期长势旺，郁闭重的棉田，还要进行打老叶、剪空枝，推株并垄，防烂铃。

（2）根外追肥。棉株后期根系吸收能力减弱，为补充根系吸收养分不足，可采用根外追肥。当棉株有脱肥如缺磷少钾早衰表现时，一般每亩用 0.5% 过磷酸钙溶液和 1% 尿素溶液 50 千克喷雾。对缺硼的棉田，每亩可用 0.2% 的硼砂溶液 50 千克喷雾。叶面追肥以晴天下午进行效果最好。

（3）喷施催熟剂。由于多种原因，每年都有部分棉田后期棉铃不能正常成熟，尤其夏播棉、晚栽棉、套栽棉和盐碱地棉等一些贪青晚熟的棉田青铃更多，不但影响产量，还降低品质，因此采用相应的催熟措施可加快棉铃的发育提早吐絮，增加霜前花产量。乙烯利催熟，适用于后期青铃较多的一般棉田和高产棉田，喷施时期一般在枯霜期前 20 天左右，用 40% 的水溶剂，每亩用药量 150~200 毫升，对水 50 千克。

（4）适时收摘。棉花裂铃后 7 天左右时，纤维品质最好，所以 7~10 天摘一次最好。

（七）棉花病虫害的防治技术

棉花苗期病虫害种类多、为害重。主要有棉蚜、红蜘蛛、地老虎、蓟马等害虫。病害主要有立枯病、炭疽病、根腐病等；蕾期病害以枯萎病、黄萎病为主，主要害虫有棉蚜、棉蓟马、棉盲蝽蟓和棉红蜘蛛等；花铃期重点防治棉花疫病、炭疽病、茎枯病、角斑病以及棉铃虫、红蜘蛛、金钢钻、造桥虫、红铃虫、棉叶蝉等病虫害；棉花进入吐絮期后突发性病虫较多，主要虫害有棉铃虫、造桥虫等。

1. 棉蚜

为害症状，棉蚜以刺吸口器刺入棉叶背面或嫩头，吸食汁液。苗期受害，棉叶卷缩，开花结铃期推迟。成株期受害，上部叶片卷缩（图 2-17），中部叶片出现油光，下部叶片枯黄脱落，叶表面有蚜虫排泄的蜜露，易诱发霉菌滋生。蕾铃受害，易落蕾，影响棉株发育。

图 2-17　棉蚜为害棉苗症状

防治技术措施，遵循利用天敌控制蚜虫，掌握合理有效喷药时机的原则进行，一般掌握天敌与蚜虫的比例达到 1∶40 时，要控制蚜虫；清除棉田周围的杂草，减少蚜虫寄主；在棉田中或周边种植诱集带，定植玉米、高粱、油菜等，待诱集到大量蚜虫时集中防治；直播棉田在棉花开沟播种时，按每亩 3% 呋喃丹颗粒剂 1.5 千克，均匀撒于棉行沟中，可保证棉苗安全度过三叶期。用内吸性农药 50% 久效磷和 40% 氧化乐果配制成高浓度缓释剂涂于棉苗茎基部。喷洒药剂一般选择 50% 久效磷乳油 20～30 毫升/亩、40% 氧化乐果乳油 30～40 毫升/亩、50% 灭蚜松乳油 20～30 毫升/亩、50% 西维因可湿性粉剂 30～50 克/亩，要注意更换药种和交叉用药。

2. 棉红蜘蛛

为害症状，以成、若螨聚集在棉叶背面刺吸棉叶汁液，棉叶正面现黄白色斑，后来叶面出现小红点，为害严重的，红色区域扩大，致棉叶、棉铃焦枯脱落，状似火烧（图 2-18）。

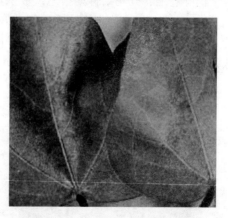

图 2-18　棉红蜘蛛为害叶片症状

防治技术措施，清除棉田及附近杂草；药剂沟施防治，在往年棉叶螨发生严重的田块，随播种把药穴施入土中，一般每亩 15% 铁灭克 0.2～0.4 千克、3% 呋喃丹 3 千克；药剂喷雾防治，当棉叶出现黄白斑株率达到20%时，应使用杀螨剂或杀虫剂叶面喷雾，如三氯杀螨醇1 500倍液、哒螨灵2 500倍液、蚧螨特1 500～2 000倍。

3. 棉铃虫

为害症状，幼虫食害嫩叶成缺刻或孔洞；为害棉蕾后苞叶张开变黄，蕾的下部有蛀孔，直径约5毫米，不圆整，蕾内无粪便，蕾外有粒状粪便，蕾苞叶张开后变成黄褐色，2～3天后即脱落。青铃受害时，铃的基部有蛀孔，孔径粗大，近圆形，粪便堆积在蛀孔之外，赤褐色，铃内被食去一室或多室的棉籽和纤维，未吃的纤维和种子呈水渍状，造成烂铃（图2－19）。

| 1 青铃受害 | 2 叶片受害 |

图2－19 棉铃虫为害幼玲和叶片症状

在防治上采取多种措施综合防治。可通过选择抗虫棉品种，利用黑光灯、杨树把诱杀，在卵孵盛期，释放赤眼蜂1.5万～2万头/亩，草蛉5 000～6 000头/亩，在棉铃虫低龄幼虫盛期，使用敌杀死25克/升乳油40～50毫升/亩、赛丹350克/升乳油130～170毫升/亩或每亩使用50%对硫磷乳油100毫升或50%辛硫磷乳油100毫升，对水50千克喷雾防治。

4. 棉花枯萎病

为害症状，枯萎病是棉花病害中的主要病害，常见的有黄色网纹型和青枯型。网纹型，叶肉绿色、叶脉变黄，病部呈网纹状，最后全株叶片脱落；青枯型，全株叶色不变，植株一边叶片萎蔫下垂，剖开病茎见导管变成深褐色条纹（图2－20）。

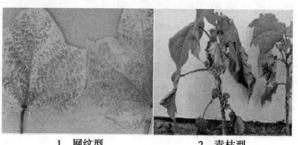

1 网纹型   2 青枯型

图2－20 棉花枯萎病网纹型和青枯型症状

应以预防为主，加强植物检疫，不从病区调种，自选、自育无病良种，种子消毒处理；拔除和销毁零星病株，对病株及其周围的土壤进行土壤处理。改善棉田栽培条件，促进根系健全生长，提高棉花自身抗性能力。病田隔离，农具专用，棉花单收、单轧、不留种，病残就地烧毁，加强棉田管理，实行水旱轮作。在发病前后宜用"枯萎灵"或"枯黄萎克星2号"对适量水灌病株根。

5. 棉花立枯病

为害症状，棉苗受害后，在近地面的茎基部产生黄褐色病斑，后变成黑褐色，并逐渐凹陷腐烂，严重时病部变细，病苗枯死或萎倒（图2－21）。子叶受害后形成不规则形黄褐色病斑，以后病部破烂脱落成穿孔状。成株期受害后，叶上产生褐色斑点，后脱落穿孔。

防治技术措施，与禾本科作物轮作2～3年以上；精细整地，增施腐熟有机肥或5406菌肥；春棉以5厘米深土温达14℃时为适宜播期，一般播种4～5厘米深为宜；适当早间苗、勤中耕，降低土壤湿度，提高土壤温度，培育壮苗；精选种子，用种子重量0.6%的乙酸铜拌种，也可用来喷雾。

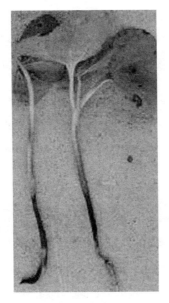

图 2 – 21　棉花立枯病苗期症状

6. 棉花猝倒病

为害症状，病菌先从幼嫩的细根侵入，在幼茎基部呈现黄色水渍状病斑，严重时病部变软腐烂，颜色加深呈黄褐色，幼苗迅速萎蔫倒伏（图 2 – 22）。同时，子叶也随着褪色，呈水浸状软化。与立枯病不同的是，猝倒病棉苗茎基部没有褐色凹陷病斑。

防治技术措施，播前精细整地，降低田间湿度，适期播种，培育壮苗；药剂防治用种子量 0.2% 的二氯萘醌拌种；也可用40% 乙膦铝 800 倍液或瑞毒霉颗粒剂在播种时沟施；或用25% 瑞毒霉 3 000倍液在苗期灌根。

7. 棉花炭疽病

为害症状，棉籽发芽后受侵染，可在土中腐烂。子叶上病斑黄褐色，边缘红褐色，上面有橘红色黏性物质，即病菌分生孢子。幼茎基部发病后产生红褐色梭形条斑，后扩大变褐，略凹

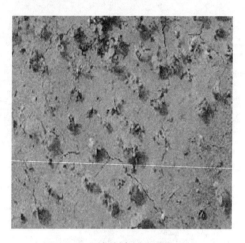

图 2 – 22　棉花猝倒病苗期症状

陷，病斑上有橘红色黏性物。铃上病斑初为暗红色小点，以后逐渐扩大并凹陷，中部变为灰褐色，上面也有橘红色黏性物质（图2 –23）。

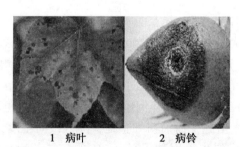

1　病叶　　　　　　2　病铃

图 2 – 23　棉花炭疽病症状

防治技术措施，合理轮作，精细整地，提高播种质量；温汤浸种消灭种子带菌，用3份开水加1份凉水，按水量与棉籽重量比为2.5：1的比例放入棉种，水温保持在55～60℃浸泡0.5小时，捞出后晾干即可播种。药剂防治，苗期发病可用炭疽诺康，或贝尔生均匀喷雾；若将喷雾器喷头中的旋水片取出，对准根茎

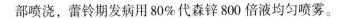

部喷浇，蕾铃期发病用 80% 代森锌 800 倍液均匀喷雾。

思考练习题

1. 农作物品种选育有哪些方法？

2. 品种混杂退化的原因是什么？如何防止？

3. 农作物种子质量检验主要进行哪些项目？

4. 土壤质地分哪些类型？简述不同类型土壤各有什么性质。

5. 简述进行低产土壤改良的主要措施。

6. 简述高产土壤的主要特征。如何进行土壤培肥？

7. 简述增施有机肥好处。

8. 作物布局的原则是什么？

9. 间套作的技术要点是什么？

10. 简述小麦生长前期、中期、后期的管理目标和管理要点。

11. 水稻如何进行浸种催芽？

12. 简述水稻返青分蘖期、拔节孕穗期、结实期的主攻方向和管理要点。

13. 简述玉米苗期、穗期、花粒期的主攻方向和管理要点。

14. 简述棉花苗期、花蕾期、花铃期、吐絮期的主攻方向和管理要点。

模块三　果树生产技术

任务一、我国果树生产现状与发展趋势

我国的果树产业是种植业中继粮食和蔬菜之后的第三大产业，是劳动密集型和技术密集型的产业，也是我国农林业中具有比较优势和国际竞争力的产业之一。目前我国的果树生产面积和产量均居世界第一位，果树产业的发展呈现出布局区域化、生产规模化、品种多样化、周年供应均衡化、市场国际化、生产省力化和机械化的趋势。

一、我国果树生产现状

（一）我国果树生产的面积和产量

据中国统计局中国统计年鉴（2014 年）提供的果园面积、产量信息看，我国果树生产面积、产量基本上稳中有升，产业结构进一步优化，渐趋合理。2013 年我国果树生产面积达到了 12.4 万公顷，果树生产的产量达到了 25 093 万吨（表 3 – 1）。

表 3 – 1　近十年我国果树面积、产量

年份	2005	2007	2009	2011	2013
果树面积（万公顷）	10.04	10.47	11.14	11.83	12.37
果树产量（万吨）	16 120.1	18 136.3	20 395.5	22 768.2	25 093

从 1993 年起，我国的水果总产量开始居世界首位。几十年

来，随着农村经济的发展，产业结构的调整，果品市场的开放，果树生产发展速度加快，果树生产面积、产量均一直位于世界首位。由表 3-1 可以看出，我国果树生产面积、产量均一直在增加，2013 年的果树生产面积是 2004 年的 123%，产量是 2004 年的 156%，产量增加的速度要明显高于面积，可见我国果园的栽培技术水平得到了迅速提高。

（二）我国果树生产的主要种类

从 2012 年我国果树种类的栽培面积和产量可以看出，苹果、柑橘、梨、葡萄、香蕉等仍然是我国的主要栽培果树种类，2012 年苹果、柑橘、梨、葡萄、香蕉等果树的栽培面积占我国果树总面积的 55%，产量占我国果树总产量的 45%。苹果的面积和产量仍然位居第一位，2012 年我国苹果生产面积 233 万公顷，产量 3 849 万吨；柑橘生产的面积和产量位居第二位，生产面积 230 万公顷，产量 3 167 万吨；梨生产的面积和产量位居第三位，生产面积 108 万公顷，产量 1 707 万吨；香蕉生产的产量位居第四位，产量 1 155 万吨，生产面积位于第五位，生产面积 39 万公顷；葡萄生产的面积位于第四位，生产面积 66 万公顷，产量位居第五位，生产产量 1 054 万吨。

（三）我国果树生产的主产区域

从 2013 年各省的果树生产状况看（表 3-2），果树生产面积排到前 5 名的分别是陕西省、广东省、河北省、广西壮族自治区和新疆维吾尔自治区，与 2005 年的前 5 名排序的河北省、广东省、广西壮族自治区、陕西省和山东省相比，有了很大的变化。可见陕西省和新疆维吾尔自治区借助国家苹果生产规划和西部大开发的政策优势，紧抓机遇，抢先发展，果树生产面积大幅度提高。如新疆维吾尔自治区大力发展苹果和葡萄，苹果生产面积由 2004 年的 0.029 万公顷增加到了 2012 年的 0.084 万公顷，增加到了 2.89 倍，葡萄生产面积由 2004 年的 0.092 万公顷增加到了

2012 年的 0.143 万公顷，增加到了 1.55 倍。2013 年果树生产产量排到前 5 名的分别是山东省、河南省、河北省、陕西省和广东省，山东省和河南省的果树产量较高的主要原因应该是果树种植结构的调整和栽培方式的更新。近几年山东省和河南省的果树设施生产面积发展迅速，并且果树种植结构调整为苹果、梨、桃等亩产量较高的果树种类。

表 3 - 2   2013 年果树生产主产省面积、产量前 5 名一览表

年份	2005	2007	2009	2011	2013
果树面积（万公顷）	陕西省	广东省	河北省	广西壮族自治区	新疆维吾尔自治区
	1.19	1.12	1.06	1.04	0.93
果树产量（万吨）	山东省	河南省	河北省	陕西省	广东省
	3 028.8	2 599.7	1 863.5	1 764.4	1 485.4

从近年果树树种结构调整看（表 3 - 3），苹果最为突出，调整步子大，如山东 2004 年为 34 万公顷以上，排列全国第二，现在面积仍为第二位，面积减少到了 27.96 万公顷，即减少 20% 左右。陕西瞄准优生区发展，集中在渭北平原，由原来的 41.2 万公顷一跃为 64.5 万公顷，升至第一位。苹果优势区域已有由渤海湾果区向西北黄土高原果区转移之势（渤海湾苹果优势带和西北黄土高原优势带已被农业部规划为我国苹果优势区域）。如广东省借助亚热带水果的生产优势，近十年在稳定香蕉的生产面积的同时，积极发展柑橘生产，近十年香蕉生产面积一直稳定在 12.6 万公顷，但是柑橘却由 2004 年的 17.5 万公顷迅速增长到了 2012 年 25.4 万公顷，是 2004 年的 1.45 倍。可见，苹果和柑橘优势区域规划正稳步实施，优质示范基地普遍建立，水果生产区域化、名优化更加突出，优质果率普遍提高。

表 3-3 2013 年各树种主产区域果树产量前 5 名排序

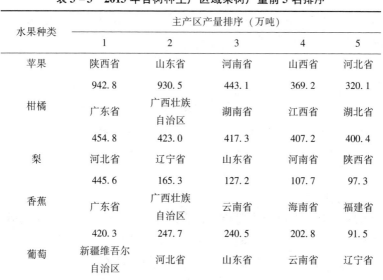

水果种类	主产区产量排序（万吨）				
	1	2	3	4	5
苹果	陕西省	山东省	河南省	山西省	河北省
	942.8	930.5	443.1	369.2	320.1
柑橘	广东省	广西壮族自治区	湖南省	江西省	湖北省
	454.8	423.0	417.3	407.2	400.4
梨	河北省	辽宁省	山东省	河南省	陕西省
	445.6	165.3	127.2	107.7	97.3
香蕉	广东省	广西壮族自治区	云南省	海南省	福建省
	420.3	247.7	240.5	202.8	91.5
葡萄	新疆维吾尔自治区	河北省	山东省	云南省	辽宁省
	223.9	137.0	112.5	81.6	65.9

（四）人均果树面积

为了满足人们对果品的消费需求，必须有足够的果树生产面积作为保证。2013 年我国果树生产面积为 12.37 万公顷，人均 90.96 平方米，2003 年我国果树人均生产面积为 72 平方米，相对提高了 26%，是世界人均果树生产面积 83 平方米的 109%。如果我国的各个树种的产量水平接近世界平均产量水平的话，我国的果树人均面积已经能满足我国人民的需求。

（五）人均水果量

为保证人体营养水平的需要，人体每年必须食用一定量的水果，根据世界粮农组织公布的数据 2005 年美国人均日消费水果 335 克、日本 149 克、法国 507 克，《中国居民平衡膳食宝塔》推荐的人均日消费水果 100~200 克。2013 年我国水果生产量为 25 093 万吨，人均 184.40 千克，日人均可消费水果 505.2 克，可见我国当前的果树总产量能够满足我国人民对水果整体的需求量，但是细分到每个树种的需求，需要根据不同时期人民的阶段需求和市场变化对果树进行合理的调整。

（六）果树生产单位面积产量

种植业栽培的单位面积产量是取得较好经济效益的基础。从表3-1的我国果树生产面积和产量近十年的变化来看，我国的果树生产单位面积产量在不断提高，由2005年的每亩1 070.66千克增加到了2012年的每亩1 352千克，增幅达到了26%。近几年我国的果树生产单位面积产量已经明显高于世界果树生产平均单产，如我国苹果单产为每亩1 150千克，世界苹果平均单产为每亩873千克；梨单产为每亩1 045千克，世界梨平均单产为每亩786千克；葡萄单产为每亩1 055千克，世界葡萄平均单产为每亩549千克。但是我国的果树生产单产与生产技术先进国家相比还有很大差距，如葡萄单产排序前5名的国家，印度高达每亩2 000千克、以色列每亩1 266千克，埃及每亩1 146千克，韩国每亩1 126千克，泰国每亩1 066千克。

二、我国果树生产发展趋势

通过对我国果树生产现状的分析，结合世界果树生产先进国家的果树产业发展特征，我国的果树生产应注重向以下几个方向发展。

（一）资源利用最优化

资源最优化利用，通俗地说就是"适地适栽"，即因地制宜地确定栽培作物的种类、品种，最高效率地开发自然条件的潜在优势，发挥植物种质资源的最优产量和最优品质。每一种果树、每一个优良品种，都应当有最佳的栽培地区，即区域化种植，这与各地有自己的名、特、优产品应是一致的，要加强各种各类果树的优势区和优势带建设。在美国50%的苹果集中产在占国土面积 1.9% 的华盛顿州，80% 的柑橘集中产在占国土面积不到 1.6% 的佛罗里达州，而 90% 的葡萄产在占国土面积不到 5% 的加利福尼亚州。资源优势的利用，还应当包括继续研究和开发野生果树资源。一些野生果树具有特别强的适应性和抗病性，其基因资源是非常宝贵的财富。

（二）果品质量优质化

果品的质量包括内质和外质。内质包括果实的硬度、汁液、风味、香气、营养和污染状况等；外质包括果实大小、形状、色泽、有无病虫、光泽度等。果实品质发展方向将是个性化的，随着经济的发展，多种类、多品种要求将会更为突出。果品的优质优价在市场营销中已经充分体现，同时优质化也是确保果品质量安全的重要保障。

（三）果品生产标准化

标准化的内涵就是指农业生产经营活动要以市场为导向，建立健全规范的工艺流程和衡量标准。果品作为一种商品，只有按一定的标准组织生产和推广，才能迅速有效地使果品质量和市场竞争力得以整体提高。如果说我国果品产销业正处在由数量效益型向质量效益型转变的关键历史时期，那么果品标准化体系的完善和实施就是促进这一转变的重要基础工作之一。

（四）果品贮藏加产业化

果品贮藏是反季节供应市场的一种有效手段，可缓解集中上市的矛盾，达到全年均衡供应。世界农业发达国家水果的贮藏量占水果总产量的 45%～70%，我国水果的贮藏量尚不足水果总产量的 20%。果品的贮藏量小、贮藏保鲜程度差是果品生产长期存在的问题。果品加工是鲜果转化增值的主要途径，也是减少鲜果运销压力的有效措施。我国果业产业化程度低，水果加工能力仅为 10% 左右，而在发达国家，加工比例通常达到 60%～70%。因此，为提高我国水果业在国际市场中的地位，根本出路是打破贮藏保鲜瓶颈，促进加工业的发展，延长果品产业链条。

（五）果品包装多样化

果品大量采收后，贮运和销售是生产到消费的重要环节，而良好的包装是避免水分散失、保持鲜度、防止病虫害、以利销售的必要保证。外包装要体现出抗压、耐贮、耐运、防潮等，内包装要体现柔软、缓冲力强、保湿、防腐等，包装规格与样式要体现小型化、精品化、透明化、组合化、多样化等。

（六）实施果品品牌化

好的产品还要有一个好的品牌，才能被消费者接受和认可。品牌是产业发展的旗帜，是产品经营的灵魂。为适应国际、国内两个市场竞争的要求，加速名优果品的品牌化，用强势品牌带动产业发展、效益增长，已成为影响区域经济发展的重要因素。

（七）果树栽培设施化

设施果树栽培是利用日光温室（暖室）、塑料大棚（冷棚）、人工气候室、防雨棚、遮阳棚等（现在温室和冷棚应用较多）保护设施，人为地控制果树生长环境，采用高科技农业技术，调节果树成熟期，使其提前或延后生长及成熟，有的还能够一年多次结果，以满足人们对淡季水果在较长时期的需要。我国设施果树的发展，是在 20 世纪 80 年代末开始，90 年代初才真正兴起。最近几年发展较快，以葡萄、草莓、桃、李、杏、樱桃为主的设施栽培已经有了很大的发展，目前正在研究推广枣、梨等树种。切实满足我国人民对果品的周年需求。

（八）果树生产特色化

观光果园是利用果园景观、果园周围的自然生态及环境资源，结合果品生产、产品经营、农村文化及果农生活，为人们提供休闲观光的一种果园经营形态。其显著特点是将果园景观及劳作等功能进行全方位、多层次的开发利用，集果品生产和旅游观光于一体。吃农家饭、住农家院、摘农家果，这些已成为许多市

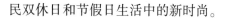

民双休日和节假日生活中的新时尚。

（九）生产经营规模化

随着果树生长发育和产量形成的数学模型日益完善，田间管理自动化、系列化和数量化将能实现。果树栽培与计算机、仿生学相结合，农民的田间作业时间逐渐减少，全部生产环节自动控制已不是空想。进行规模化生产果树已经具备了一定的科技基础。

任务二、果树育苗技术

苗圃是培育苗木的场所，果树苗圃是通过无性、有性或其他途径生产培育和经营各类果树苗木的生产单位或企业。也是探索果树繁育新方法，改进育苗技术的实验基地。

一、苗圃的建立

苗圃能不能顺利完成育苗任务，培育出健壮的、品种纯正的果树苗木，并产生最佳经济效益，和苗圃地的选择和规划设计有着密切的关系。

（一）苗圃地的选择

苗圃地选择的时候应遵循自然条件有利于果树苗木的生长，同时经营管理方便。建立苗圃之前，必须对培育果树树苗的自然条件和经营条件进行认真分析。

1. 经营条件

（1）交通运输条件。苗圃地应选择在交通便利，运输条件好，离果树生产区域中心距离较近，起苗后能迅速运达栽培地，培育苗木所需的物资、材料能迅速运达苗圃。

（2）生态环境条件。苗圃地设立在苗木需求地区的中心，这样可以减少运苗过程中苗木失水而导致的苗木质量降低，还能够提高对当地生态环境条件的适应性，苗木栽植成活率高。苗圃附近不能有排放大量煤烟、有毒气体、废料的工厂，确保无污染，以便生产无公害的果树苗木。

（3）技术与管理条件。苗圃尽可能靠近相关的科研单位和大专院校，以利于获得先进的技术指导和获取最新的生产动态，并且有利于信息传递和苗木销售等。

（4）电力条件。保证电力供应，以便满足应用先进机械、智能温室的电力需求，同时也是进行科学实验的有力保证。

（5）劳动力条件。果树育苗的苗床整理、播种、间苗等环节需要大量的劳动力，苗圃应选在居民点较近的位置，且有丰富的劳动力资源，忙时有充足的劳动力供应。

（6）销售条件。在果树生产面积较大的对苗木需求量大的区域建造苗圃，生产的苗木具有销售的优势条件。

2. 自然条件

（1）地形、地势及坡向。宜选择排水良好、地形平坦的开阔地带。坡度以 1°～3° 为宜。过大易导致水土流失、降低土壤肥力，且不便机耕与灌溉。对南方多雨地区，可选择坡度 3°～5° 的地块，以利于排水。坡度的大小，通常根据不同地区的具体条件和育苗要求来决定，比较黏重的土壤，坡度适当大些，在砂性土壤上，坡度宜小些。在坡度较大的山地丘陵育苗，要先修梯田，以保持水土。

积水洼地、重盐碱地、寒流汇集地如峡谷、风口、林中空地等昼夜日光温差变化较大的地方，苗木易受冻害，都不宜选作苗圃。

（2）水源和地下水位。苗圃地应设在江、河、湖、塘、水库等天然水源附近，以利引水灌溉，但易被水淹和冲击的地方不宜选作苗圃。苗圃灌溉用水的水质要求为淡水，水中盐含量不超过 0.1%，最高不得超过 0.5%。天然水源水质好，有利于苗木生长；同时也有利于使用滴灌、喷灌等现代化灌溉技术。若无天然水源，或水源不足，则应选择地下水源充足，可以打井提水灌溉的地方。

地下水位过高，会导致土壤通透性差、根系生长不良。蒸发量大于降水量时会将土壤深层盐分捎带至地面，造成盐化；多雨时又易造成涝灾。地下水位过低，土壤易于干旱，必须增加灌溉次数及灌溉量，提高育苗成本。最合适的地下水位，一般情况为砂土 1 ~ 1.5 米、砂壤土 2.5 米左右、黏性土壤 4.0 米左右。

（3）土壤条件。一般苗木适宜生长具有一定肥力、盐碱度适中的砂质壤土上，或轻黏质壤土上。过分黏重的土壤通气性、排水性不良、有碍根系的生长；雨后泥泞，易致板结；过干时易龟裂，不仅耕作困难，而且冬季苗木冻害现象严重。过于砂质的土壤疏松、肥力低、保水力差，夏季表土高温易致幼苗灼伤；移植时土球易散。土壤的酸碱性通常选中性、微酸性为好。一般树种要求 pH 值 4.5 ~ 7.5，重盐碱地及过分酸性土壤也不宜选作苗圃。土壤有机质含量不应低于 2.5%，含盐量应低于 0.2%。

（4）病虫草害条件。苗圃地不要选择栽培过果树的地块，应无病虫、鸟、兽为害等。要严格分析该地块土壤的为害病史，对严重为害果树苗木的立枯病、根头癌肿病和地下害虫如蛴螬、金针虫、线虫等必须预先采取防治措施。还应该考虑是否存在难以消灭的杂草的为害。

（二）苗圃地的区划

苗圃地区划总的原则是充分利用苗圃土地，便于苗圃生产与管理，能合理安排生产用地和非生产用地，达到苗圃土地的高效利用。

1. 苗圃地区划的原则

（1）苗圃地区划应尽量满足机械化操作的原则。在现代果树苗圃规模生产中，一般尽可能采取机械化操作，所以，在规划生产用地时要尽量满足机械化作业最佳长度和面积。

（2）非生产用地区划要尽可能达到最小化、最有效化。非生产用地的沟、渠、路的配置要协调一致，线路要短、占地要少、控制面要大，即所占土地最小化、功能最大化。

2. 生产区的区划

苗圃用地一般包括生产用地和辅助用地两部分。生产用地是指直接用于培育苗木的土地，包括播种苗区、营养苗繁殖区、移植苗区、采穗母树区、组培苗和无病毒苗区等所占用的土地及暂时未使用的轮作休闲地。

（1）播种繁殖区。为培育播种苗而设置的生产区。应选择生产用地中自然条件和经营条件最好的区域作为播种繁殖区。播种繁殖区应靠近管理区；地势应较高而平坦，坡度小于2°；接近水源，灌溉方便；土质优良，土层深厚肥沃；背风向阳，便于防霜冻；如是坡地，则应选择自然条件最好的坡向。

（2）营养苗繁殖区。为培育扦插、嫁接、压条、分株等营养苗繁殖而设置的生产区。一般要求选择条件较好的地段作为营养苗繁殖区。培育硬枝扦插苗时，要求土层深厚，土质疏松而湿润。培育嫁接苗时，因为需要先培育砧木播种苗，所以应当选择与播种繁殖区相当的自然条件好的地段。

（3）移植苗区。为培育根系发达、有一定树形、苗龄较大、可直接出圃的大苗而设置的生产区。在大苗区继续培养的苗木，通常在移植区内已进行过一至几次移植，在大苗区培育的苗木出圃前一般不再进行移植，且培育年限较长。大苗培育区特点是株、行距大，占地面积大，培育的苗木大，规格高，根系发达。大苗的抗逆性较强，对土壤要求不太严格，但以土层深厚、地下水位较低的整齐地块为宜。为便于苗木出圃，位置应选在便于运输的地段。

（4）采穗母树区。为获得优良的种子、插条、接穗等繁殖材料而设置的生产区。采种母树区不需要很大的面积和整齐的地块，大多是利用一些零散地块，以及防护林带和沟、渠、路的旁边等处栽植。

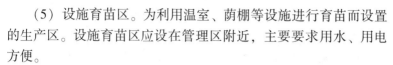

（5）设施育苗区。为利用温室、荫棚等设施进行育苗而设置的生产区。设施育苗区应设在管理区附近，主要要求用水、用电方便。

3. 非生产用地的区划

苗圃生产的辅助用地又称非生产用地，是指苗圃的道路、排灌系统、防护林带、晾晒场、积肥场及仓贮建筑等占用的土地。

（1）苗圃道路系统。苗圃道路系统的设计主要应从保证运输车辆、耕作机具、作业人员的正常通行考虑，合理设置道路系统及其路面宽度。苗圃道路包括一级路、二级路、三级路和环路。

一级路也称主干道。一般设置于苗圃的中轴线上，应连接管理区和苗圃出入口，能够允许通行载重汽车和大型耕作机具。通常设置 1 条或相互垂直的 2 条，设计路面宽度一般为 6~8 米，标高高于作业区 20 厘米。

二级路也称副道、支道。是一级路通达各作业区的分支道路，应能通行载重汽车和大型耕作机具。通常与一级路垂直，根据作业区的划分设置多条，设计路面宽度一般为 4 米，标高高于耕作区 10 厘米。

三级路也称步道、作业道。是作业人员进入作业区的道路，与二级路垂直，设计路面宽度一般为 2 米。

环路也称环道。设在苗圃四周防护林带内侧，供机动车辆回转通行使用，设计路面宽度一般为 4~6 米。

大型苗圃（300 亩以上）和机械化程度高的苗圃注重苗圃道路的设置，通常按上述要求分三级设置。中（45~300 亩）、小型苗圃（小于 45 亩）可少设或不设二级路，环路路面宽度也可相应窄些。路越多越方便，但占地多，一般道路占地面积为苗圃总面积的 7%~10%。

（2）苗圃灌溉系统。苗圃必须有完善的灌溉系统，以保证苗木对水分的需求。灌溉系统包括水源、提水设备、引水设施三部分。

水源分地表水（天然水）和地下水两类。地表水指河流、湖泊、池塘、水库等直接暴露于地面的水源。地表水取用方便，水量丰沛，水温与苗圃土壤温度接近，水质较好，含有部分养分成分，可直接用于苗圃灌溉，但需注意监测水质有无污染，以免对苗木造成为害。地下水指井水、泉水等来自于地下透水土层或岩层中的水源。地下水一般含矿化物较多，硬度较大，水温较低，通常为 7~16℃或稍高，应设蓄水池以提高水温，再用于灌溉。

提水设备是指提取地表水或地下水一般均使用水泵。

引水设施分渠道引水和管道引水两种。修筑渠道是沿用已久的传统引水形式。土筑明渠修筑简便，投资少，但流速较慢，蒸发量和渗透量较大，占用土地多，引水时需要经常注意管护和维修。管道引水是将水源通过埋入地下的管道引入苗圃作业区进行灌溉的形式，通过管道引水可实施喷灌、滴灌、渗灌等节水灌溉技术。管道引水不占用土地，也便于田间机械作业。喷灌、滴灌、渗灌等灌溉方式比地面灌溉节水效果显著，灌溉效果好，节省劳力，工作效率高，能够减少对土壤结构的破坏，保持土壤原有的疏松状态，避免地表径流和水分的深层渗漏。虽然投资较大，但在水资源匮乏地区以管道引水，采用节水灌溉技术应是苗圃灌溉的发展方向。

（3）苗圃排水系统。地势低、地下水位高、雨量多的地区，应重视排水系统的建设。排水系统由大小不同的排水沟组成，排水沟分明沟和暗沟两种，目前采用明沟较多。排水沟的宽度、深度和设置，根据苗圃的地形、土质、雨量、出水口的位置等因素而确定，应以保证雨后能很快排除积水而又少占土地为原则。排水沟的边坡与灌水渠相同，但落差应大一些，一般为 3/1 000~6/1 000。大排水沟应设在圃地最低处，直接通入河、湖或市区排水系统；中小排水沟通常设在路旁；耕作区的小排水沟与小步道相结合。在地形、坡向一致时，排水沟和灌溉渠往往各居道路一侧，形成沟、路、渠并列，这是比较合理的设置，既利于排灌，又区划整齐。一般大排水沟宽 1 米以上，深 0.5 ~ 1 米；耕作区内小排水沟宽 0.3 ~ 1 米，深 0.4 ~ 0.6 米。排水系统占地一般为苗圃总面积的 1% ~ 5%。

（4）防护林带。小型苗圃与主风方向垂直设一条林带；中型苗圃在四周设置林带；大型苗圃除设置周围环圃林带外，并在圃内结合道路等设置与主风方向垂直的辅助林带。如有偏角，不应超过 30 度。一般防护林防护范围是树高的 16 ~ 17 倍。

（5）苗圃管理区。苗圃管理区包括房屋建筑和圃内场院等部分。房屋建筑主要包括办公室、宿舍、食堂、仓库、种子贮藏室、工具房、车库等；圃内场院主要包括运动场、晒场、堆肥场等。苗圃管理区应设在交通方便，地势高燥的地方。堆肥场等则应设在较隐蔽，但便于运输的地方。

（三）苗圃的建设施工

1. 水、电、通讯的引入和管理区建筑工程施工

房屋的建设和水、电、通讯的引入应在其他各项建设之前进行。水、电、通讯是搞好基建的先行条件，应最先安装引入。为了节约土地，办公用房、宿舍、仓库、车库、机具库、种子库等最好集中于管理区一起兴建，尽量建成楼房。组培室一般建在管理区内。温室虽然是占用生产用地，但其建设施工也应先于圃路、灌溉等其他建设项目进行。

2. 苗圃道路施工

苗圃道路施工前，先在设计图上选择两个明显的地物或两个已知点，定出一级路的实际位置，再以一级路的中心线为基线，进行圃路系统的定点、放线工作，然后方可修建。圃路路面有很多种，如土路、石子路、灰渣路、柏油路、水泥路等。大、中型苗圃道路一级路和二级路的设置相对比较固定，有条件的苗圃可建设柏油或水泥路，或者将支路建成石子路或灰渣路。大、中型苗圃的三级路和小型苗圃的道路系统主要为土路。

3. 灌溉工程施工

用于灌溉的水源如果是地表水，应先在取水点修筑取水构筑物，安装提水设备。如果是开采地下水，应先钻井，安装水泵。

采用渠道引水方式灌溉，最重要的是一级和二级渠道的坡降应符合设计要求，因此需要进行精确测量，准确标示标高，按照标示修筑渠道。修筑时先按设计的宽度、高度和边坡比填土，分层夯实，当达到设计高度时，再按渠道设计的过水断面尺寸从顶部开掘。采用水泥渠作一级和二级渠道，修建的方法是先用修筑土筑渠道的方法，按设计要求修成土渠，然后再在土渠底部和两侧挖取一定厚度的土，挖土厚度与浇筑水泥的厚度相同，在渠中放置钢筋网，浇筑水泥。

采用管道引水方式灌溉，要按照管道铺设的设计要求开挖 1 米以上的深沟，在沟中铺设好管道，并按设计要求布置好出水口。

喷灌等节水灌溉工程的施工，必须在专业技术人员的指导下，严格按照设计要求进行，并应在通过调试能够正常运行后再投入使用。

4. 排水系统的施工

一般先挖掘向外排水的大排水沟。挖掘中排水沟与修筑道路相结合，将挖掘的土填于路面。作业区的小排水沟可结合整地挖掘。排水沟的坡降和边坡都要符合设计要求。

5. 防护林带的施工

应在适宜季节营建防护林，最好使用大苗栽植，以便尽早形成防护功能。栽植的株、行距按设计规定进行，栽后及时灌水，并做好养护管理工作，以保证成活和正常生长。

6. 整地

（1）浅耕。对地势不很平坦的缓坡地，或经过大量带土出圃的换茬地，都必须进行平整工作，否则容易造成翻耕时深浅不一，或翻耕困难的局面。苗圃土地平整的时间一般在秋季，通常

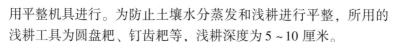

用平整机具进行。为防止土壤水分蒸发和浅耕进行平整，所用的浅耕工具为圆盘耙、钉齿耙等，浅耕深度为 5 ~ 10 厘米。

（2）翻耕。苗圃土地的翻耕一般在春、秋两季进行。秋耕可使土壤风化、蓄水保墒，有利于消灭杂草和病虫害，但对易风蚀的沙土，应在春季翻耕。翻耕的次数，应根据地区、土壤等具体条件而定。大部分地区在秋季深耕一次，不进行耙地，任其过冬，以便积蓄雨雪，促进土壤风化，春季育苗前浅耕一次。

翻耕深度决定于土壤肥沃程度、土层深度、土壤结构、气候特点和苗木根系发育特性等条件。一般圃地深耕最好为 30 ~ 35 厘米，培育大苗或扦插育苗的圃地，应深耕到 25 ~ 40 厘米。

（3）耙地。是耕地后进行的表土耕作措施。主要是耙碎土块和板结的土表，疏松表土与整平地面，并可清除杂草，混拌肥料，轻微镇压土壤，蓄水保墒，同时为作床起垄打下良好的基础。

耙地时间应随气候、土壤条件而定。在黏重土壤地区及南方地区，为了促使土壤风化，秋耕后不耙，第二年春季适时耙地。耙地常用的工具有圆盘耙、钉齿耙、柳条耙等。

（4）镇压。在耙地起垄或作床后，使用镇压器压碎、压平表土。在春旱风大地区，对疏松土壤进行镇压，有蓄水保墒的作用。镇压机具有：无柄镇压器、环形镇压器等，此外还有木磙和石磙。

（5）中耕。是苗木生长期进行的土壤耕作。目的是疏松表土，调节土壤的水、气状况。通常结合除草进行，不仅可以改善土壤的肥力，而且还可减少杂草和光照的争夺，从而促进苗木生长。

7. 作畦作垄

为了给种子发芽、插穗生根、幼苗生长发育等创造良好的土壤条件，需在整地施肥的基础上，按育苗要求，把育苗地做成育苗床（畦）或垄。

（1）作床（畦）。植物育苗床（畦）分为高床、低床和平床三种。高床是指床面高于步道，适应降雨多、排水不良的黏质土壤和气候寒冷的地区育苗。其优点是床面不积水，灌溉方便，能提高土壤温度，有利于苗木生长。低床是指床面低于步道，适应气候干旱，水源不足的地区育苗，便于灌水和保水。平床是指床面和步道高度基本相等。由于会有踩踏，往往床面略高于步道数厘米，适合土壤水分充足，排水良好，不需经常灌溉的地方。

为了便于育苗管理工作，畦面宽为 1 ~ 1.5 米，步道宽 30 ~ 50 厘米。苗床的长度根据地形、作业情况和是否有其他设施等情况而定。通常为了计算方便，采用 10 米、20 米、30 米、40 米、50 米等。人工作床时，先量好床宽和步道宽度，定桩拉绳，再根据要求进行操作。注意畦面平整，坚实度一致。

（2）作垄。对于生长快、管理粗放的果树多采用垄式育苗或作垄育苗，能加厚肥土层，提高土壤温度，有利于苗木通风透光。在耕耙后即可用犁起垄，垄高度为 15 ~ 20 厘米，地势高燥的应起低垄，地势低洼的应起高垄，垄底宽 60 ~ 70 厘米。垄向以南北向为宜，便于接受均匀的阳光。低垄的垄面低于地面 10 厘米，常在风大干旱且水源不足的地区应用。

8. 土壤消毒与虫害防治

土壤消毒是为了消灭土壤中的病原菌及地下害虫，在育苗生产中，根据具体条件，选用消毒药剂，常用硫酸亚铁和福尔马林溶液进行土壤消毒。一般喷洒 1% ~ 3% 的硫酸亚铁溶液，用药量为每平方米 3 ~ 4.5 千克，此法在苗床采用较多；在田间育苗时，可将硫酸亚铁粉碎后，直接撒于土中，用量为每平方米 150 千克左右。硫酸亚铁不仅具有杀菌作用，而且可以改良碱性土壤，为苗木提供可溶性铁。酸性土壤可用石灰中和。

对于蝼蛄、蛴螬、地老虎等地下害虫，可用 5% 的辛硫磷颗粒剂与基肥混拌后施入土中，能起毒土作用，杀死肥料中的有害虫卵和幼虫，每千克肥料可混入 250 克药剂。

9. 土壤改良

在圃地中如有盐碱土、沙土、黏土时，应进行必要的土壤改良。对盐碱地可采取开沟排水，引淡水冲盐碱。对轻度盐碱地可采取多施有机肥料，及时中耕除草等措施改良。对沙土或黏土应采用掺黏或掺沙等措施改良。在圃地中如有城市建设形成的灰渣、沙石等侵入体时，应全部清除，并换入好土。

二、嫁接苗的培育

将一个植株上的枝和芽移接到另一个植株的枝、干和根上，接口愈合到一起，形成一个新植株的方法，称为嫁接。通过嫁接法繁殖的苗木称为嫁接苗。用作嫁接的枝和芽称为接穗，承受接穗的枝、干和根称为砧木。果树生产上绝大多数树种采用嫁接育苗，如苹果、梨、桃、板栗、核桃、柿、枣、樱桃等。

（一）果树嫁接苗的特点

1. 优点

保持接穗品种的优良性状；，提早结果、早期丰产；增强果树的抗逆性和适应性；利用砧木的矮化特性培育矮生的适合设施栽培的品种；繁殖系数高，便于大量繁殖；育种上可以保持和繁殖营养系变异，促进杂交幼苗早结果，早期鉴定育种材料；嫁接换优，救治病株。

2. 缺点

有些嫁接组合不亲和；对技术要求较高；传播病毒病。

（二）砧木与接穗的选择

1. 砧木的选择

砧木要选择与接穗品种亲和力好；对当地气候、土壤适应性强；对接穗品种生长结果有良好影响；对病虫害抵抗力强；来源丰富，繁殖容易。

2. 接穗的选择

接穗应选择适宜当地生态条件，市场前景好的良种；结果三年以上，性状稳定，无检疫性病虫害的母树；树冠外围中上部，枝芽饱满的一年生枝。

（三）砧木苗的培育

1. 主要果树常用的砧木类型

我国果树砧木主要是实生砧木，采用种子繁殖。如山桃、毛桃、山杏、杜梨、海棠、核桃、板栗、黑枣、酸枣、枳壳、龙眼、粗榧等。北方落叶果树砧木种子，一般需进行冬季沙藏，使种子外壳软化和开裂，南方果树砧木种子可直接播种。主要果树常用砧木类型见表3-4。

表3-4　我国主要果树常用砧木类型一览表

果树种类	常用砧木
苹果	山定子、西府海棠、楸子、河南海棠、湖北海棠、八棱海棠
梨	杜梨、秋子梨、褐梨、榲桲、酸梨、豆梨、麻梨
桃	毛桃、山桃、野樱桃、扁桃、野生欧李、寿星桃
葡萄	山葡萄、本砧
李	毛桃、山桃、毛樱桃、中国李、杏
杏	山杏、杏
樱桃	山樱桃、中国樱桃
山楂	山楂、野山楂
柿	君迁子、本砧
柑橘	朱橘、红橘、甜橙、土橘、枳、柚、枳橙、邹皮柑、红黎檬
板栗	野板栗、各种栎类、本砧
枇杷	本砧、榲桲、台湾枇杷

2. 种子采集

（1）选择优良的母树。母树选择最好在采种母本园内进行，无母本园时，在野生母树体或散生母树上选择。选类型纯正、生长健壮、丰产稳产、结果良好，无病虫为害的壮年母树。

（2）适时采收。根据种子的成熟特征和成熟度适时采收。未成熟的种子不能采用。判断种子是否成熟，应根据果实和种子的外部形态确定。若果实应有的成熟色泽，则种仁充实饱满，种皮色泽深而富有光泽，说明种子已成熟。主要果树砧木种子采收期见表。

（3）采收后处理。去除果肉，将种子洗净后，阴干、分级贮藏。去除果肉的方法一般有堆沤腐烂法、人工剥取法和结合加工取种等方法，要根据不同树种果实特点和生产需要，灵活进行。

3. 种子层积和播前处理

（1）种子层积。种子层积就是将取种后生命力强的种子与湿润基质混合或分层相间放置，在适宜的条件下（温度 2~7℃，有效最低温 -5℃，最高温 17℃，湿度 50%~60%，通气），使种子完成后熟，解除休眠的措施。由于所用基质多为河沙，故也称沙藏。基质也可采用蛭石、珍珠岩、泥炭等材料。开始层积时间可根据果树种子完成后熟所需天数和当地春季播种时间决定见表 3-5。

表3-5　常见果树种子的采收时期、层积时间、千克粒数和播种量一览表

名称	采收时期（月）	层积天数	1千克种子粒数	播种量（千克/亩）
山桃	7~8	80~100	400~600	30~50
毛桃	7~8	80~100	200~400	30~50
杏	6~7	80~100	300~400	30~40
山杏	6~7	80~100	800~1 400	17~30
李	6~8	60~100	~	13~26
毛樱桃	6	~	8 000~14 000	7.5~10
甜樱桃	6~7	150~180	10 000~16 000	7.5~10
中国樱桃	4~5	90~150	~	7~9
枣	9	60~90	2 000~2 600	7~10
酸枣	9	60~90	4 000~5 600	4~20
君迁子	11	30 左右	3 400~8 000	5~10
山葡萄	8	90~120	26 000~30 000	1.5~2.5

（续表）

名称	采收时期（月）	层积天数	1千克种子粒数	播种量（千克/亩）
板栗	8~10	100~150	160~200	100~150
核桃	9~10	60~80	70~100	125~200
猕猴桃	8~10	60~90	760 000~800 000	0.25~0.5
楸子	9	40~50	~	0.035~0.04
杜梨	9~10	60~80	72 000~90 000	1.0
豆梨	8~9	10~30	~	0.75~1.0
秋子梨	9~10	40~60	~	1.5~2.0
湖北海棠	8~9	30~35	50 000~60 000	1~1.5

（2）播前处理。沙藏未萌动或未经沙藏处理的种子，播种前应进行种子处理。

机械破皮：破皮是开裂、擦伤或改变种皮的过程。用于使坚硬和不透水的种皮（如山楂、樱桃、山杏等）透水透气，从而促进发芽。砂纸磨、锥刀铿或锤砸、碾子碾及老虎钳夹开种皮等适用于少量大粒苗木种子。对于大量苗木种子，则需要用特殊的机械破皮机。

化学处理：种壳坚硬或种皮有蜡质的苗木种子（如山楂、酸枣及花椒等），亦可浸入有腐蚀性的浓硫酸（95%）或氢氧化钠（10%）溶液中，经过短时间的处理，使种皮变薄、蜡质消除，透性增加，利于萌芽。浸后的种子必须用清水冲洗干净。

清水浸种：水浸泡苗木种子可软化种皮，除去发芽抑制物，促进种子萌发。水浸种时的水温和浸泡时间是重要条件，有凉水（25~30℃）浸种、温水（55℃）浸种、热水（70~75℃）浸种和变温（90~100℃，20℃以下）浸种等。后两种适宜有厚硬壳的苗木种子，如核桃、山桃、山杏、山楂等，可将种子在开水中浸泡数秒钟，再在流水中浸泡2~3天，待种壳一半裂口时播种，但切勿烫伤种胚。

　　种子消毒：苗木种子消毒可杀死种子所带病菌，并保护苗木种子在土壤中不受病虫为害。方法有药剂浸种和药粉拌种。药剂浸种用福尔马林 100 倍水溶液 15～20 分钟、1% 硫酸铜 5 分钟、10% 磷酸三钠或 2% 氢氧化钠 15 分钟。药粉拌种用 70% 敌克松、50% 退菌特、90% 敌百虫，用量占苗木种子重量的 0.3%。

4. 土壤管理

　　土壤管理主要包括防治病虫害的土壤处理、施入基肥、整地作畦等任务。

　　（1）土壤消毒。在整地时，对土壤进行处理。一般用 50% 的多菌灵可湿性粉剂 600 倍液或 70% 的甲基托布津可湿性粉剂 1 000 倍液或 50% 的福美双可湿性粉剂 600 倍液，每亩地表喷布 5～6 千克，可防治烂芽、立枯、猝倒、根腐等病害。在地下害虫中，蛴螬、地老虎、蝼蛄、金针虫等为害比较严重。可用 50% 辛硫磷乳油 300 毫升每亩拌土 25～30 千克，撒施于地表，然后耕翻入土。缺铁土壤，施入硫酸亚铁每亩 10～15 千克，以防苗木黄化病的发生。

　　（2）施入基肥。基肥应在整地前施入，亦可作畦后施入畦内，翻入土壤。每亩施腐熟有机肥 8 000 千克，同时混入过磷酸钙 25 千克、草木灰 25 千克或复合肥、果树专用肥。

　　（3）整地作畦。苗圃地喷药、施肥后，深耕细耙土壤，耕翻深度 25～30 厘米，并清除影响种子发芽的杂草、残根、石块等障碍物。土壤经过耕翻平整后作畦，通常要求畦宽 1.6 米左右，畦长依据地势平整程度而定，地势平整地块可长些，山地地块畦长可短些，以作业方便为好。低洼地采用高畦苗床，畦面应高出地面 15～20 厘米，畦四周开 25 厘米深的沟。

5. 播种

　　（1）播种时期。播种分秋播和春播。播种前要对种子的萌动情况进行检查。如发现萌动，应立即播种，在未到播种期或播种地尚未准备好的情况下，应立即放入冷库中（2～5℃）降温处理，而临近播种期种子尚未萌动，则需将种子取出，放入恒温箱或移至温度向阳处催芽，待种子萌动后立即播种。秋播在秋末冬初土壤结冻之前进行。一般为 10 月下旬至 11 月中旬。在无灌溉条件的干旱地区，采用秋播，但怕冻种子如板栗等不宜秋播。春播在土壤解冻后进行，一般在 3 月中旬至 4 月中旬。

（2）播种方法。播种前灌水，待土壤湿度适宜时播种，一般浇水后 5~7 天即可播种。一般采用宽窄行带状畦播，宽行距 60 厘米，窄行距 25 厘米左右，每畦 4 行。行内种子间距离 10 厘米左右，山桃和毛桃的播种深度为 4~5 厘米，海棠等小粒种子需浅些。

6. 播后管理

（1）覆盖。播种后及时覆膜或用作物秸秆、草类、树叶、芦苇等材料覆盖，主要作用是提高地温和保持土壤墒情，给种子提供一个良好的发芽生长的环境条件。床面覆盖厚度取决于播种期和当地气候条件，秋播易厚，为 5~10 厘米，春播宜薄，为 2~3厘米，干旱、风多、寒冷地区适当盖厚。

一般播种后 10 天左右种子发芽出土，要注意及时破膜，让苗木破膜出土，使其健壮生长。如果不及时破膜，幼苗在地膜下生长，苗木就会黄化，长时间就会死亡。注意破膜时将幼苗四周用土压封，以防止高温时地膜下热气从破口处向外散发，伤害幼苗。当有 20%~30% 幼苗出土时，应逐渐撤除覆盖物。为防止环境突变对幼苗出土带来的不良影响，撤除覆盖物最好在阴天或傍晚进行，且应分 2~3 次揭除。

（2）浇水。种子萌发出土和幼苗期由于易出现干旱现象，且幼苗幼嫩抗旱性差，播种地必须保持湿润。种子萌发出土前后，忌大水漫灌，尤其中小粒种子。如果需要灌水，以渗灌、滴灌方式为好。苗高 10 厘米以上时，不同灌溉方式均可采用，但幼苗期漫灌时水流量不宜过大。

（3）间苗与移栽。间苗是把多余的苗拔掉，确定留量，使幼苗分布均匀分散。间定苗在幼苗长到 2 ~ 3 片真叶时进行。要做到早间苗，分期间苗，适时合理定苗。定苗距离小粒种子 10 厘米，大粒种子 15 ~ 20 厘米。间去小、弱、密、病、虫苗，间出的幼苗剔除病弱苗和损伤苗，其他幼苗移栽。移栽前 2 ~ 3 天灌水 1 次。移栽最好在阴天或傍晚进行，栽后立即浇水。

芽接通常在 7 月下旬至 8 月上旬，这时砧木的粗度应达到 0.7 厘米左右。为了促进砧木增粗生长，一般于嫁接前 3 ~ 4 周进行摘心处理。

（4）防治病虫害。幼苗期注意立枯病、白粉病与地老虎、蛴螬、蝼蛄、金针虫、蚜虫等主要病虫害的防治。以保证幼苗健壮生长。

（5）追肥。幼苗在生长期结合灌水进行土壤追肥 1 ~ 2 次。第 1 次追肥在 5 ~ 6 月，每亩施用尿素 8 ~ 10 千克，第 2 次追肥在 7 月上中旬，每亩施复合肥 10 ~ 15 千克。除土壤追肥外，结合防治病虫喷药进行叶面喷肥，生长前期喷 0.3% ~ 0.5% 的尿素；8 月中旬以后喷 0.5% 的磷酸二氢钾。或交替使用有机腐殖酸液肥、氨基酸复合肥等。

（6）中耕除草。苗木出土后及整个生长期，经常中耕锄草，保持土壤疏松无杂草状态。

（四）接穗的采集与储运

1. 接穗的采集

选择品种纯正、发育健壮、丰产、稳产、优质、无检疫对象和病毒病害的成年植株做采穗母树。一般剪取树冠外围生长充实、光洁、芽体饱满的发育枝或结果母枝作接穗，以枝条中段为宜。秋季嫁接（芽接），采集当年的春梢，随采随用；春季枝接，一般在休眠期结合修剪采集一年生枝；夏季嫁接，当年新梢或贮存的一年生枝。采穗时间宜在清晨和傍晚枝内含水量比较充足时剪取。

2. 接穗采后处理

剪去枝条上下两端芽眼不饱满的枝段，50～100 根 1 捆，标明树种品种名称，存放备用。生长期的接穗采后立即剪去枝叶，留下与芽相连的一段长 0.5～1.0 厘米的叶柄，用湿布等包裹保湿。

3. 接穗的储运

用新梢作接穗，最好随采随用。储存一般温度 4～13℃，湿度80%～90%，适当透气。运输接穗要注意保湿透气，温度适宜。一年生枝作接穗，可埋藏，预防早春发芽。

（五）嫁接技术

1. 嫁接时期的确定

嫁接时期的确定对嫁接成活率关系密切，不同的果树种类、嫁接方法和不同地区的气候条件嫁接时期均不一样。总的要求是在树液流动时即形成层活动旺盛时效果最好。

（1）枝接法。仁果类和核果类的果树的嫁接时期最好在砧木开始萌芽、皮层刚剥离的 3、4 月间进行。多数果树在此时都能用枝条嫁接。使用接穗必须处于尚未萌发状态，并在砧木大量萌芽前结束嫁接。如柿子最好在萌芽后，叶芽绿豆大小时进行，板栗和枣华中地区一般在 4 月上中旬。

（2）芽接法。芽接法的适宜嫁接时期在新梢和砧木枝条迅速生长时，5 月中旬至 6 月上旬砧木和接穗皮层都剥离时即可开始进行芽接。桃、杏、李、樱桃、枣及扁桃等核果类果树嫁接时期亦在此时。华北地区可在此时采集柿树一年生枝下部未萌发的芽，进行方块形贴皮芽接。在 7—8 月，日均温不低于 15℃ 时也适宜进行芽接，我国中部和华北地区可持续到 9 月中下旬。

2. 嫁接方法

（1）T 字形芽接法。取芽方法，用刀在芽的下方 1.5 厘米处削入木质部，向上斜削 2.5 厘米，在芽的上方 1 厘米处横向切一刀，深达木质部，用手捏住芽的基部轻轻晃动，掰下芽片。

砧木处理，选择1～2年生的果树小苗，在距地面5厘米处选择光滑部位，横向切一刀，比取芽处理的横向切口稍长，竖向切一刀长度也要稍长于芽片长度。形成一个"T"字形切口。

嫁接处理，用芽接刀刀把轻轻把"T"字形切口向两边挑开，用手捏住芽的基部，把盾形芽片由上向下轻轻插入切口，使芽片上方与"T"字形横切口对齐，如有溜胶现象的果树如桃树要稍留一线白。芽片插好后，用0.5～1.0厘米的塑料条进行绑扎，一定注意要把芽和叶柄露出来，不要绑扎到塑料条里面去。

（2）嵌芽芽接法。取芽方法，先从芽的上方斜向下竖切一刀，深入木质部长约2厘米，再从芽的下方比上刀角度稍大斜向下竖切一刀长约0.6厘米与上刀相遇，取下芽片。

砧木处理，选择1～2年生的果树小苗，在距地面5厘米处选择光滑部位，做切口的刀法与取芽刀法基本一致，只是长度稍长。

嫁接处理，将芽片插入切口，对准形成层（至少一侧对准）。绑扎方法同"T"字形芽接法。

（3）劈接枝接法。接穗处理，将嫁接母枝剪成10～15厘米的枝段，每个枝段带2～4个芽，上端平截，切口距芽1厘米；下端削成两面等长的楔形，长3～4厘米。接穗削好后下切面要求平直光滑，皮层紧贴木质部，没有翘起现象，上端切后要蘸蜡封闭，防止失水。

砧木处理，在砧木距地面5～8厘米处选择枝面光滑平整部位，截去上部，削平截口，剪成一横断面，然后在横断面的1/2处，向下劈长4～5厘米的纵切口。

嫁接处理，用劈接刀插入切口，将削好的接穗从一边插入砧木切口，接穗的厚边朝外，插入时一定要将接穗的形成层和砧木的形成层对齐，同时注意要把接穗的切面稍露一线白。用长条塑料薄膜自下而上缠绕绑缚，绑缚时不能太松或太紧。因为用力太松，接穗和砧木切口容易失水，或砧木和接穗结合不牢固，嫁接苗组织生长不均衡。

（4）皮下枝接法。接穗处理，将嫁接母枝剪成 10 ~ 15 厘米的枝段，每个枝段带 2 ~ 4 个芽，上端平截，切口距芽 1 厘米；先削一个长 3 ~ 4 厘米的长削面，再在对面削一长约 1 厘米的短削面，并把下端削尖。接穗削好后下切面要求平直光滑，皮层紧贴木质部，没有翘起现象，上端切后要蘸蜡封闭，防止失水。

砧木处理，在砧木所需嫁接部位选择枝面光滑平整部位，截去上部，削平截口，剪成一横断面，然后在迎风枝面上，从横断面向下切长 4 ~ 5 厘米的纵切口，深达木质部。

嫁接处理，用竹扦从皮部与木质部交界处顺刀口插入，使皮层与木质部分分离，将削好的接穗插入切口，插入时一定要将接穗的长削面对准砧木的木质部，尖部对准切缝，同时注意要把接穗的切面稍露一线白。用长条塑料薄膜自下而上缠绕绑缚，绑缚时不能太松或太紧，做到下松上紧。

（5）腹接枝接法。接穗处理，将嫁接母枝剪成 10 ~ 15 厘米的枝段，每个枝段带 2 ~ 4 个芽，上端平截，切口距芽 1 厘米；先削一个长 3 ~ 4 厘米的长削面，再在对面削一长约 1.5 厘米的短削面，削好的接穗应一边厚一边薄。接穗削好后下切面要求平直光滑，皮层紧贴木质部，没有翘起现象，上端切后要蘸蜡封闭，防止失水。

砧木处理，在砧木所需嫁接部位选择枝面光滑平整部位，倾斜向下，剪一长 3 ~ 4 厘米的接口，深度不超过砧木直径 1/2。

嫁接处理，将砧木接口推开，迅速插入接穗，长削面紧靠里面，短削面朝外，并使接穗的形成层与砧木形成层对齐。将接口以上的砧木剪去，并使剪口成斜面。最后，用塑料薄膜将接口连同剪口包紧包严，用长条塑料薄膜自下而上缠绕绑缚，绑缚时不能太松或太紧，做到下松上紧。

（六）嫁接后管理

1. 挂牌

挂牌的目的是防止嫁接苗品种混杂，生产出品种纯正、规格高的优质壮苗；要防止因挂牌而造成的经营机密的丧失；挂牌时，要尽量不用他人能看懂的文字，多用一些代号和字母来表示。

2. 检查是否成活

对于生长季的芽接，接后 7～15 天即可检查成活率；秋季或早春的芽接，接后不立即萌芽的，检查成活率可以稍晚进行。有叶柄的，用手轻轻一碰，叶柄即脱落的，表示已成活；不带叶柄的接穗，若芽已经萌发生长或仍保持新鲜状态的即已成活。若叶柄干枯不落或已发黑的，表示嫁接未成活；若芽片已干枯变黑，没有萌动迹象，则表明已经嫁接失败。枝接一般在嫁接后一个月左右检查成活率，检查方法一看接穗上的芽情况（参考芽接检查成活），二看接穗表面是否光滑，如果有明显棱纹，表示失水，没有成活。

3. 解除绑扎物

生长季节，结合检查成活率及时解除绑扎物，以免接穗发育受到抑制；不立即萌发的，只要不影响接穗芽萌发即可，解除绑扎物可以稍晚。枝接愈合组织虽然已经形成，砧木和接穗结合常常不牢固，解除绑扎物不可过早。一般先松绑，当接穗芽生长至 30 厘米左右时，再解绑。

4. 剪砧

剪砧是指在嫁接育苗时，剪除接穗上方砧木部分的一项措施。需要剪砧的有：枝接中的腹接、靠接；芽接的"T"字形、方块形、嵌芽接。剪砧一般在接穗芽上 1 厘米左右，过高不利于接穗芽萌发，过低容易造成接穗芽的失水死亡；枝接剪砧在嫁接部位上方。嫁接后接穗很快会萌发的，剪砧要早，一般在嫁接后立即进行；当时不萌发的，应在萌芽前及时剪砧；如果嫁接部位以下没有叶片，要先折砧，等接穗芽萌发后，长至 10 厘米左右时再剪砧。折砧：折断砧木的大部分木质部，仅留一少部分韧皮部与下部相连接；折砧高度一般在接穗芽上方 2～3 厘米。

5. 抹芽和除萌

剪砧后，砧木上的芽会与接穗同时生长或者提前萌生，与接穗争夺并消耗大量的养分，不利于接穗成活和生长；及时抹除砧木上的萌芽和萌条。抹芽和除萌一般要反复进行多次，嫁接部位以下如果没有叶片，应先将萌条摘心，然后再将萌条剪除。

6. 补接

经过检查确认嫁接没有成功，且成活率较低的，应抓紧时间进行补接。补接不宜过晚，以免影响苗木生长的一致性。

7. 立支柱，防止嫁接苗折断

在第一次松绑的同时，用直径 3 厘米长 80～100 厘米的木棍，绑缚在砧木上，上端将新梢引缚其上，每一接头都要绑一支棍，以防风折。采用腹接法留活桩嫁接，可将新梢直接引缚在活桩上。

8. 田间管理

幼树嫁接的要在 5 月中下旬追肥一次，大树高接的在秋季新梢停长后追肥，各类型嫁接树 8～9 月叶面喷施 0.3% 磷酸二氢钾 2～3 次，有利于防止越冬抽条及下年雌花形成，同时要搞好灌水、土壤管理、控制杂草和防治病虫害。

三、扦插苗的培育

果树扦插育苗是利用果树营养器官的再生能力，切取其根、茎、叶等营养器官的一部分，在一定的环境条件下插入土壤、沙或其他基质中，使其生根、发芽成为一个独立植株的方法。用扦插的方法繁殖出的苗木（新植株）叫扦插苗。繁殖苗木所用的营养器官叫插穗。主要应用于枝条易于生根的果树苗木繁育，如葡萄、石榴、核桃等的硬枝扦插；山楂、猕猴桃的嫩枝扦插等。

（一）扦插育苗的特点

1. 优点

扦插苗变异小，能保持母本优良性状，遗传稳定；无童期，提前开花结果；技术简单易行；繁殖材料充足、成苗迅速、短时间可育成数量多的较大幼苗。

2. 缺点

扦插苗没有主根，根系浅、抗性差，适应性差，寿命短。

（二）扦插前的准备

1. 采穗母本的管理

加强土肥水管理，提高母本的整体营养水平；采取修剪措施，提高局部养分积累；采前 1～2 周对需采取的枝条进行黄化处理。

2. 插穗的采集、剪制与贮藏

选择采种发育年青的母本植株上树冠中下部、生长健壮、无病虫害、直立的 1～2 年生枝作插穗。落叶果树插条在落叶后至翌年早春树叶流动前采集，砂藏贮存 50～100 根一捆，挂标签，贮藏期间温度 1～5℃；剪成 10～20 厘米长，一般带有 1～4 个芽，上端平剪，剪口距芽 0.5～1 厘米，下端斜剪。

3. 扦插前的生根处理

（1）温度催根。一般生根较困难的树种或品种，扦插前应进行催根。一般是在扦插前 25 天左右进行。多用电热温床催根，当床内温度达到 20～25℃时，将剪好的插穗浸水 24 小时，打捆后，下端插于温床的湿沙中，只露出上部芽眼，气温应低于床内温度。约 20 天左右即可长出愈伤组织和根原基。

（2）机械处理。机械处理的主要方法有剥皮和刻伤，木栓层较发达的果树，剥去木栓层减少障碍；在采枝条的基部 3～5 厘米进行纵刻伤，纵刻 5～6 道，深达木质部；取插穗前 15～20 天进行环状剥皮，剥皮宽度为 3～5 毫米，待伤口长出愈伤组织，尚未完全愈合时进行扦插。

（3）药剂处理。常用促进生根的药剂有吲哚乙酸、吲哚丁酸、α - 萘乙酸、生根粉 1 - 3 号、维生素、0.1% ~ 0.5% 高锰酸钾。常用 100 ~ 200 毫克/升的 α - 萘乙酸、吲哚丁酸浸泡下端 1/3，12 ~ 24 小时；生根粉 500 ~ 800 毫克/千克速蘸 5 ~ 7 秒。

4. 扦插基质的选择

选择苗圃地，应是交通便利、靠近水源、地势平坦、土层深厚的沙质壤土，而且是背风向阳、供水、排水方便、地下水位不高的地方。有条件也可采用营养土袋扦插，营养土配方为沙土 2 份、有机肥 1 份、田土 1 份，充分拌匀后装入袋内，装实后的土面距袋口 1 厘米，做好阳畦或加热温床，将营养袋排紧放入，灌透水后将插条插入。蛭石是比较理想的基质，既保水又透气。

（三）扦插

可以采用平畦插和垄插。一般密度为行距 20 ~ 40 厘米，株距 10 ~ 15 厘米。绿枝扦插快速育苗，密度应加大到每平方米 500 ~ 800 株。扦插时一般斜插，插入插穗长度的 1/2 ~ 2/3，覆地膜，盖土。

（四）扦插后的管理

1. 遮阴

如果在夏季扦插，烈日高温下水分的蒸发量大，插苗床要搭棚或覆盖遮阳网，防止烈日暴晒，确保降温保湿，把温度控制在 30℃ 以内。一般遮阴度为 70% 为宜，随着生根生长，逐步增加光照。

2. 水分管理

水分管理重点是保湿促根，插后普浇一次透水，以后根据苗床土壤的干湿程度，适时适量浇水，方法是少量多次，保持土壤湿度在 50% ~ 60%。空气干燥时，结合叶面喷水，使空气相对湿度达到 80% 左右。如果浇水过多，湿度过大，土壤渍水，就容易造成插条局部腐烂，如果土壤干旱缺水，插条容易产生生理性失水，难以生根，也容易导致死亡。其次要遮阳防暴晒。

3. 温度管理

嫩枝扦插温度控制在 20～25℃，硬枝扦插温度控制在 22～28℃，低于20℃不宜生根，高于28℃叶片蒸腾过于强烈，造成插穗脱水死亡。如果采用温床控制基质温度略高于气温 3～5℃，有利于生根。

4. 中耕松土

灌溉和下雨后要及时进行中耕，防止土壤板结，增加土壤透气性，促进根系生长。结合中耕进行除草，减少养分和水分的消耗。

5. 施肥

生长期为促进扦插苗的生长，要追肥 2～3 次，以叶片追施尿素或磷酸二氢钾为主，促进茎叶和根系生长。

6. 去侧枝和摘心

新梢长到 30 厘米时，应及时摘心，以促进加粗生长，促进苗木生长健壮。每株只留一个新梢，遇有侧芽或侧枝要及时去除。

四、苗木出圃技术

苗木出圃是培育苗木的最后一关，起苗工作的好坏直接影响到苗木质量和栽植的成活率。也影响到苗圃的直接经济效益。

（一）出圃标准

出圃的苗木应达到优质果苗的标准。优质果苗要求品种优良、种性纯正并能适宜当地环境条件；嫁接苗必须采用优良的砧木；无病虫害，特别是无检疫性病虫害；苗木健壮、主干粗、芽饱满，具有一定高度和分枝，根系发达。

（二）出圃前调查与检疫

1. 出圃前调查

出圃前，首先要做好苗木调查。苗木调查是为了掌握苗木种类、数量、规格和质量等，以便做出合格苗木的出圃计划和掘苗规程。此项工作需要高度认真细致。

苗木出圃计划应包括，出圃苗木基本情况（树种、品种、数量、规格和质量），劳力组织、工具准备、苗木检疫、消毒方式、场地安排、包装材料、掘苗时间、苗木贮运及经费预算等。

掘苗操作规程应包括，掘苗技术要求、分级标准、大苗修枝去叶、修根、扎捆、包装、假植的技术方法与质量要求。

2. 苗木检疫

检验工作要由种子检验员在原苗圃成批检验。检验结束后，填写苗木检验证书。凡出圃苗木均应附检验证书，跨县调运的，还应经过检疫，并附检疫证书。对于带有国家检疫对象的苗木应就地销毁，不得出圃，对于一般性病虫害的出圃前也应及时消毒处理。

（三）出圃前灌水

起苗前如果圃内土壤干旱，应提前 4 ~ 7 天，对苗圃地进行灌水，确保苗木出圃时土壤含水量适宜，松软易散，减少起苗对根系的伤害。

（四）起苗

1. 起苗时间

不论落叶果树或常绿果树，原则上起苗都应在休眠期进行。所以，春季起苗要早，秋季起苗应在苗木落叶后至土壤封冻前这段时间进行，最好随起随栽。待苗木萌动后起苗，会影响苗木栽植的成活率。起苗既可人工进行，也可机械起苗。

2. 起苗方法

根据起苗的季节不同，起苗共分两种方法，一种是裸根起苗，一般在休眠季节的起苗采用裸根起苗；另一种是带土球起苗，一般在生长季节，带叶片起苗的，采用带土球起苗。落叶果树一般采用裸根起苗的方法，小苗用锹或起苗锄自苗床或垄的一端挖掘，将苗起出，然后顺床或垄向前挖掘。大苗起苗时，应用镐先将周围的土刨松，找出主要根系，然后按要求长度，剪断主根，起出苗木。起苗深度要根据树种的根系分布规律，宜深不宜浅，一般 30 厘米左右，过浅易伤根。规模生产育苗时，起苗可以应用拖带式起苗机或振动式起苗机，快速起苗且节省劳力。注意整个操作过程要尽量保护根系、枝条、芽不受损伤。

（五）苗木分级与修苗

1. 果树优质苗标准

（1）苹果梨树优质苗标准。

根：主侧根 4 条以上（梨树要求 3 条以上）根群分布均匀，不偏向，不卷曲，侧根长度 20 厘米以上，由较多的小侧根和须根，侧根基部直径为 0.3 厘米左右。

茎：高度 100 厘米以上，接口以上粗度不小于 0.8 厘米，整形带内不少于 8 个充实的饱满芽（60～80 厘米为整形带），结合部位愈合良好，砧木剪口完全愈合。

（2）桃、李、杏优质苗木标准。

根：主侧根 4 条以上，根群分布均匀，不卷须，主侧根长度 25 厘米以上。

茎：茎基部 0.8 厘米以上（地径），主干高度 80 厘米以上，有健壮芽 5 个以上，嫁接部完全愈合。

（3）葡萄优质苗木标准。

根：侧根 5 条以上，长度超过 10 厘米，根群分布均匀，分叉处根茎部直径 0.3 厘米左右。

蔓：成熟长度为 30 厘米以上，副稍卷须全部剪除，地径处蔓的粗 0.8 厘米以上，30 厘米内有饱满芽 3～5 个。

（4）枣树优质苗木标准。

根：侧根 5 条以上，长度 15～20 厘米，侧根茎部 0.3 厘米以上，并带有长达 10 厘米以上的母株侧根。

茎：高度 1 米以上，有少量的分枝，地径在 1.0 厘米以上。

2. 果树苗木分级

达到优质苗标准的为一级苗，侧根的条数、长度，茎的高度、地径粗度，和饱满芽个数达到优质苗的 80% 以上为二级苗。病虫害严重、机械损伤较大（无根和嫁接口受伤），低于二级苗标准的一般做为废苗处理，不进行出圃应用。

3. 修苗

修苗的重点任务是修剪根系，起苗后及时剪去劈根、病虫根、过长过密根或畸形根，主根一般截留 20 ~ 25 厘米。注意果树主根、侧根的伤口剪成斜面，剪去上部过密枝、纤细枝。

（六）苗木消毒与包装

苗木消毒

（1）杀菌处理。消毒杀菌可以用 3 ~ 5 度波美石硫合剂溶液或 1 : 100 倍波尔多液溶液浸苗 10 ~ 20 分钟，再用清水冲洗根部。

（2）氰酸气熏蒸灭虫。每 100 立方米容积用氰酸钾 30 克，硫酸 45 克，水 90 毫升。熏蒸时，先把果树苗木放置于一间容易密闭的房间，熏蒸时先将硫酸倒入水中，然后倒入氰酸钾，人立即离开房间并密闭门窗。熏蒸时间因果树品种而异。一般在 60 分钟左右。熏蒸后，打开门窗，待毒气散尽后人方可进入。

（3）包装与运输。果树苗木经过检疫消毒后即可包装运输，根据品种等级定量扎捆，蘸泥浆后采用稻草、草帘、草袋和蒲包等对其进行包装以保温保湿，在运输过程中注意直立放置，避免日晒、雨淋，同时轻拿轻放以免出现机械损伤，如果苗木不能出圃外运，必须在土壤疏松、排水良好的区域进行假植。

任务三、果树建园技术

果园的建立是果树栽培中一项基本的、重要的技术环节，果园建设的好坏直接关系到果树的生长发育，影响果树产量和果树栽培的经济效益。高标准建园的原则是合理规划设计、选择优良品种、适宜的栽培密度、合理的土壤改良、增施有机肥料和适时栽植优质苗木。

一、园地的选择与评价

（一）园地的选择

园地的选择

建园前要对做为待选择的园地进行调查，重点调查园地周围人们的经济条件、人们喜好、交通条件、气候条件、地形条件、水利条件、土壤条件和投资条件等。

（1）自然条件。气候条件主要是最高、最低气温，年平均气温及年积温应满足拟栽果树的基本要求，灾害性天气发生较少且没有出现过毁灭性灾害天气。应根据适地适栽的原则，与海拔、坡向结合考虑选择。

土壤条件决定建园成本及长远的收益，也是建园的基础。尽量选肥沃深厚的土壤，改土成本低，并注意土壤的物理性及渗透性。

有比较充足的且质量较高的水源及水利条件，地下水位在1.5米以下。交通便利，能较快的运往目的地。

地形选择宜在浅丘、低山发展水果，不宜上高山。近年强调因地制宜，平原也有不少发展水果。在有工业废气、污水和过多灰尘之地，不宜建园栽培果树。

（2）社会经济条件。重点考虑园地周围人们的经济条件、人们喜好，这些条件决定着栽培的果树种类品种有无销路，不仅考虑当前情况，还要预测今后若干年市场的发展趋势。还要考虑建园周边劳力来源、加工条件、技术力量等。

（二）园地的评价

1. 平地

优点主要有水分充足，水土流失少；土层深厚，有机质含量较多；根系深，产量较高；地形变化较小，便于机械化操作；交通方便，投资较山地少。

缺点是通风、日照、排水不如山地果园；果实色泽、风味、含糖量、耐贮力等不如山地果园。

2. 山地

山地果园的优点主要有空气流通，日照充足，温度日差大，果实着色好，优质丰产。

缺点主要是土层较薄，有机质含量较低，较易水土流失，交通不便等。

3. 丘陵地

丘陵地是介于山地和平地之间的过渡性地形。分为深丘和浅丘。深丘的特点：与山地近似；浅丘的特点：坡度较缓，土层深厚，气候条件差异不大，交通方便，投资少。

4. 海涂

海涂建造果园的优点主要有，平坦开阔，土层深厚，富含矿质营养。

海涂建造果园的缺点是含盐量高，碱性强；有机质含量低，土壤结构差；地下水位高；易受台风侵袭。

海涂建园应注意选择老海涂建园；地势较高，排灌条件好。

二、果树的定植及栽后管理

（一）果树的定植技术

1. 定植前的准备

（1）挖定植穴或定植沟。首先根据定植密度和方式用拉绳或皮尺依株行距测定方法确定定植穴位置，然后挖深 1 米、直径 1

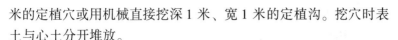

米的定植穴或用机械直接挖深 1 米、宽 1 米的定植沟。挖穴时表土与心土分开堆放。

（2）苗木准备。首先核对所购买的苗木品种是否纯正，根系是否完整、发达，分枝和芽是否健壮饱满，嫁接口愈合是否完好，苗高是否达到规格要求，是否经过检疫性。定植前将苗木进行分级，分类种植，并把根的断口剪平；对主根发达的品种进行断主根处理或垫根；对苗木进行解捆和消毒，对没带土移栽的苗应进行根系沾泥浆。

（3）肥料准备。挖好坑后，回填土时将表土和山皮土放穴底，然后分层压埋有机物（可用绿肥、杂草、稻草等），一层草料、一层土，适当撒些石灰。上层应施饼肥、钙镁磷肥、厩肥等，并与土充分拌匀，然后做成 20～30 厘米高的土墩。要求下大肥，即每穴下 50 千克农家肥，饼肥 1.5～2.5 千克，钙镁磷肥 1～1.5 千克，石灰 1～1.5 千克。填至与地表相平，然后利用行间底土修出树盘并灌水，使回填土下沉。

2. 栽植时期的确定

落叶果树和常绿果树的定植均应在苗木地上部分生长发育相对停止，土壤温度 5℃ 以上时为宜。落叶果树一般在冬季落叶后至新梢发芽前定植，常绿果树一般在春季萌芽前定植。营养袋育苗全年均可定植。

3. 栽植密度的确定

果园的栽植密度要根据果园选择果树树种、品种和砧木的特性、地势、土壤、气候条件，栽培技术条件等综合确定。如苹果在土壤瘠薄，改良较难的沙石地、山地，一般选用适合当地气候条件、抗逆性强的乔化砧，根系可达土壤深层，吸收更多的水分、养分，提高树体抗干旱、抗瘠薄的能力，提高产量品质。如果选用长枝型、生长势强的品种，栽植时可选用 3 米 × 4 米的株行距，短枝型或生长中庸的品种，可按 2 米 ×（3～4）米的株行距。在肥水条件较好的地块，可选用矮化中间砧苗或乔化短枝型品种，采用（2~2.5）米×4米的株行距，以便早期成形，提高土地使用率，达到早期丰产的目的见表3-6。同时成龄树可连年稳产、高产、优质，并利于机械化操作，提高效益。

表3-6 常见北方果树种类栽植密度一览表

树种	株距（米）×行距（米）	栽植密度（株/亩）	备注
苹果	（4×6） ~ （6×8）	14~27	乔化砧
	（2×3） ~ （3×5）	44~111	半矮化砧
	（1.5×3.5） ~ （2×4）	83~150	矮化砧
梨	（3×5） ~ （6×8）	27~44	乔化砧
桃	（2×4） ~ （4×6）	27~83	乔化砧
葡萄	（1.5~2） × （2.5~3.5）	111~296	篱架整形
	（1.5~2） × （4~6）	83~148	棚架整形
枣	（2~4） × （6~8）	14~27	
柿	（3×5） ~ （6×8）	14~44	
李	（3×5） ~ （4×6）	27~44	
杏	（4~5） ×6	16~22	
草莓	（0.15~0.25） × （0.15~0.25）	7 000~15 000	

4. 栽植方式的确定

（1）长方形栽植。大多数果树树种多采用长方形栽植，因为长方形栽植的行距大于株距，所以通风透光好，便于管理和机械化操作。

（2）正方形栽植。正方形栽植是行距和株距相同的栽植方法，虽然这种方法便于管理，但不易用于密植和间作。

（3）三角形栽植。三角形栽植是株距大于行距，定植穴互相错开成为三角形的栽植方法，这种方法适用于山区梯田地和树冠小的品种，但不便管理和机械化操作。

（4）带状栽植。带状栽植是两行为一带，带内行距小，带间行距大的栽植方法，这种定植方式便于田间操作。

（5）单穴多株栽植。单穴多株栽植是每个定植穴内定植2~3

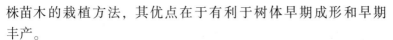

株苗木的栽植方法，其优点在于有利于树体早期成形和早期丰产。

（6）等高栽植。因为山地果园多为水平梯田和等高撩壕，其株行距不能保持一致，应按梯田的宽窄而定，株距要求在同一等高线上，行距可根据梯田面的宽度进行加行或减行。

5. 定植

定植时先将苗木放进定植穴或定植沟内，再把混有腐熟有机肥的表土填入根部，边填土边提根。土盖满根部后，将苗木略加摇晃，轻轻提起，使根部舒展，并使根部与土壤紧密结合。左右前后照准栽培行，然后填土踏实。如果是带土球的果苗，直接将苗放入穴中，左右前后照准栽培行填土后浇水即可，注意不能将土球压散。要浅栽植，即嫁接口应露出地面 1～2 厘米。定植后将苗木周围的土培成外缘稍高、中间稍低的圆盘，浇足定根水，再盖上稻草或杂草。立一根支柱，以防大风吹动苗木。对于大风干旱地区，栽后要在树盘内铺地膜保温保湿。

（二）果树定植后管理技术

1. 检查成活与补栽

栽时还应注意株行间加密栽植 10% 左右同品种、同质量的"预备苗"，如果第 2 年有未成活或损坏植株即可于秋季补植，保持园貌整齐一致。所以定植后随时检查苗木的成活与缺苗情况，及时补苗。直至第二年苗木成活稳定。

2. 果树定植后的水分管理

果树定植后的成活率和水分管理密切相关，俗语说"活不活在水"。定植后要根据树种不同和土壤质地不同，确定灌水时间与次数，一般定植后晴天一周灌水一次，阴天 2 周左右灌水一次，遇小雨也要坚持灌水，直至成活。

3. 果树定植后的施肥管理

果树定植时施足基肥的，一般能满足幼苗生长，但因其根系要经过一段缓苗时间才能萌发新根，吸收土壤内的肥料。在新梢长到 10 厘米时可以追施一次氮肥，促进幼苗生长。

4. 定干

幼树苗成活后要及时定干。按照栽培要求，在定干高度选择有 3 ~ 5 个饱满芽处剪截，剪口要求平滑、无劈裂并进行封口剂或包扎塑膜等处理，防止失水抽干。定干后要用塑膜带、接蜡或果树愈合剂封住剪口。

5. 主茎套袋

主茎套袋一般用普通农用塑料薄膜制成宽 5 ~ 7 厘米、长 90 ~ 110 厘米的三面封口、一面开口的长筒形塑料袋。秋栽苗木于第 2 年春季刨土放苗定干后套袋，春栽苗栽植定干后立即套袋。要求将苗木用自上而下塑料袋全部套住，下端埋入土中。当袋内幼芽长到 3 厘米左右时，分 3 ~ 4 次进行去袋，以使袋内苗木逐渐适应外部环境。第 1 次先在袋子周围扯开 4 ~ 5 个直径约 1 厘米大小的孔透气，然后每隔 2 ~ 3 天扩大一次，6 ~ 8 天后袋内外温度、湿度条件基本相同时，于傍晚全部去掉残袋。

6. 防止冻害

幼苗第一年适应外界环境越冬，极易发生冻害，所以要及时采取措施，覆盖、熏烟、提前灌水、树干涂白等，特别寒冷的地区可以采用埋土防寒。

7. 防治病虫害的发生

定植当年的 5—7 月，由于根系处于受伤伤口愈合和新根生长时期，是根腐病发生的高峰，如发现叶缘焦枯，幼叶萎蔫，可采用 50% 多菌灵或 70% 甲托 800 倍液灌根，每树灌药水 1 千克。

任务四、果树的田间管理

一、果园土壤改良

优质丰产园要求土壤有机质含量高、土壤养分含量丰富、土壤疏松透气性好、土壤酸碱度 pH 值适宜。但往往进行栽培果树的土壤不能满足丰产园的要求，尤其是规模生产时大面积果园土壤更不可能一致满足丰产园对土壤的要求。必须对果园土壤进行改良。

（一）土壤深翻

1. 土壤深翻的时期

果园深翻除北方寒冷、干旱缺水地区外，四季均可进行。深翻改土效果在于深翻技术和施有机肥。

秋季深翻：在果实采收前后结合秋施基肥进行，是果园深翻最好的时期。

春季深翻：应在解冻后及早进行。风大干旱缺水和寒冷地区不宜春翻。

夏季深翻：最好在新梢停止生长或根系前期生长高峰过后，北方雨季来临前后进行。结果多的大树不宜在夏季深翻。

冬季深翻：入冬后至土壤结冻前进行，北方寒冷地区通常不进行冬翻。

2. 深翻深度

深翻深度以稍深于果树主要根系分布层为度。一般达到 0.8～1.0 米。

3. 深翻方式

深翻扩穴又称为放树窝子，幼树定植数年后，再逐年向外深翻扩大栽植穴，直至株间全部翻遍为止，每次结合深翻可施入粗质有机肥料，适合劳力较少的果园。但每次深翻范围小，需 3～4 次才能完成全园深翻；隔行深翻即隔一行翻一行等高的坡地果园和里高外低梯田果园，第一次先在下半行进行较浅的深翻施肥，下一次在上半行深翻把土压在下半行上，同时施有机肥料；全园深翻即将栽植穴以外的土壤一次深翻完毕。深翻要结合灌水，也要注意排水。

（二）培土与掺沙

在水土流失的山地果园、沙地果园特别适用。

（1）作用。增厚土层、保护根系、增加养分、改良土壤结构等。

（2）方法。把土块均匀分布全园，经晾晒打碎，通过耕作把所培的土与原来的土壤逐步混合起来。

（3）时期。北方寒冷地区一般在晚秋初冬进行，可起保温防冻、积雪保墒的作用。

（4）厚度。一般厚度为每年 5～10 厘米。

（三）增施有机肥料

1. 果园施用有机肥的种类

有机肥料有厩肥、堆肥、禽粪、鱼肥、饼肥、人粪尿、土杂肥、绿肥以及城市中的垃圾等。肥料特点见模块二任务三的有机肥料种类与特点。

2. 施用有机肥对果树生产的意义

（1）增施有机肥能提高果树产量。根据陕西省苹果园施用有机肥情况调查结果来看，常年亩施 1 000～1 500 千克有机肥的苹果园，平均亩产 1 853 千克；年亩施 1 500～3 000 千克有机肥的苹果园，平均亩产 2 040 千克；年亩施 3 000 千克有机肥以上的苹果园，平均亩产 2 120 千克，可见增施有机肥对提高果园产量有一定的作用。

（2）增施有机肥能改善果品内在质量。有机肥营养全面，既含有无机养分、有机养分，还含有微生物和酶，保证了果树生长发育的养分的均衡供应，具有改善果品质量的作用。据测定在施用有机肥的苹果园和没有施用有机肥的苹果园测定苹果糖分，含糖量可增加 1.5～2 个百分点，且口感和风味增加。

（3）改善果实的外观质量。有机肥具有改良土壤结构，增强果树抗逆性的作用，对寒害、旱害抵抗能力增强，减少自然灾害

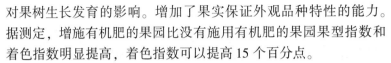

对果树生长发育的影响。增加了果实保证外观品种特性的能力。据测定，增施有机肥的果园比没有施用有机肥的果园果型指数和着色指数明显提高，着色指数可以提高 15 个百分点。

3. 果园施用有机肥的特点

有机肥分解缓慢，可以持续不断发挥肥效；土壤溶液浓度稳定没有忽高忽低的急剧变化，特别是在灌水、大雨后不会发生大量的流失；可缓和施用化肥后的不良反应，如引起土壤板结、养分流失或使磷、钾变为固定状态，提高化肥的肥效；能增加土壤的腐殖质；其有机胶质又可改良沙土，增加土壤的孔隙度，改良黏土的结构，提高土壤保肥保水能力，缓冲土壤的酸碱度，从而改善土壤的水、肥、气、热状况。

二、果园的土壤耕作管理

（一）幼年果园土壤管理

1. 树盘的管理

树盘内的土壤可以采用清耕或覆盖法管理。

（1）清耕法。干旱炎热季节用秸秆、杂草覆盖，其余时间清耕，即要经常中耕松土，保持土壤疏松无杂草。中耕的深度以不伤根系为宜。

（2）覆盖法。覆盖的益处：保水，稳定土温，增加有机质，保持土壤疏松，防止土壤流失，抑制杂草。

覆盖时注意：要在离主干 20 厘米至树冠外围 30 厘米处；先中耕松土，后盖草；厚度 10～20 厘米；雨季不得覆盖。

2. 果园间作

除了密植果园外，一般密度果园幼树栽植后，果园空地多，应间作。

（1）果园间作的意义。充分利用光能、增加土壤有机质、改良土壤理化性状、抑制杂草生长、减少蒸发和水土流失、防风固沙、缩小地面温变幅度、改善生态条件，有利于果树的生长发育。

（2）间作作物的要求。选择间作作物时要选择植株矮小、不具攀缘性、不同果树争光；生育期短，与果树的需水临界期和吸收养分的高潮错开；最能增加土壤有机质和土壤肥力，改良土壤；病虫害少，与果树无共同病虫，不能是果树病虫害的中间寄主；适应性强，耐荫，耐踏压，枝叶产量高，覆盖厚；能提供较多该果园土壤或果树缺乏的元素。

常用间作作物：豆科绿肥作物，如大豆、绿豆、花生、豌豆、苕子等；药用植物，如白菊、甘草、党参、红花、芍药等；块根、块茎作物，如马铃薯、萝卜等；另外像叶菜、根菜类蔬菜。

（3）种植间作物注意问题。间作作物要在树盘之外一定距离（50～80厘米）；应该轮作；间作作物的秸秆应还田（粉碎或堆肥）。

（二）成年果园的土壤管理

1. 清耕法（耕后休闲法）

果园内不种任何作物，经常进行耕作，使土壤保持疏松和无杂草状态。

（1）清耕法的技术要求。在果实采收或落叶后秋耕一次，深20厘米左右，春季多次中耕除草，深6～10厘米。

（2）清耕法的特点。优点是土壤疏松、通气、提高地温，一段时间内利于微生物活动，有机态氮增加；减少杂草、病虫；保水、保肥。缺点是长期清耕，有机质减少，土壤结构被破坏，山坡地冲刷严重。

2. 生草法

果园生草就是在树盘内清耕或施用除草剂，果树行间种植多年生豆科植物、禾本科植物或牧草，并定期刈割，覆盖地面，使其自然分解腐烂或结合畜牧养殖，起到改土增肥作用。

（1）生草法的技术要求。

生草方法：生草的果园，草种子可以直播，也可以先在专门苗床集中育苗，成苗后移栽，或采取自然生草后除去那些过于高大的和串根性的草。

草的刈割管理：生草后的最初几个月不要刈割，当草根扎深、营养体显著增大后才开始刈割。无论人工还是机械割草都要注意留茬高度，一般豆科草留茬15～20厘米，即至少留1～2个枝，少量带叶，禾本科留茬在10～15厘米高，保证有心叶和生长点。

（2）生草法的特点。优点是增加土壤有机质，改善土壤理化性状；防止土、肥、水流失，特别是坡地果园，缓和地表温度的剧烈变化；节约劳力、省工。缺点是长期生草，易使表层土板结，影响通气，蒸发量大，与果树争夺水分、养分，根系上浮，容易生病虫。

（3）果园生草注意事项。生草后2～3年里草、树均应增加肥料的施用量，早春可比清耕园多施30%，生长期果树要根外追肥3～4次，以保证果树的营养供应。果园生草5～7年后，草逐渐老化，应及时翻压，休闲1～2年后重新播种草种，翻压生草时，应尽量浅些，以免伤根太多。果园生草易出现草与果树争水现象，果树需水临界期必须增加刈割次数和灌水。

3. 覆盖法

在树冠下或稍远处覆以杂草秸秆、沙砾、淤泥或地膜等。

（1）覆盖法的技术要求。果园以覆草最为普遍，厚度5～10厘米，覆后逐年腐烂减少，要不断补充新草。

（2）覆盖法的特点。优点是防止水土流失，抑制杂草生长，减少蒸发，防止返碱，积雪保墒，缩小地温昼夜与季节变化幅度，增加有效态养分和有机质含量，并能防止磷、钾和镁等被土壤固定，对团粒形成有显著效果，因而有利于果树的吸收和生长。缺点是易招致虫害和鼠害，使果树根系变浅。

4. 免耕法

又叫最小耕作法。主要利用除草剂除杂草，土壤不进行耕作。

优点是保持土壤自然结构，可逐步改善土壤结构，土壤通气性好，保水力也好，便于果园各项操作及果园机械化，节省劳力，减低成本。

5. 清耕覆盖法

在果树生长前期保持清耕，后期种覆盖作物，待覆盖作物成长后，适时翻入土中作有机肥。我国果园一般采用此法。

三、果园的施肥管理

（一）果园施肥的时期和施肥量的确定

1. 果园施肥时期的确定

（1）果树的需肥特点与不同生育阶段施肥种类生育。果树需肥时期与物候期有关。一般果树物候期分新梢生长开花期、幼果期、果实生长后期；也可分为营养生长期、生殖生长期和休眠期。果树年周期的发育中，前期以氮为主，中后期以钾为主，磷的吸收在整个生长季比较平稳。前期开花坐果、幼果发育和生长需要大量的氮，花芽分化和果实膨大期，钾的需要量增加，并在果实迅速膨大期达到高峰。所以施肥要根据生育期不同而选择不同的肥料。幼树阶段以营养生长为主，氮肥是营养主体，适当补充磷钾肥；结果期以生殖生长为主，注意氮磷钾肥的施用；盛果期注意补充微量元素；衰老期增施氮肥。果树多次结果的特点要求果树栽培既要注意采果前施肥，还要注意采果后施肥。

（2）肥料种类与施肥时期。基肥以有机肥料为主。秋施基肥伤根容易愈合，切断一些细小根，起到根系修剪的作用，可促发新根。若施肥时加入适量速效性氮肥（占总量1/3），则效果更好。此时，果树地上部新生器官已渐趋停止增生，树体吸收和制造的营养物质以积累贮备为主，可提高树体贮藏营养水平和细胞液浓度，有利来年果树萌芽、开花和新梢早期生长。

追肥又叫补肥。目前，生产上对成年结果树一般每年追肥2～4次。即施好花前追肥（萌芽肥），在春季萌芽期施用，主要是为了满足萌芽开花的需要，肥料种类以氮为主，适量配合磷肥；花后追肥（稳果肥），在谢花后坐果期施用，目的是促进幼果发育，减少生理落果；果实膨大期追肥（壮果肥），促进果实肥大，并为来年结果打基础，克服大小年结果，以氮、磷、钾配合施用；采果肥，在采果前后及时补施速效氮肥及钾肥，及时补充营养，提高花芽分化质量。

2. 施肥量的确定

（1）确定果树施肥量的主要因素。确定施肥量时应考虑以下因素，树体当年生长和结果情况；土壤种类、土层厚度、有机质、土壤酸碱度，表土与心土的性质，土壤结构的三相比例关系；山地、平地、沙滩以及坡度、坡向、山地水土保持工程等；降水量和气温；主要是土壤管理制度，灌溉制度，以及园内间作作物等。

（2）不同肥料种类与施肥量。有机肥需肥量根据树种确定。如葡萄、猕猴桃、柚需有机肥量大，一般每株每年需50～100千克（幼树可适当减少）。落叶果树每株每年需有机肥30～50千克。无机肥未结果树和初结果树，每年每株可施45%硫酸钾复合肥0.3～1.0千克；盛果期树，每年每株可施45%硫酸钾复合肥2～5千克。一般施肥量的确定可按结果树每生产100千克产品需追施纯氮0.94千克、纯磷0.77千克、纯钾1.2千克。

（二）施肥技术

1. 土壤施肥

环状施肥：在树冠滴水线外围挖宽30～60厘米，深30～60厘米的环状沟施肥。此法具有操作简便、经济用肥等优点。但易切断水平根，且施肥范围较小，一般多用于幼树。

猪槽式施肥：在树冠滴水线外围挖宽2～4个环沟，挖沟地点隔次轮换，并将环状中断为 3～4 个猪槽式。此法较环状施肥伤根较少。隔次更换施肥位置，可扩大施肥部位。

放射沟施肥：在树冠投影下距树干 1 米呈放射状方向挖 6～8 条宽 30～50 厘米，深 20～40 厘米，长达树冠外缘的沟，隔次更换位置。这种方法较环状施肥伤根较少，但挖沟时也要少伤大根，可以隔次更换放射沟位置，扩大施肥面，促进根系吸收。但施肥部位也存在一定的局限性。

条沟施肥：在果园行间、株间或隔行机械开沟施肥，也可结合土壤深翻进行。

全园施肥：成年果树或密植果园，根系已布满全园时多采用此法，将肥料均匀地撒布园内，再翻入土中。但因施入较浅，常导致根系上浮，降低根系抗逆性。此法若与放射沟施肥隔年更换，可取长补短，发挥肥料的最大效用。

灌溉式施肥：近年来广泛开展灌溉式施肥研究，尤以与喷灌、滴灌结合进行施肥的较多。

2. 根外追肥

简单易行，用肥量小，发挥作用快，且不受养分分配中心的影响，可及时满足果树的需要，并可避免某些元素在土壤中化学的或生物的固定作用。

四、果园灌溉的时期和方法

果树生产过程中，水分不足，将会降低花芽分化与坐果，影响果实膨大、导致裂果，引起落果和果实品质下降。生产上尤其要考虑必须满足果树生产需水的关键时期。即桃树在花期及果实最后迅速生长期；苹果树在果实细胞分裂期和果实迅速生长后期；柑橘在幼果期及壮果期。

（一）灌水时期的确定

1. 根据土壤含水量状况确定

土壤能保持的最大水量称为土壤持水量。一般认为，当土壤

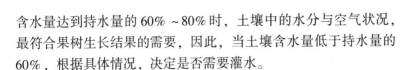

含水量达到持水量的 60% ~80% 时，土壤中的水分与空气状况，最符合果树生长结果的需要，因此，当土壤含水量低于持水量的 60%，根据具体情况，决定是否需要灌水。

2. 土壤含水亮的测定

（1）凭经验判断。挖开果园土壤，查看 10 厘米深的土壤，沙土和壤土手握湿土成团不散，一般土壤含水量在 60% 以上，可以不灌水；手握成团，松手即散，土壤含水量应在 60% 以下，需要立即灌水。

（2）仪器测定。随着科学技术的发展，用于果园指导灌水的仪器，最普遍采用的是张力计，又称土壤水分张力计。在果园安装土壤水分张力计指导灌溉是一种既正确又简便的方法。读出张力计的含水量数值，可确定是否进行灌水。

（二）灌水量的确定

最适宜的灌水量，应在一次灌溉中，使果树根系分布范围内的土壤湿度达到最有利于果树生长发育的程度。只浸润土壤表层或上层根系分布的土壤，不能达到灌溉目的，且由于多次补充灌溉，容易引起土壤板结，土温降低，因此，必须一次灌透。深厚的土壤，需一次浸润土层 1 米以上。浅薄土壤，经过改良，亦应浸润 0.8 ~1 米。

一般大树比幼树要多灌，沙地果园由于保水性较差，因此，适合少量多次灌水。

（三）灌水方法

1. 沟灌

在果园行间开灌溉沟，沟深 20 ~25 厘米，并与配水渠道相垂直，灌溉沟与配水道之间，有微小的比降。沟灌的优点主要有，灌溉水经沟底和沟壁渗入土中，对全园土壤浸湿较均匀，水分蒸发量与流失量均较小，经济用水；防止土壤结构的破坏；土壤通气良好，有利于土壤微生物的活动；减少果园中平整土地的工作量；便于机械化耕作。沟灌是地面灌溉的一种较合理的方法。

2. 分区灌溉

把果园划分成许多长方形或正方形的小区，纵横做成土埂，将各区分开，通常每一棵树单独成为一个小区。此法缺点是：易使土壤表面板结，破坏土壤结构，作许多纵横土埂，既费劳力又妨碍机械化操作。

3. 树盘灌溉

以树干为圆心，在树冠投影以内以土埂围成圆盘，圆盘与灌溉沟相通。灌溉时水流入圆盘内，灌溉前疏松盘内土壤，使水容易渗透，灌溉后挖松表土，或用草覆盖，以减少水分蒸发。用水较经济，但浸润土壤的范围较小，果树的根系比树冠约大 $1.5 \sim 2$ 倍，故距离树干较远的根系，不能得到水分的供应。同时仍有破坏土壤结构，使表土板结的缺点。

4. 穴灌

在树冠投影的外缘挖穴，将水灌入穴中，以灌满为度。穴的数量依树冠大小而定，一般为 $8 \sim 12$ 个，直径30厘米左右，穴深以不伤粗根为准，灌后将土还原。干旱期穴灌，亦将穴覆草或覆膜长期保存而不盖土。此法用水经济，浸润根系范围的土壤较宽而均匀，不会引起土壤板结，在水源缺乏的地区，采用此法为宜。

5. 喷灌

喷灌系统一般包括水源、动力、水泵、输水管道及喷头等部分，把水从水源处通过管道运输到果园，再通过加压，通过喷头把水雾化成水滴，喷洒到果树上或周围空气中的一种灌溉方式。它具有的优点是，基本不产生深层渗漏和地表径流，可节约用水 20% 以上，对渗漏性强，保水性差的砂土，可节省 $60\% \sim 70\%$ ；减少对土壤结构的破坏，可保持原有土壤的疏松状态；可调节果园的小气候，减免低温、高温、干风对果园的为害，还可减少裂

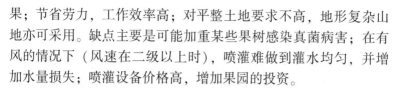

果；节省劳力，工作效率高；对平整土地要求不高，地形复杂山地亦可采用。缺点主要是可能加重某些果树感染真菌病害；在有风的情况下（风速在二级以上时），喷灌难做到灌水均匀，并增加水量损失；喷灌设备价格高，增加果园的投资。

6. 滴管

滴灌是近年来发展起来的机械化与自动化的先进灌溉技术，是以水滴或细小水流缓慢地施于植物根域的灌水方法。滴灌系统的主要组成部分为：水泵、化肥罐、过滤器、输水管（干管和支管）、灌水管（毛管）和滴水管（滴头）用管道把水从水源处通过管道运输到果园，给以低压，在树盘处通过管道孔滴出，湿润土壤的方法。优点主要是节约用水，节约劳力，有利于果树生长结果。缺点是需要管材较多，投资较大；管道和滴头容易堵塞，严格要求良好的过滤设备；滴灌不能调节气候，不适于冻结期应用。

五、果园排水

（一）排水时间的确定

（1）多雨季节或一次降雨过大造成果园积水成涝，应挖明沟排水。一般在当季的雨季。

（2）在河滩地或低洼地建果园，雨季时地下水位高于果树根系分布层，则必须设法排水。

（3）土壤黏重、渗水性差或在根系分布区下有不透水层时，由于黏土土壤孔隙小，透水性差，易积涝成害，必须搞好排水设施。

（4）盐碱地果园下层土壤含盐高，会随水的上升而到达表层，造成土壤次生盐渍化。因此，必须利用灌水淋洗，使含盐水向下层渗漏，汇集排出园外。

（二）排水方式

1. 明沟排水

明沟排水是在地面挖成的沟渠，广泛地应用于地面和地下排水。地面浅排水沟通常用来排除地面的灌溉贮水和雨水。

2. 暗管排水

暗管排水多用于汇集地排出地下水。在特殊情况下，也可用暗管排泄雨水或过多的地面灌溉贮水。

任务五、果树整形修剪技术

果树整形修剪是果树栽培综合管理的一个重要环节。整形、修剪是两个不同的概念，是两个相互依存、不可截然分割的操作技术；整形是通过修剪来实现的，修剪又必须在整形的基础上进行。二者既有区别又紧密联系，并互相影响，不可偏废。

一、果树整形修剪的实质和依据

（一）果树整形修剪的实质

果树整形修剪的实质就是通过整形修剪，如利用和改变顶端优势、垂直优势、枝芽质量、方位等措施，调整树体器官的数量、类型，均衡树体营养，最终达到生长与结果的协调。

（二）果树整形修剪的原则

在整形修剪时，既要重视良好的树体结构的培养，又不能死搬树形。做到有形不死、无形不乱，因地制宜，因树修剪，随枝作形，顺其自然，加以控制，便于管理；使之既有利于早果丰产，又要有长期规划和合理安排，达到早果、高产、稳产、优质、长寿的目的。

（三）果树整形修剪的依据

1. 根据果树的生长结果特性进行整形修剪

常绿果树宜轻剪一般利用近天然树形；落叶果树中的核果类，干性不明显，可以选择自然开心形；仁果类果树层性明显，可以选择疏散分层形。成枝力低的树种可以适当短截、疏枝、留桩，促进多发长枝；成枝力高的树种可以多疏少截减少长枝；生长势易旺的树种以短枝结果为主，适当多疏剪促发短枝；长枝结果为主的树种适当多短剪，促发长结果枝。

2. 根据果树年龄时期、物候期

在果树的生命周期中幼树离心生长旺盛，整形修剪时注意整形，多轻剪缓放或不剪；盛果期结果多、易发生大小年现象，要适当短截促进生长、控花，调节叶芽、花芽比例；衰老树生长势弱重点进行回缩更新、复壮。在果树年周期中休眠期注重全面细致修剪，落花落果期注重控梢保果，夏、秋停梢期为避免树冠过密时，要注重疏枝。

3. 栽植密度和栽植方式

栽植密度和栽植方式不同，整形修剪的方式也各不相同。一般栽植密度大的果树，整形时要注意培养枝条级次低、小骨架和小树冠的树形。修剪时要特别强调开张角度，控制营养生长，促进花芽形成和抑制树冠扩大等，以发挥其提早结果和早期丰产的潜力。对栽植密度较小的果树，则要适当增加枝条的级次和枝条的总数量，以便迅速扩大树冠，充分利用空间，成花结果。

4. 修剪反应

树种或品种不同，对修剪的反应是不一样的。即使是同一个品种，用同一种修剪方法处理不同部位的枝条时，其反应的性质和强度、范围也会表现出很大的差异。果树自身实际上记录着修剪的反应和实际效果。修剪反应就是合理修剪的最直接、最现实的依据，也是检验修剪质量好坏的重要标志。看修剪反应进行整形修剪，既要看修剪后的局部表现，即剪口或锯口下枝条的生长、成花和结果情况；又要看全树的总体表现。例如对初果期国光和元帅系的花枝，进行同等程度的花上缩剪时，其修剪反应是各不相同的。国光缩剪后，其反应是长势稳定，坐果率高；而对元帅缩剪以后，特别是在幼龄果枝上进行缩剪时，其反应往往是促进新梢旺长，降低坐果率。

5. 果树的立地条件和栽培管理水平

果树的立地条件不同，栽培管理水平不同，其生长发育和结果状况不一样，对修剪的反应也不一样。土质瘠薄、干旱的山、丘地果园，树势较弱，树体矮小，成花快，结果早。对这种果园，除应密植外，在整形修剪时，定干要矮，冠形要小，骨干枝要短，要多短截，少疏枝，注意复壮修剪，以维持树体的健壮生长，保留结果部位；相反，土层深厚，土质肥沃，肥水充足，管理水平高的果园，树势普遍强旺，枝量较大，成花较难，结果较晚。这种果园，除建园时应注意适当加大株、行距外，在整形修剪时应注意采用大、中冠树形，树干也要适当高些，轻度修剪，多留枝条。主枝宜少，层间距应适当加大，除注意轻剪外，还要重视夏季修剪，以缓和树势，促进成花结果。

二、果树整形修剪的时期

在果树的年周期内，修剪时期可分为：休眠期修剪和生长期修剪。休眠期修剪，也就是冬季修剪；生长期修剪，又可分为春季、夏季和秋季修剪。

（一）休眠期修剪

休眠期修剪是指在正常情况下，从冬季落叶到第 2 年春季发芽前所进行的修剪。由于是在冬季修剪又称为冬季修剪。

1. 冬季修剪的适宜时期

果树在深秋或初冬正常落叶前，树体内的贮备营养，逐渐由叶片转入枝条，由 1 年生枝条转向多年生枝条，由地上部转向地下根系贮藏起来。所以，果树冬季修剪的最适宜时间，是在果树

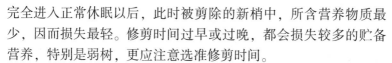

完全进入正常休眠以后，此时被剪除的新梢中，所含营养物质最少，因而损失最轻。修剪时间过早或过晚，都会损失较多的贮备营养，特别是弱树，更应注意选准修剪时间。

2. 果树冬季修剪的主要内容

冬季修剪主要是通过疏除密生枝、病虫枝、并生枝和徒长枝，过多过弱的花枝及其他多余枝条，缩短骨干枝、辅养枝和结果枝组的延长枝，或更新果枝；回缩过大过长的辅养枝、结果枝组，或衰弱的主枝头等措施，降低枝芽量，提高树体集中贮藏营养水平，以促进新梢的生长。通过刻伤刺激一定部位的枝和芽，促进转化成强枝、壮芽；调整骨干枝、辅养枝和结果枝组的角度和延伸方向。

（二）生长期修剪

1. 春季修剪

也称春季复剪，是冬季修剪的继续和补充。

（1）春季修剪的时间。春季修剪一般在萌芽至花期前后。

（2）春季修剪的主要内容。花前复剪在露蕾时，通过修剪调节花量，补充冬季修剪的不足；除萌抹芽在芽萌动后，除去枝干的萌蘖和过多的萌芽，为减少养分消耗，时间宜早进行；延迟修剪也称晚剪，即休眠期不修剪，待春季萌芽后再修剪，多用于生长过旺、萌芽率低、成枝力少的品种。

2. 夏季修剪

夏季修剪，只要时间适宜，方法得当，可及时调节生长和结果的平衡关系，促进花芽形成和果实的生长发育；充分利用2次生长，调整或控制树冠，有利于培养结果枝组。如新梢速长期通过摘心、涂抹发枝素促进分枝，夏季修剪的关键在于"及时"。

3. 秋季修剪

（1）秋季修剪的时间。一般在秋季新梢将要停长至落叶前进行的修剪。

（2）秋季修剪的主要内容。剪除过密大枝为主，此时树冠稀密度容易判断，修剪程度较易掌握。刺激作用小，能改善光照条件，提高内堂枝芽质量。带叶修剪，养分损失比较大，次年春季剪口反应比冬剪弱。北方修剪时新梢即将停长，可以促进芽的充实利于越冬。秋季修剪在幼树、旺树、郁蔽树上应用较多，抑制作用弱于夏季修剪，强于冬季修剪。

三、果树修剪的方法和反应

（一）短截

1. 短截的定义

即剪去一年生枝梢的一部分的修剪手法。常应用于骨干枝延长头或预备枝。

2. 短截的作用

增加枝梢密度；缩短枝轴和养分运输距离，利于促进生长和复壮更新；改变枝梢的角度和方向通过改变顶端优势部位，调节主枝平衡即"强枝短留，弱枝长留"；增强顶端优势；控制树冠和枝梢，通过重短剪可以使树冠变小。

3. 短截的类型与作用

（1）轻短截。只剪去枝条顶端部分，不超过枝条长度的1/3，留芽较多，剪口芽较壮的芽，剪后可提高萌芽力、抽生较多的中、短枝条，对剪口下的新梢刺激作用较弱，单枝的生长量减弱，但总生长量加大；发枝多、母枝加粗快，可缓和新梢生长势。

（2）中短截。在枝梢的中上部饱满芽处短剪，不超过枝条长度的1/2，留芽较轻短剪少，剪后对剪口下部新梢的生长刺激作用大，形成长、中枝较多，母枝加粗生长快。

（3）重短截。在枝梢的下部短剪，不超过枝条长度的2/3，一般剪口下1～2芽稍壮，其余为瘦芽，留芽更少，截后刺激作用大，常在剪口附近抽1～2个壮枝，其余由于芽的质量差一般发枝很少或不发枝，故总生长量较少，多用于结果枝组。

（4）极重短截。又称留橛修剪、短枝型修剪。在春梢基部1~2个瘪芽（或弱芽）处剪，修剪程度重，留芽少且质量差，剪后多发1~2个中、短枝，可削弱枝势，降低枝位，多用于处理竞争枝、培养短枝型结果。

（二）缩剪

1. 缩剪的定义

短截多年生枝的措施叫回缩修剪，简称回缩或缩剪。

2. 回缩的内容和作用

在壮旺分枝处回缩，去除前面的下垂枝、衰弱枝，可抬高多年生枝的角度并缩短其长度，分枝数量减少，有利于养分集中，能起到更新复壮作用；在细弱分枝处回缩，则有抑制其生长势的作用，多年生枝回缩一般伤口较大，保护不好也可能削弱锯口枝的生长势。

（三）疏剪

1. 疏剪的定义

将某一枝条或者枝组从基部疏除的修剪手法。

2. 疏剪的作用

改善通风透光条件；对母枝有较强的削弱作用；疏枝造成的伤口具有抑上促下的作用。

（四）长放

1. 长放的定义

对一年生枝条不修剪，任其自然发枝延伸的修剪手法。

2. 疏剪的作用

增加枝量，有利母枝加粗生长；还有缓势促花的作用。

（五）曲枝

1. 曲枝的定义

通过撑、拉、吊等方法将某一枝条从基部或中上部改变枝梢生长方向的修剪手法。

2. 曲枝的作用

削弱顶端优势；开张骨干枝角度，改善光照；缓和生长。

3. 曲枝应注意的问题

不同的树种拉枝角度不同；不要将枝条拉成弓形；拉枝后形成的背上枝要及时处理；拉枝时不要贴枝条上绑紧死结。

（六）环剥（环割）

1. 环剥的定义

在生长旺势的果树上，对临时枝、旺长枝、旺长枝组，通过在其临近基部处把韧皮部剥去一周的方法来促进花芽的形成，迅速形成产量的修剪手法。

2. 环剥的作用

抑制营养生长；促进花芽分化；提高坐果率。

3. 环剥应注意的问题

环剥的果树树龄应在 3 年以上，干周粗应在 10 厘米以上，一般不宜在主干和永久性骨干枝上进行，有腐烂病、轮纹病的枝干不进行环剥；要根据品种特性、土肥水管理水平和树势、枝势等掌握好环剥的宽度，一般应控制在被剥枝直径的 $1/10 \sim 1/8$ 以内，要求环剥当年能够完全愈合；不同的树种要求不一样，苹果、梨、枣、柑橘等果树可以采用环剥技术，但核果类的桃、杏、李、樱桃等果树不宜环剥；不同的品种，其环剥效应也有不同，如富士系、金帅、国光等品种，环剥后控长促花效果显著，青香蕉则不宜环剥，对红星、红香的旺长枝环。剥能明显提高成花坐果率，但环剥时间不应晚于 5 月底，且不宜在主干、大枝上应用，否则易引起枝梢短瘦，叶片黄弱；环剥时间不同，其控制部位和作用效果也不相同以控制旺长为目的时，宜在春季发芽前进行，以提高坐果率为目的的宜在开花前进行，以促进花芽形成为目的的，宜在夏秋花芽分化前进行；果树环剥后，要配合打药，抓好叶面施肥，补充树体营养增强光合作用，以利于大量花芽的分化和发育；如发现环剥口长期不能愈合，应及时取防护措施，

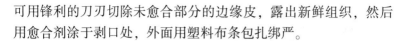

可用锋利的刀刃切除未愈合部分的边缘皮，露出新鲜组织，然后用愈合剂涂于剥口处，外面用塑料布条包扎绑严。

（七）刻芽

1. 刻芽的定义

为促进芽眼按要求萌发，在萌芽前对需要萌发的芽，在其上方0.5厘米处刻一直线或月牙形线的深达木质部的伤口的修剪手法。

2. 刻芽的作用

果树刻芽，能够定向定位培养骨干枝，建造良好的树体结构；集中营养形成高质量的中枝、短枝，进一步培养结果枝组，促使果树早结果。刻芽还能增补缺枝，纠正偏冠，抑强扶弱，调节枝条生长，平衡树势，使果树稳产。

3. 刻芽应注意的问题

适时刻芽是关键，定向定位刻芽的时间要早一些，以"惊蛰"至"春分"期间刻芽为好，促发中枝、短枝的刻芽，可在"清明"前后刻芽，过早刻芽，被刻芽易受冻；刻芽过晚，所刻芽萌发后，抽出的枝条停止生长早，枝条上叶片少，叶面积小，难成花。慎重确定要刻的芽数目，根据品种特性、树势强弱、枝条的长势、枝条着生位置，以及刻芽的目的，决定刻芽数目。刻芽数目，一般来说，普通品种多于短枝型品种，萌芽率低的品种多于萌芽率高的品种，树势强的树可多刻芽，树势中庸的树要少刻芽，细弱的长枝则不要刻芽，粗壮长枝上的芽可以多刻，细弱的长枝上则不要刻芽，骨干枝上少刻芽，辅养枝上刻芽可以多些，但也不宜芽芽都刻，以免造成树形紊乱。

（八）抹芽除萌

1. 抹芽除萌的定义

萌芽后将芽用手抹除叫抹芽；除萌蘖是将树体上的隐芽萌发的一些枝条从基部疏除的修剪手法。

2. 抹芽除萌的内容

在叶簇期对主枝、侧枝背上部，主干上及大剪口附近发出的强旺枝、延长枝剪口芽的竞争芽全部抹除。去双芽留单芽，去干橛、病虫枝、废芽及缩减未坐果的长果枝等。对砧木发出的萌蘖应尽早剪除。

3. 抹芽除萌的应用

通过除萌抹芽，可以减少无用的新梢，集中养分，使留下的枝条发育充实，花芽和叶芽饱满。抹芽、除萌可以改善树冠光照条件，大大减少夏剪工作量和因夏剪树枝造成的伤口。

（九）摘心

1. 摘心的定义

生长期将新梢幼嫩的顶部生长点摘除的修剪手法。

2. 摘心的作用

削弱顶端优势；促进花芽形成；提高坐果率；促进枝芽充实。

3. 摘心的应用

摘心主要应用与着生在母枝背上、背下和背侧的当年生枝；在生理停长期不会停长的枝；虚旺树的芽质量差，发出的条全是细弱枝，若不及时摘心去叶，均会生长成 50 厘米以上的大枝；壮而偏旺的枝，当生长到 10 厘米左右时，应摘心。

（十）扭梢

1. 扭梢的定义

新梢半木质化时，在新梢基部 3 ~ 5 厘米处，将枝条扭转180°，使新梢水平或者下垂的修剪手法。

2. 扭梢的作用

扭梢可以控制徒长枝的生长方向，改善通风透光条件；可以调节养分分配，促进花芽形成，促进果树生殖生长，增加产量。

3. 扭梢的应用

扭梢适用于柑橘、柚树、桃、李、奈、梨等生长旺盛的树和空怀树，凡抽出的徒长枝均可扭枝；扭枝时间可在 4—10 月进行，其中，8—10 月最好，春夏秋抽梢期和 38℃ 以上旱热天不宜扭枝，以免折断和出现枯枝；扭伤部位以第一次梢与第二次梢交接点为扭伤部位，只抽一次梢的以新梢着生点以上 25 厘米处作扭伤部位。扭枝操作方法，一手捏住枝条扭伤部位下端，另一手捏住扭伤部位上端，两手按相反方向扭转，扭转力度以能使扭伤部位以上枝梢下垂而不断为宜。

（十一）拿枝

1. 拿枝的定义

新梢半木质化时，对于一些长势强旺的较大枝条，用左手握平枝条，用右手向下握折枝条，折伤木质部，做到伤而不折，从基部软拿到枝条顶部的修剪手法。

2. 拿枝的作用

拿枝由于伤及木质部而不伤皮层，抑制了养分向枝条顶端输送，使养分滞留于受伤部位，有效克服了枝条光腿现象，促使枝条早拔厥，早成花，拿枝抑制了秋梢，减少了营养消耗，从而提高产量，减少了冬剪工作量。

3. 拿枝的应用

从新梢木质化时开始，一直到晚秋均可进行，一般情况下，不封顶的超长枝，从 6 月开始，每间隔 1 个月拿枝一次，全年拿枝，即可达到满意效果。

四、果树的整形

果树整形的目的主要是培养牢固的树体骨架和丰产树形，有效地控制主枝和侧枝的空间配置，调节生长与结果的关系，促进果树丰产稳产，最大限度的延长结果年限。

（一）当前果树生产的主要树形及培养

1. 疏散分层形

（1）树体结构特点。树高 4 ~ 6 米，干高 50 ~ 70 厘米，全树

5～7个主枝，分2～4层分布在中央领导干上；第一层一般3个主枝，之间夹角120°，层内距20～40厘米，每个主枝选留2个侧枝，第一侧枝距主枝基部60～80厘米，第二侧枝在距第一侧枝50厘米处的对面配置；第二层主枝距第一层80～100厘米，一般2个主枝，层内距20～30厘米，每个主枝选留1个侧枝；第三层主枝距第二层30～50厘米，一般1～2个主枝，主枝上不配置侧枝，直接着生结果枝组。

（2）整形要点。定植后定干，留出20厘米整形带，约有10个饱满芽，其他芽萌芽后抹除；第一年秋季将拟留作主枝的枝条拉枝成70°～80°；辅养枝拉平或者下垂；冬季修剪时，对主枝和中央领导干延长头在饱满芽处短截，注意剪口芽位置，其他枝条一律轻剪缓放；第二年冬季修剪，继续对主枝和中央领导干延长头在饱满芽处短截，辅养枝轻剪缓放，并注意选配主枝上的侧枝；第三、四年，培养第二、三层主枝，继续对主枝和中央领导干延长头在饱满芽处短截，扩大树冠，以缓放为主培养主枝上的结果枝组；第五年后，基本成形，对主枝和中央领导干延长头缓放，注意疏除过多的延长枝、竞争枝、过密枝、背上枝等，均衡树势，立体结果。

2. 自由纺锤形

（1）树体结构特点。树高3米左右，干高50～60厘米，中心干通直延伸，其上均匀分布10～12个主枝；主枝单轴延伸，不分层，螺旋式排列，主枝基角80°～90°，几乎水平；下部主枝长1.5～2米，上部依次变短，下部相邻主枝间距15～20厘米，上部间距20～30厘米；侧枝粗度是母枝的1/3～1/2，如果超过1/2，则疏除；树冠开张，树势缓和，成形快，结果早，通风透光。

（2）整形要点。定植当年冬季在80～100厘米处定干，留30厘米整形带；第二年萌芽前后整形带以下的芽抹除，并按照所需主枝发出的位置刻伤，促发长枝；秋季将主枝拉枝开张角度到

$80° \sim 90°$；第三年除中央领导干延长头外，一般主枝延长头不需要短截；第四年在主枝上培养斜生、水平、下垂的中小型结果枝组；一般 4 年即可成形。

3. 细长纺锤形

（1）树体结构特点。树体瘦长略小，树冠直径约 2 米，中央领导干上分布 15 ~ 18 个长势相似的主枝，下部主枝比上部主枝略长，侧枝粗度小于母枝的 1/3，全树外观呈现细宝塔形。

（2）整形要点。高定干，低发枝：选择高度达到 1.2 米以上的大苗，在 100 厘米处定干，留 40 厘米的整形带；第二年萌芽前后整形带以下的芽抹除，并按照所需主枝发出的位置刻伤，促发长枝；中央领导干每年冬季中短截，其余主枝一律拉平缓放不剪；侧枝粗度超过母枝粗度的 1/3 后，应该从基部疏除；生长季重视扭梢、环剥、拿枝、捋枝等缓势促花措施，培养中小型结果枝组。第 1 水平主枝距地面 50 厘米左右，第 2 水平主枝在第 1 水平主枝的对面斜上方，距地面 70 ~ 80 厘米，两水平主枝间的距离 40 ~ 50 厘米；第 3、5 水平主枝的方向与第 1 水平主枝同侧，第 4、6 水平主枝在第 2 水平主枝的同一侧。

4. 折叠式扇形

（1）树体结构特点。树体较小，整形容易，通风透光良好，结果较早，也易获得早期丰产。成形后树高 2.0 ~ 2.5 米，全树有 5 ~ 6 个主枝，每边 2 个，顺行分布。树冠厚度 1.0 ~ 1.5 米，冠宽 2 米左右。主干与中央领导干折叠式延伸生长，变生长优势为结果优势。主枝上下重叠，直接着生中小型结果枝组。

（2）整形要点。将苗木顺行斜栽，使其与地面呈 45°。幼苗定植后不定干，春季萌芽后，将苗木拉成弓形，距地面约 50 厘米左右，这便是第 1 个水平主枝，拉平苗后约 1 周，再将基部的几个芽子抹除，在弓背上最高处刻芽，使抽生新领导枝，到夏季发出新梢后，再将基部和新领导枝附近的小枝抹除，到秋季，将第 1 水平主枝上的长枝捋平，缓和其长势；冬季修剪时，剪除背上的直立枝，甩放新领导枝，实际上新领导枝也就是第 2 水平主枝；第 2 年春季萌发芽后，再将其拉平，抹去基部 2~3 芽，再于弓背的最高处刻芽，促发第 3 个新领导枝（第 3 水平主枝），夏、秋季修剪时，将长枝拉平或捋平，缓和长势，促进成花，冬季修剪时，疏除直立枝和过密枝，新领导枝甩放不剪；第 3、4 年再用同样办法，培养第 4、5 两个水平主枝，冬季修剪时，仍注意疏除背上的强旺直立枝和密生枝，回缩第一水平主枝。

5. 自然开心形

（1）树体结构特点。没有明显的中央领导干，主干高 30~50 厘米，距地面的主干上培养 3 个主枝，均成 45° 左右斜伸，第一主枝与第二主枝之间相距 30 厘米，第二主枝与第三主枝相距 20 厘米左右。各主枝上着生 1~2 个侧枝，相互错开，均匀分布，构成自然开心形。

（2）树形的培养。幼苗定植后，在距地面 50~60 厘米处定干，剪口下留 20~30 厘米作为整形带，一般培养 3 个主枝。当干上的芽萌发新梢长达 20 厘米左右时，从中选留 5~6 个长势良好、角度和方位都比较适宜的新梢，其余从基部剪去。当这些新梢长达 30 厘米左右时，再从中选留 3 个长势壮、方位适宜的作为 3 个主枝培养，其余新梢摘心后作为辅养枝利用。第一年冬剪时，对选留的 3 个主枝各留 50 厘米左右短截，其他辅养枝根据具体情况决定去留。第二年冬剪时，除主枝延长枝外再根据长势强弱和枝条多少，选留 1~2 个侧枝，其余枝条作辅养枝、结果枝处理。第三年冬剪时，再根据枝条长势和数量，继续选留侧枝和结果枝，以后逐年选留，直至完成。

6. 立架单臂水平形

（1）树体结构特点。该树形有一个倾斜或垂直于地面的主干，干高根据栽培设施的需要，一般为 60~80 厘米，在主干头部保留一个结果枝组，结果枝组有一个长的结果母枝组成，结果母枝沿行向由北向南弯曲，促进结果母枝基部芽萌发，结果枝间

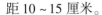

距 10～15 厘米。

（2）树形的培养。定植当年每株选留一条新梢，垂直引缚于架面上，新梢生长到 1.5 米时摘心，秋后修剪时先将母枝引缚于第一道铁丝呈水平状，并在两株交接处剪截；第二年春在母枝水平方向上每相距 20 厘米选留一个壮芽，壮芽之间的芽全部抹掉，生长的新梢向上引缚，如同一个个手臂向上延伸，同时将靠近基部的新梢疏去花序，留作预备枝。

7. 双臂单层水平形

（1）树体结构特点。该树形有一个较低的主干，30～40 厘米，有反方向生长的两条主蔓，即结果母枝，在结果母枝上均匀分布结果枝组或结果短枝，间距 25～30 厘米。该树形成形快、缓和树势提早结果、结果部位一致、果实成熟均匀。

（2）树形的培养。第一年定植后 40 厘米左右处留 2～3 个饱满芽重剪，在反方向上对应的芽最好，第二年秋季对春季萌发的枝条反方向分别在两侧水平绑缚；第三年对萌发的枝条选择均匀一致的枝条留作结果枝组或结果短枝，间距内的芽抹去，冬季对留的枝条重短截培养结果枝组。

（二）果树树形选择

1. 气候条件

温度、雨量、风速等气候条件影响树形选定，温暖多雨的地区一般选择大冠树形；寒冷干旱的地区一般选择矮小紧凑树形。

2. 土壤条件

树形的选择也要综合考虑土壤肥力、含水量、地势等因素。土层深厚、肥沃，有水浇条件的地方，即使短枝型品种树冠也较大，所以栽植密度宜稀、宜采用大树冠形；土壤瘠薄的山丘、滩地，普通品种也长不大，则可选用小树冠的树形。

3. 种类品种

葡萄蔓性，宜棚架或篱壁形；苹果、梨树干性层性强，宜疏散分层形；桃树多数干性不强，无明显主干，宜用自然开心。

4. 砧木

短枝型品种树体紧凑，一般要密植，所以多采用小树冠的树形，如自由纺锤形、小冠形等。利用矮化砧的普通品种（用矮砧做根砧或中间砧）树体变成矮化或半矮化，树冠只有原来的 $1/2 \sim 2/3$ 大。所以也要选用适合密植的小树冠树形矮化砧木小树形；乔化砧木大树形。

（三）丰产树形的标准

具备和树势相适应的大小；能够充分利用土地面积和空间；通风透光良好，有较大的结果有效容积；易于整形，树形容易培养、维持，不费工；各主枝势力均衡；抗逆能力强；便于管理；能够丰产优质。

五、果树不同时期的修剪技术

（一）幼树期

1. 主要修剪任务与特点

幼树期主要修剪任务是：以培养树形为主要目标，促进树体迅速扩大；增加枝量，提早成形；促进辅养枝成花，提早结果。幼树期采用轻剪缓放多拉枝，重视夏季修剪。

2. 修剪方法与技术

对于骨干枝的延长枝和大型枝组的领头枝进行适度短截，其他枝条要多留枝、多长放。对骨干枝延长枝生长有影响的枝条，要进行重剪，发枝后再进行长放，不能在骨干枝附近直接长放。处于骨干枝侧面，成斜生状态，可进行中截或轻截，促发分枝，培养成结果枝组。骨干枝背上的强旺枝，有空间的压倒、压平长放，培养成结果枝组；徒长枝疏除。中庸枝、弱枝均长放，促成花，早结果。梨树成花容易，一般枝条长放后都能成花，所以幼树期要控制结果量。

（二）初果期

1. 主要修剪任务与特点

初果期的主要修剪任务是：继续选留各级骨干枝（主枝）；迅速扩大树冠，尽快完成整形工作；培养好结果枝组，促进产量逐年提高，争取早期丰产。

2. 修剪方法与技术

（1）骨干枝的修剪。各级骨干枝的延长头甩放不剪，以缓和树势，促发短枝，多成花芽。对稀植大冠，需要继续扩大或长势较弱的骨干枝，延长头留 40 厘米左右短截。骨干枝之间应保持良好的从属关系，即中心干生长势要强于主枝，主枝强于侧枝，下层稍强于上层，同层、同级长势均衡。若出现上强下弱，主枝强于中干，侧枝强于主枝，同级枝强弱悬殊等不良倾向时，可用抑强扶弱法加以调整。旺者用开张角度、少留辅养枝、多疏少截、多留花果、弱枝弱芽带头等方法抑制；弱者用相反的方法扶持。

（2）辅养枝的修剪。在不影响骨干枝生长和通风透光前提下，应多留辅养枝，以便充分利用空间，扩大营养面积，增加结果部位，提高前期产量。对辅养枝及各类枝组，应采用轻剪、缓放、捋枝、变向，结合夏季环剥等措施，促进成花，对一部分已结果的，而且连年缓放，生长势衰弱，或体积过大，妨碍骨干枝生长，影响通风透光的辅养枝，应及时疏除或回缩改造成体积适宜的结果枝组。如有夏季控制不当的徒长枝、竞争枝，应当疏除，以免影响光照和扰乱树形。尤其是修剪不当，保留下来的多年生、体积大、长势强的直立枝和竞争枝等，应果断疏除。

（3）结果枝组的培养。先放后缩法，即对一年生枝不剪长放，待成花结果后再回缩。此法培养出的多为中、小型单轴枝组，结果早，在幼树和初果树上应用较多。

先截后放再缩法，此法方式较多，如对一年生枝轻短截或戴帽剪，促发中、短枝，成花结果后，适当回缩，对一年生枝先中短截，促生长枝，扩大枝组体积，再轻剪缓放，促其结果，可形成大中型枝组。

（三）盛果期

1. 主要修剪任务及特点

盛果期的修剪任务是：维持健壮树势，调节生长与结果的平衡，改善光照条件，搞好枝组培养、调整和更新复壮，争取丰产、稳产、优质和延长盛果期年限。

2. 修剪方法和技术

（1）良好的树体结构的保持与培养。根据既定树形结构要求，衡量树体骨架是否合理。对因整形修剪不当，多留下来的主枝、侧枝及失控的超大型辅养枝，应果断疏除，使树体结构合理。对长势过旺的主枝，应开张角度，多留花果，多疏旺枝，削弱长势。对结果多而下垂变弱的主枝，回缩换头，抬高梢角，减少花果量，恢复长势。对体积过大者，应缩短长度，并卸掉侧旁部分大枝，缩小体积，维持良好的树体结构。

（2）采取合理修剪措施，经常调整通风透光条件。进入盛果期的果树，因枝叶量大，树冠易郁闭，光照条件差，常造成下部主枝变弱，上部强旺，内膛小枝干枯，结果部位外移等不良倾向。幼树至初果期层间留下的辅养枝，除回缩改造成结果枝组外，过密的适当疏除；过长过弱的下垂枝，应及时回缩；背上多年生枝组，压缩控制体积，保持合理的层间距和叶幕层厚度；落头提干稀枝。

（3）精细修剪结果枝组，保持结果稳定。强旺枝组，营养枝多而旺，长枝多，中、短枝少，花芽不易形成，结果不良。这类枝组应疏除旺长枝和密生枝，其余枝条尽量缓放。同时夏季加强捋枝，缓和长势，促进成花。

中庸枝组，营养枝长势中庸健壮，长、中、短枝比例适当，容易形成花芽，结果稳定，这类枝组要调整花、叶芽比例，按"三套枝"修剪法修剪。即对一部分形成花芽的果枝不剪，使其当年结果；另一部分轻剪或不剪，使其当年形成花芽，下年结果；其余枝条中短截，促其发枝。这样轮换更新，交替结果，才能保持果枝连续结果能力。

衰弱枝组，一般中、短枝多，长枝少，花芽多，坐果少。这类枝组应疏除大量花芽，减轻负担，采取去远留近、去斜留直、去老留新、去密留稀、去下留上的更新修剪，恢复枝组长势。

（四）衰老期

1. 主要修剪任务及特点

衰老期主要修剪任务是：更新骨干枝和结果枝组，恢复树势，延长结果年限。

2. 主要修剪手法与技术

疏除过多的短果枝，长果枝多短截，减轻树体负担，促进萌发健壮新梢。新生营养枝在饱满芽处截断，增强生长势。若树势极度衰弱，主侧枝的延长头很短，甚至不能抽生枝条时，要及时回缩换头，抬高枝头角度，恢复长势。后部潜伏芽发生的徒长枝，要充分利用，培养成新的结果枝组。树冠不完整的衰老树，要利用强壮徒长枝，培养形成新的树冠。衰老树愈伤能力弱，应避免造成大伤口，一般不要疏除大枝。

任务六、主要果树生产与病虫害防治技术

一、苹果生产与病虫害防治技术

我国的苹果生产栽培面积和产量十几年来一直处于世界第一位，除广东、广西、上海、湖南、海南 5 个省市自治区外均有栽培，栽培面积比较广泛，主要集中在渤海湾产区、西北黄土高原产区、黄河故道产区等。2014 年苹果产量达到了 4 092.32 万吨，人均 29.92 千克，是我国的四大水果之一。

（一）苹果主栽品种

当前主栽的果树新品种主要有富士系、国光系、元帅系等，早熟品种有早丰甜、贝拉、辽伏、夏红、临红 1 号、红露、富红早嘎等；中熟品种有富秋、渐热、华硕、华美、郑果 42、郑果 43、郑果 44、金世纪、玉华早富等；晚熟品种有锦绣红、岳华、山农红、粉红女士、金星、望香红、寿富、苏富、岳苹等；加工品种有苦开麦、苦绯甘、美那、绿宝、瑞丹、瑞星、瑞林、酸王、七月鲜等。

（二）苹果育苗技术

苹果树育苗一般采用嫁接育苗，采用矮化砧或乔化砧，用劈接法进行嫁接。

1. 砧木的选择

主要乔化砧木有山定子、海棠、楸子等。矮化砧主要有 M 系的 2、4、7、9、26、27 和 MM106；MAC 系的 1、9、10、25、39、46 等。

2. 砧木的繁育

乔化砧一般采用实生苗繁殖，矮化砧一般采用扦插法繁殖。

3. 接穗的选择

接穗应选自性状优良、生长健壮、观赏价值或经济价值高、无病虫害的成年苹果树。采用根颈部徒长枝或幼树枝条作接穗，由于发育年龄小，嫁接后开花结果晚，寿命较长；采用成年树树冠上部的枝条进行嫁接，接穗发育年龄大，嫁接后开花结果早，与实生树相比寿命要短一些。

4. 嫁接技术

嫁接的成活与气温、土温、接穗和砧木的活性有密切关系，嫁接时间的选择要根据天气条件、接穗的准备情况和嫁接量的需求灵活掌握，一般春季嫁接在 2 月中下旬到 3 月上中旬，不能太早，气温稳定在 8℃以上为宜；秋季嫁接在 7 月下旬到 8 月底。

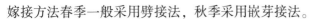

嫁接方法春季一般采用劈接法，秋季采用嵌芽接法。

5. 嫁接后的管理

剪砧，春季嫁接的 15～20 天后检查成活后即可剪砧，秋季嫁接的可以到第二年的 2 月下旬到 3 月上旬进行，在嫁接芽上方 0.5 厘米处剪去。

抹芽，接口下的芽要及早抹去，避免竞争养分。

灌水施肥，在生长较旺盛的 4—7 月，可以根据土壤墒情灌水 1～2 次，结合灌水进行施肥，每亩随灌水施入少量有机肥或 15～20 千克二胺。

中耕除草，在每次灌水或雨后要及时中耕，疏松土壤。要注意除草工作要尽早进行，锄草要锄净。

病虫害防治，剪砧后，果树幼苗生长迅速，要喷洒保护性药剂如石硫合剂防治病菌侵入，并防治毛虫；4—5 月防治毛虫、蚜虫、卷虫蛾等；5—7 月防治真菌病害侵入和落叶病。

（三）苹果建园技术

1. 园地的选择

苹果建园应选择年平均气温在 7～14℃，生长季（4—10 月）有效积温达到 2 500～3 000℃，生长季平均气温 12～18℃，年降水量 500～750 毫米，年日照时数 2 000 小时以上，气象灾害发生不严重的地区。土壤肥沃、可耕性好，保水保肥能力强的平地或坡度低于 20°的山地，土壤酸碱度微酸性或中性，土壤有机质在 0.9% 以上，以 3%～5% 最为适宜，地下水位在 2 米以下的壤土或沙壤土。空气和水源地条件达到无公害生产地的要求。

2. 果园的规划

果园小区的划分，100 亩以内的果园，不需要划分果园小区，主要规划品种和行向、株行距等；100 亩以上的果园要划分果园小区，要求每个小区栽植 1～2 个品种，每个小区面积山地一般 15～60 亩，平地 30～90 亩。

果园道路的规划，道路应以建筑物为中心，便于全园的管理和运输。道路由干路、支路和小路组成。干路贯穿全园，并与公路、包装场等相接。干路路面宽 5 米，支路是果园小区之间的通路，路面宽 3 ~ 4 米，小路是田间作业用道，路面宽 2 米左右。小型果园只设支路。

包装场尽可能设在果园的中心位置，药池和配药场宜设在交通方便处或小区的中心。如山地果园，畜牧场应设在积肥、运肥方便的稍高处，包装场、贮藏库等应设在稍低处，而药物贮藏室则应设在安全的地方。

栽植行向和密度，栽植行向一般确定为南北向，栽植密度乔化树种一般采取每亩 33（4 米 × 5 米） ~ 55（3 米 × 4 米）株的中低密度栽植；矮化品种一般采取每亩 83（2 米 × 4 米） ~ 111（1.5 米 × 4 米）株的高密度栽植，目前矮化砧苹果采用高纺锤形树形密度一般采取 151（1.3 米 × 3.6 米）株，最高密度采取 246（1 米 × 3.3 米）株。

授粉树的配置比例一般为（4 ~ 5）:1，授粉树缺乏时，最少要保证（8 ~ 10）:1。主栽品种与授粉树的配置距离应根据昆虫的活动范围、授粉树花粉量的大小以及果树的栽植方式而定。距离主栽品种以 10 ~ 20 米为宜，花粉量少的要更近一些。

面积较大的园区应设办公室、宿舍、库房、看护房等，应根据果园规模的大小、布局、交通、水电供应等条件进行相应的规划与设计。园内建筑物规划，应以宁少勿多、不占沃土、方便实用为原则，以节省土地和造价，降低建园成本。一般每相邻 2 ~ 4 个小区建一座看护房，建筑面积 80 ~ 100 平方米，作为管护工人的休息地、工具及其他物品的储藏室。

果园授粉树的选择原则和排灌系统及防护林的规划参考果树苗圃的规划设计。

3. 定点与挖定植沟和定植穴

根据规划的株行距放线定点，山地可以梯田的边线为基准，采用基准线定位法，平地可以采用网格法进行定点。株距大于 2

米的挖定植沟或栽植穴，小于 2 米的挖定植沟，沟（穴）宽度（直径）0.8 米以上，深度 0.8 ~ 1 米。沟底（穴）填 30 厘米左右厚的作物秸秆，按每 100 千克秸秆、6 ~ 7 千克纯氮量的比例，配合施用速效氮肥。挖出的土可与足量充分腐熟有机肥混匀，回填沟（穴）中，待填至低于地面 10 厘米左右时灌水沉实，后用表土覆盖。

4. 品种的选择与苗木的准备

以苹果区域化和良种化为基础，结合当地自然条件，选择优良品种，实行适地适树。集约化栽植苹果园，选择花量大、花粉多、授粉效果好的专用授粉树进行授粉；规模小的果园可选适宜的栽培品种作为授粉树。

苗木应为优质一级苗，达到品种纯正，芽饱满，根系发达，侧根、须根多，嫁接口愈合牢固。苗高 1 米以上，嫁接口以上粗度 0.8 厘米以上，主根长 20 厘米以上，且有 3 条以上 15 厘米长的须根。枝条表皮光滑、成熟度好，整形袋内有 10 个以上饱满的芽，枝条新鲜、无失水皱皮、无机械损伤、无病虫害。

栽前应视苗木情况进行清水浸泡处理。要及时剪除病虫根系和嫁接口处的干橛，并用杀菌药剂及时涂抹处理。外运回来的苗木，要先用 3° ~ 5° 的石硫合剂或 1% 上的硫酸铜溶液进行淋洗，药水干后选择地势高燥、排水良好、背光庇荫处挖深 40 ~ 60 厘米深的定植沟，底部先填 5 厘米湿土，以后每放一层苗木填 5 厘米湿土，进行假植。栽时要按分级的大小进行成行定植。

5. 栽植技术

栽植时期，一般在 9 月下旬到第二年的 4 月均可栽植，萌芽前春栽效果较好。

栽植方式，平地和坡度 6° 以下的缓坡地为长方形栽植，6° ~ 25° 的坡地为等高栽植。

栽植技术，在定植沟（穴）内挖深、宽 40 厘米的栽植穴。将苗木放入穴中央，舒展根系，扶正苗木，纵横成行，边填土，边提苗、踏实。对于普通苗木的乔砧或自根砧苗木，栽植深度可与苗圃的深度一致；对于 M 系"中间砧"苗木在栽植上，宜采取"二重砧"的栽植方式，即生产中利用乔砧根系与矮化砧根系的两个根系，栽植深度埋到中间砧 1/3 处。

6. 定植后管理技术

树盘覆盖和设立支架，苗木栽植后，修好树盘，灌足水，水下渗后树盘内覆盖地膜。栽植矮化中间砧和矮化自根砧的果园，要及时设立支架，顺行间隔 10～15 米立一个 3.5 米高左右的水泥桩，分别在 0.6 米、1.2 米和 1.8 米处各拉一道铁丝，扶直中干；幼树期也可在每株旁栽竹竿做立柱，结果后再立水泥桩。

肥水管理要点，5 月起进行根外和根际追肥，5—7 月每月追施 1 次氮肥，每次每株 50～100 克尿素，采用多点穴施法；5—6 月每半月左右喷一次 0.3% 的尿素，7 月起每 10～15 天喷一次、共喷 2～3 次 0.3% 的磷酸二氢钾；9 月中下旬每株施 5～10 千克优质圈肥或有机肥，条状或环状沟施。施肥后应及时浇水，保持地面湿润。

整形修剪，多选用纺锤形树形，利用壮苗，采用高定干和刻芽技术相结合的方法培养丰产树形。选用小冠疏层形，定植后 80～100 厘米定干，对原分枝或当年抽生长梢选出第一层骨干枝；在夏季对竞争枝和不作骨干枝的长枝拿枝、摘心等；骨干枝 8 月拉开角度；冬剪时，中干距第一层三个骨干枝留 60～80 厘米短截，第三、四芽留在出第四骨干枝方位，中心延长头不够长的，可延迟一年依次选出第四、五骨干枝。

补栽和间作，建园时预留一部分苗木在假植园内，翌春进行补栽，保证品种一致、大小整齐。在留足树盘的前提下，行间可以生草或合理间作花生、豆科等矮秆作物。

（四）苹果土肥水管理技术

1. 土壤管理

成年果树果园的土壤管理，应采用清根法或树盘覆盖法，每年春季到雨季前结合施肥、灌水后，进行中耕松土。除草 1 ~ 2 次，以保持土壤松及无杂草的生长，雨季割草覆盖树盘 1 ~ 2 次，秋季果树落叶后进行秋耕，用铁锹深翻树盘到 15 ~ 20 厘米后增施有机肥。

2. 施肥管理

增施有机肥，秋施基肥比冬、春好，早秋比晚秋施好。基肥应提前到早、中熟品种采果后，晚熟品种果实采收前的 9—10 月施用，最迟在采完果后立即施入，效果较好。幼果树宜用环状沟或放射沟施肥，成年树用放射沟或条沟施肥。施在树冠投影的外缘和稍远处，依据树龄不同深度以 30 ~ 60 厘米为宜。小树宜浅，大树宜深。

合理追施氮肥，增施磷、钾肥，对果树生长、结果有明显促进作用。但氮肥施用不当对果实品质也有多方面的不良影响。一般果树氮肥要控制到树体氮素营养水平略低于或稍微限制产量时为宜。花期前后最好不施用铵态氮肥，以免引起果实吸钙不足，降低品质。

适当增施磷、钾肥增加果实颜色，提高果实含糖量，增进果实品质，还有增大果实的作用。单独施用钾肥有降低果实硬度和贮藏力的趋势，磷钾同时施用没有发现不良现象。因此各地应根据土壤条件有效磷、钾肥与氮肥的比例一般宜达到 1：1：1。每年结合施基肥和追肥灌水 2 ~ 3 次，并结合喷药进行根外追施。

3. 水分管理

适宜的水分供应是提高果品品质的基本条件，水分不足时，不但果实小，而且果肉变粗发硬，品质显著下降。水分过多，糖份降低，酸量增高。而当旱涝不均时，常会造成裂果、日灼、水心病等生理病害。从果实开始着色到果实采摘前要适当控制水分、有涝要排，否则品质下降。夏季高温时期适当喷水降温也有助于品质的提高。

（五）苹果整形修剪技术

苹果树一般采用自由纺锤形、疏散分层形、小冠疏层形等树形为主。下面以自由纺锤形为例介绍苹果整形修剪技术。

1. 定植后第 1 年的修剪

定干，在饱满芽均匀高度处，约 100 厘米高度处剪截定干。夏季修剪一般在 5 月中下旬始，当侧生新梢长到 20 厘米左右时，对其实施摘心，对竞争枝也可在 10 厘米时摘心，以保持中心梢生长的绝对优势。

2. 定植后第 2 年的修剪

冬季修剪，首先选择直立向上生长较旺的枝条作为中央领导枝，在饱满芽处剪留 100 厘米左右。对于其余的一年生枝位于主枝位置的可根据情况实行重短截或在基部保留 2～3 个瘪芽短截或抬剪疏剪（剪成马蹄形）；位置不适从基部彻底疏除。

春季修剪于 3 月下旬或 4 月初，从中央领导枝剪口下第 7 芽开始，每隔 6 个芽刻 1 个芽，直至主干高度处，以备发生骨干枝。

夏季修剪主要对竞争枝及早摘心，除需选留骨干枝以外的枝条，密者疏除，余者适时摘心。

秋季修剪在 8～9 月，将竞争枝及密而无用的枝条疏除。除中央领导枝，其余的枝条全部进行拉枝开角至 80°左右。

3. 定植后第 3 年的修剪

冬季修剪对中央领导枝的选留及剪截同上一年，其余骨干枝及主枝间辅养枝一律缓放不剪（个别弱主枝可于饱满芽处剪截）。

春季修剪主要是刻芽。刻芽的标准是：中央领导枝同上一年，缓放的骨干枝及其余枝条隔三差五刻两侧及背后的芽，秕芽处要刻稍重一点，稍部 25 厘米左右，基部 20 厘米左右可不刻。

夏季修剪主要进行疏除冠内密而无用的及外围多头新梢；竞争枝及主枝背上的旺梢实行摘心或短截；在 5 月下旬对春季刻芽的缓放枝视树势强弱，在基部 10 厘米处进行环剥或环切，不环剥主干。

秋季修剪基本同上一年，如主枝背上发生直立强旺新梢少疏除。

4. 初果期苹果树的修剪

初果期的树是指 5～6 年生以前的树，此期树修剪的主要任务是：在前期整形的基础上，圆满完成各骨干枝的选留，注意缓和树势；增加中庸健壮的中短枝比例，协调生长与结果的关系；大力培养结果枝组，在保证果品质量的前提下，迅速增加产量，使果树及时进入盛果期。

冬季修剪主要对中央领导枝的修剪，如前期主枝数量选留不够时，可视具体情况继续剪截，当主枝数量已选够时可缓放不剪，缓放后实行夏环切、秋拉平。各主枝及辅养枝的修剪：延长枝仍行缓放；外围多头枝及背上强旺枝条可疏除。结果枝组的培养采用连放法和放缩法培养而成，连放法是指连年缓放，放缩法是指缓放几年以后当树势见弱或空间较小时在适当部位回缩。

春季修剪主要是按标准刻好各类枝的芽，枝条长度在 30 厘米以内的不需刻芽。当树体花量较大时可于花芽萌动后，疏除弱花芽或破除部分中长果枝花芽，尤其是骨干枝外围花芽。对部分花量较小的强壮枝，于花芽露红期进行环切，以利提高坐果率。

夏季修剪主要对主枝背上旺梢实行摘心或剪截。疏除密挤新梢及外围多头新梢。对部分结果少、长势强旺的枝适当进行环切。

秋季修剪继续开张好各类枝的角度。疏除徒长枝及背上强旺枝和密生枝。

5. 盛果期苹果树的修剪

盛果期树是指 7～8 年生以后的树，此期树冠扩展缓慢并逐渐停止，营养生长与生殖生长已趋平衡，并渐以生殖生长为主。随着枝量增加及大量结果，新梢生长减弱，冠内光照条件逐年恶化，膛内枝组生长逐年衰弱，结果部位逐渐外移。此期苹果树修剪主要以调整骨架结构，解决群体光照，控制枝量，提高结果枝组质量，保持树体健壮，实现果树的优质稳产为重点。

保持良好的树体结构，良好的树体结构是指树冠圆满，各类枝生长协调，比例适当。中央领导枝、主枝及枝组基部着生位置粗度比例以 9：3：1 为宜。

保持良好的光照条件，主枝角度保持在 80°左右。及时落头开心，疏除主干上部强旺大枝或过密枝条，打开光路，解决上部光照；疏除树冠外围的强旺枝或背上直立强旺枝组，回缩两侧交叉枝，抑制结果部位外移，解决侧面光照；再疏除轮生、平行、重叠的大枝组或骨干枝上的徒长枝，解决局部光照，剪锯口及时涂抹剪口愈合剂，使剪口尽快愈合，防止病菌侵染。冬季修剪时应把亩枝量调整至 8 万条左右，生长期亩枝量控制在 12 万条左右。

保持结果枝组健壮，自由纺锤形树体上的结果枝组应以中小型结果枝组为主，尤其是树冠上部主枝和基部主枝外围更应如此。即便是基部主枝的中后部的结果枝组也不应过大。随着树龄的增长、树势的缓和，结果枝组也处于稳定并渐趋于衰弱。此时主要是及时疏除部分空间较小生长衰弱的小枝组；疏除枝组上的部分弱分枝；回缩枝龄已老、结果性能下降、延伸过长、空间较小的长弱枝组。

保持健壮的树势，在加强土肥水管理和病虫害防治的基础上，及时疏除密生细弱枝及无用的徒长枝；回缩细长较弱的枝组及部分生长衰弱的骨干枝；保持树体合理负载，修剪后亩花枝量以 12 000～15 000 个，亩产量 2 500～3 000 千克为宜。健壮的树势标准是外围新梢长度 30 厘米左右且春秋梢间隙明显，冠内枝条粗壮，一类短枝数量占 45%左右，花枝率在 30%左右。

（六）苹果花果管理技术

1. 保花保果措施

防冻害和病虫保花，早春灌水、树干涂白、花期熏烟和树盘覆盖等措施防止晚霜对花器的伤害，同时注意加强金龟子和各种真菌病害的防治，保花保果。

加强授粉，首先保证足够的授粉树配置，授粉树配置比例不低于15%，以20%～25%为宜。每4～6亩果园放一箱蜜蜂或每亩果园放60～150头壁蜂，能显著提高授粉率。人工采集花粉，在开花后1个小时，掺100倍滑石粉用喷粉器在清晨露水未干前站在上风头喷粉，盛花期喷粉2次效果较好。

花期喷肥和生长调节剂，盛花期喷洒0.4%的尿素混合0.3%的硼砂混合液，也可以在初花期和盛花期各喷洒1次0.1%的尿素＋0.3%的硼砂＋0.4%的蔗糖＋4%农抗120混合稀释800倍液，能显著提高坐果率。初花期和盛花期各喷1次20毫升的益果灵（0.1%的噻苯隆可溶性液剂）加15千克水配置成的溶液，可显著提高坐果率、优果率和单果重。

2. 疏花疏果措施

花前复剪，在花芽萌动后到开花前对结果期的苹果树进行修剪。修剪内容主要是对外密处的枝（枝组）适当疏除过强或过弱的，使其多而不密，壮而不旺，合理负载，通风透光；冬剪时被误认是花芽而留下来的果枝和辅养枝，应进行短截或回缩，留作预备枝；冬剪漏剪的辅养枝，无花的可视其周围空间酌情从基部疏除，改善光照条件；冬剪时留得过长的枝，以梢弱顶端优势，控制旺长，或从基部变向扭别，缓和生长势，促生花芽；幼树自封顶枝，可破顶芽以促发短枝，培养枝组，促发中短枝；果台枝是花的，可留壮，无花的可回缩破台，过旺的可从基部隐芽处短截，空间大的可截一放一；连续多年结果的枝，可回缩到中后部短枝或壮芽处，更新复壮；生长势弱的短果枝群疏弱芽，留壮芽更新复壮；破除全部大年结果树中长果枝顶花芽达到以花换花、平衡结果目的；对弱枝、弱花全疏，只保留健壮短果枝或少量中果枝顶花芽，对串花枝、腋花芽一律只保留3～4个花芽缩剪；小年结果树多中截中长枝，以枝换枝，控制次年花量，目的是次年不出现大年现象。

疏花的时期以花序分离到初花期均可进行，有开花前摘花蕾和开花后摘花两个时期。疏花的方法有摘边花和去花序两种，前者仅去除边花留中心花，后者是留发育好的花序，去除发育不良和位置不当的花序。在花期气候不稳定时采取疏花序的办法，以后再疏果。疏果最好在落花后一周开始，最迟要在落花后 25 ~ 30 天内，即 5 月中旬以前疏完为宜。疏花疏果的关键是抓"早"。在条件许可的情况下，要做到宁早勿晚，越早越好。

按叶果比留果，矮砧、短枝型苹果，叶片同化能力强，叶果比为 (25 ~ 30)：1；一般乔化砧普通型苹果大型果，如元帅系叶果比为 (35 ~ 40)：1。

按顶芽数留果，元帅系品种四个顶芽留一个果；小果型的国光、红玉等到品种，三个顶芽数量一个果；富士、乔纳金，疏果强度同元帅系品种。

按果实间距留果，大型果，弱树，留果距离要大，反之则小。一般元帅系，富士等大型果留果距离 20 ~ 25 厘米。疏果时，要注意疏除那些个小、畸形及病虫果，留下个大萼片闭合（或直立）的果。树冠内及下部要少疏多留，上部和外围多疏少留。

化学疏花疏果，金冠、红玉、鸡冠、赤阳等用西维因 1 000 ~ 2 000 毫克/千克、萘乙酸 10 ~ 20 毫克/千克、乙烯利 150 ~ 200 毫克/千克加萘乙酸 7 ~ 10 毫克/千克、敌百虫（90%）1 000 倍，均在盛花后两周喷。国光用西维因 2 000 毫克/千克盛花后 10 天喷药，乙烯利 300 毫克/千克加萘乙酸 20 毫克/千克盛花后 10 天喷药，敌百虫（90%）800 倍加萘乙酸 15 ~ 20 毫克/千克盛花后 10 天喷药以及 1°石硫合剂在盛花后两天疏花，均有良好的效果。元帅系（普通型品种）一般自然坐果率不高，大小年不明显。但在部分果园坐果率也高，大小年明显，可选用西维因 1 500 ~ 2 000 毫克/千克在盛花后 14 天疏果较好。

3. 果实套袋

在盛花后 1 个月内，结合疏果，全部完成果实的套袋。到果实采前 1 个月，去掉果实袋，促使果面上色。经套袋的果实，果面光洁，上色均匀。

4. 提高果实着色的措施

进入果实着色期后，对冠内徒长枝、长枝及细弱枝进行疏缩修剪，打通内膛光路。对生长旺盛的果台枝重剪，防止果台枝叶遮光。

于采前 1 个月左右，在果树行间或冠下铺设反光膜，增加膛内光照，促使果实均匀上色。

于采前 1 个月左右，将果台上的叶片及果台副梢基部的叶片全部摘除，同时扭转果实 30°～60°。半个月后，再进行 1 次转果，促使果实前后上色。

富士苹果果实生育期为 175～190 天，在不遭受霜冻的前提，尽量延迟采收时期，促使果实充分上色。

（七）苹果主要病虫害防治技术

为害苹果枝、干、根的病害有：苹果树腐烂病、苹果树干腐病、立枯病、根癌病等；为害苹果树叶片的病害有：苹果褐斑病、灰斑病、轮斑病、黑星病、白粉病等；为害苹果树花和果实的病害主要有：苹果花腐病、煤污病、锈果病、蜜果病等；经常发生的缺素症有：黄叶病、小叶病、缩果病、苦痘病等。

1. 苹果腐烂病

（1）为害症状。苹果腐烂病有两种类型，溃疡型在主干大枝上，常形成水渍状、溃疡型大病斑，呈红褐色，发出酒糟味，病部深达木质部，手压下陷，组织糟烂，病皮易剥离，病部长出许多黑色小粒点，雨后从孔口溢出许多橘黄色、卷发状分生孢子角；枝条干枯型主要发生春夏季节，在 2～4 年生枝的剪锯口、干桩、果台枝等处，常表现出红褐色、不规则的病斑，迅速扩展蔓延环缢枝条，引起病枝干枯型死亡（图 3－1）。

图 3 – 1　苹果腐烂病症状

（2）防治技术措施。加强肥水管理；坚持每年秋末施基肥，亩施优质有机肥 5 000 千克以上。追肥应增施磷钾肥，尤其后期一定要控制氮肥。合理调控水分，做到旱浇涝排，防止干旱和积水，并注意避免冻害。合理负载，通过花前复剪和疏花疏果等措施，避免结果过量，亩产量应控制在 2 500 千克以内，注意克服大小年。科学修剪，幼树宜采用纺锤形或基部三主枝改良纺锤形，大树应是大枝少、小枝多，上稀下密，外稀里实，使树冠保持良好的通风透光条件。清洁果园，减少越冬菌源结合冬剪，清除病枯枝，将其收集焚毁。临近发芽时全园普喷 5 度石硫合剂或 100 倍索利巴尔，封杀越冬菌。随时发现病斑随时涂药，可选用 9281、腐必清、843 康复剂、菌毒清等药剂进行涂抹。

2. 苹果轮纹病

（1）为害症状。枝干发病，以皮孔为中心形成暗褐色、水渍状或小溃疡斑，稍隆起呈疣状，圆形。后失水凹陷，边缘开裂翘起，扁圆形，直径达 1 厘米左右，青灰色。多个病斑密集，形成主干大枝树皮粗糙，故称"粗皮病"。果实受害初以果点为中心出现浅褐色的圆形斑，后变褐扩大，呈深浅相间的同心轮纹状病斑，其外缘有明显的淡色水渍圈，界线不清晰。病斑扩展引起果实腐烂。烂果有酸腐气味，有时渗出褐色黏液（图 3 - 2）。

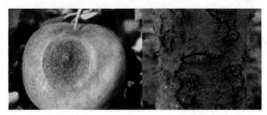

1　病果　　　　　2　病干

图 3 - 2　苹果轮纹病为害症状

（2）防治技术措施。增施肥水、合理负载、严禁主干环剥以增强树势，提高抗病力。清洁果园，随时清除烂果，并将其深埋或携出果园以防传染。实行果实全套袋栽培，全套纸袋或树冠外围套纸袋、内腔套塑膜袋。套袋前先喷 1 次内吸性杀菌剂 + 杀虫剂。发芽前喷 5°石硫合剂或 100 倍索利巴尔，开花前喷 800 倍代森锰锌，落花后喷 800 倍甲基托布津，此后每隔 10 天左右交替喷布 800 倍代森锰锌或喷 800 倍多菌灵或苯菌灵或甲基托布津，1 000 倍多霉清，600 倍百菌清，1 000 倍扑海因，200 倍倍量式波尔多液等药剂。一般雨前喷保护剂雨后喷内吸剂。

3. 苹果斑点落叶病

（1）为害症状。叶片染病初期出现褐色圆点，后扩大为红褐色，边缘紫褐色，病部中央常具一深色小点或同心轮纹。天气潮湿时，病部正反面均可长出墨绿色至黑色霉状物。果实染病，在幼果果面上产生黑色发亮的小斑点或锈斑（图3-3）。

1　病果　　　　　2　病叶

图3-3　苹果斑点落叶病症状

（2）防治技术措施。加强栽培管理，增强树体抗病力，合理修剪，使树冠通风透光；秋末或早春清扫落叶，收集焚毁，消灭越冬寄主；发芽前喷5度石硫合剂或100倍索利巴尔，落花后开始，每隔10~15天交替喷布下列药剂：800倍代森锰锌或喷克，1 000倍扑海因，600倍百菌清，600倍福星，200倍倍量式波尔多液。

4. 苹果白粉病

（1）为害症状。主要为害花芽、新梢、叶片、花器和幼果。被害部位表面覆盖一层灰白色粉状物，春季发芽晚，芽干瘪尖瘦，节间短，病叶狭长，质硬而脆，叶缘上卷，直立不伸展，新梢满覆白粉；生长期健叶被害则凹凸不平，叶绿素浓淡不匀，病叶皱缩扭曲，甚至枯死（图3-4）；花芽被害则花变形、花瓣狭长、萎缩；幼果被害，果顶产生白粉斑，后形成锈斑。

（2）防治技术措施。加强栽培管理，增强树势；清除菌源，冬春将枯枝落叶清出果园，焚毁或深埋；开花前、落花后及花后半月，连续喷药3次，以后适当喷洒800倍甲基托布津或多菌灵，1 000倍三唑酮等药剂。发病后间隔一周左右连喷2~3次即可控制病情。

图 3 - 4　苹果白粉病为害症状

5. 苹果炭疽病

（1）为害症状。果实发病时，果面上出现针头大的淡褐圆形小斑，边缘清晰，逐渐扩大，果实褐色软腐，带苦味，成圆锥状深入果肉。病斑下陷，表面有深浅相间的同心轮纹状（图 3 - 5）。

炭疽病与轮纹病的区别，轮纹病的烂果部位不凹陷，且同心轮纹状是由病组织扩展后颜色不同所形成，而苹果炭疽病的烂果部位一般凹陷，且同心轮纹状多由病组织产生的子实体所形成；轮纹病病组织有酒糟味，味道不苦，而苹果炭疽病病组织味道很苦。

（2）防治技术措施。选择抗病品种；及早摘除烂果，通过修剪剪除病枝，减少病原防止扩散；合理肥水，适当降低果园湿度，合理密植，及时整形修剪改善通风透光条件；实行果实套袋；从幼果期开始喷药保护，5% 退菌特可湿性粉剂 1 000 倍液、20% 苯醚甲环唑 5 000 倍液、50% 的多菌灵可湿性粉剂和 50% 甲基托布津可湿性粉剂 500 倍液，每半月左右喷洒一次，连喷 3 ~ 4 次。

图 3 – 5 苹果炭疽病病果症状

6. 蚜虫

(1) 为害症状。成虫、若虫吸食为害寄生 2~3 年枝条伤口、新梢、叶腋、果洼和外露根系，受害皮层肿胀成瘤，易感染其他病害（图 3 –6）。

(2) 防治技术措施。利用瓢虫、草蛉等天敌捕食蚜虫；吡虫啉是防治蚜虫的首选特效药剂，于蚜虫发生期喷布 2 500 倍液。

7. 山楂红蜘蛛

(1) 为害症状。成、若、幼螨刺吸芽、果的汁液，叶受害初呈现很多失绿小斑点，渐扩大连片。严重时全叶苍白枯焦早落（图 3 –7），常造成二次发芽开花，削弱树势，不仅当年果实不能成熟，还影响花芽形成和下年的产量。

(2) 防治技术措施。8 月下旬于主干上绑圈草把，诱集越冬螨，翌年早春将草把解下焚毁，集中消灭越冬螨。春季萌芽前，将主干、主枝基部的粗翘皮及多皱处刮除并集中焚毁，可消灭大量越冬螨，降低出蛰数量。利用瓢虫、草青蛉、捕食螨、小花蝽

图 3 - 6 蚜虫为害幼枝症状

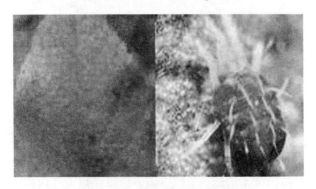

图 3 - 7 山楂红蜘蛛为害症状

等捕食之。发芽前喷 5°石硫合剂或 100 倍索利巴尔液，开花前喷
1 000 倍马拉硫磷液 + 1 500 倍尼索朗液，落花后喷 3 000 倍红尔
螨 + 1 500 倍螨死净液，此后交替使用 2 000 倍哒螨灵液、3 000 倍
红尔螨液、3 000 倍齐螨素液 + 1 500 倍螨死净液。

8. 金纹细蛾

（1）为害症状。幼虫潜于叶内取食叶肉，被害叶片上形成椭圆形的虫斑，表皮皱缩，呈筛网状，叶面拱起（图3-8）。虫斑内有黑色虫粪，虫斑常发生在叶片边缘，严重时布满整个叶片，可达15~20个之多，使叶片功能丧失，引起提早落叶。

图3-8　金纹细蛾为害叶片症状

（2）防治技术措施。清洁果园，该虫在被害叶内越冬，落叶后至早春，彻底清扫落叶，集中焚毁或沤肥，可大量消灭虫源，减轻为害。于各代成虫盛发期及各代幼虫脱叶期，及时喷布1 000倍灭幼脲液。

9. 苹果卷叶蛾

（1）为害症状。幼虫为害果树的芽、叶、花和果实，小幼虫常将嫩叶边缘卷曲，以后吐丝缀合嫩叶（图3-9）；大幼虫常将2~3张叶片平贴，或将叶片食成孔洞或缺刻，将果实啃成许多不规则的小坑洼。

（2）防治技术措施，清洁果园，早春发芽前刮除老翘皮及剪锯口四周的粗皮，集中焚毁，可消灭越冬的小卷叶蛾、褐卷叶蛾；结合冬剪剪除顶梢卷叶蛾为害的枝梢顶端，集中焚毁，是减少顶梢卷叶蛾虫源的重要措施；释放赤眼蜂，发生期隔株或隔行放蜂，每代放蜂3~4次，间隔5天，每亩放有效蜂1 000~2 000头；药剂防治在第一代卵孵化高峰期喷洒1.8%的阿维菌素乳油2 000倍液，越冬幼虫出蛰盛期喷洒48%毒死稗乳油1 500倍液。

图3-9 苹果卷叶蛾为害症状

二、梨树生产与病虫害防治技术

我国是梨的原产地之一，栽培历史悠久，是我国近几年发展比较快的果树种类之一，目前产量仅次于苹果、柑橘，是我国的四大果树之一。2013 年我国梨树产量 1 730.1 万吨，居世界第一位。以河北、辽宁、山东、河南、安徽几个省为主产省。

（一）梨树主栽品种

当前我国栽培的梨树栽培种主要是白梨、沙梨、秋子梨、西洋梨等。主要栽培优良品种：早熟品种有西子绿、绿宝石、新梨 7 号、早金酥、华梨 2 号、利布林、六月雪、鄂梨 2 号、翠玉、桂冠、青花梨等；中熟品种主要有晚秀、圆黄、黄冠梨、圆黄梨、秋荣、圆黄、幸水和山农脆雪青；晚熟品种有新苹梨、云红梨 1 号、中华玉梨、金珠果梨、日光梨、蜜露、玉酥梨、黄花金水 1 号、玉绿、华梨 1 号、湘南、黄金梨等。

（二）梨树育苗技术

苹果树育苗一般采用嫁接育苗，一般采用"T"形芽接，较粗的根蘖苗，可采用腹接或切接。

1. 砧木的选择

杜梨又名棠梨、灰梨，生长旺盛、根深、适应性强、抗旱、耐涝、耐盐碱、为我国北方梨区的主要砧木。褐梨又名棠杜梨，根系强大，嫁接后树势生长旺盛，产量高，但结果晚，华北、东北山区应用较多。豆梨又名山棠梨、明杜梨，根系较深，抗腐烂病能力强，抗寒能力不及杜梨，能抗旱，抗涝，与沙梨及西洋梨亲合力强。秋子梨又名山梨，耐寒性强，对腐烂病，黑星病抵抗能力强，丰产，寿命长，我国东北、黑龙江及华北寒冷干燥的地区，常用作梨的砧木。砂梨抗涝能力强，根系发达，生长旺盛、抗寒、抗旱能力差，对腐烂病有一定的抵抗能力，是我国南方暖湿多雨地区的常用砧木。

2. 砧木的繁育

梨树砧木一般采用实生苗繁殖。9 月下旬至 10 月上旬采集种子，经沙藏 60 ~ 70 天处理后，待播种。翌年 3 月下旬至 4 月上旬播种。

3. 接穗的选择

接穗应选择品种纯正、无病虫的 7～8 年生梨树，树冠中、下部腋芽饱满的健壮枝。

4. 嫁接技术

嫁接梨树采用 "T" 形芽接，较粗的分蘖苗，可采用腹接或切接。秋接一般在小暑至大暑节气较好。如过早接，砧苗粗度小，根系不发达，成苗慢，达不到当年出圃要求；过迟接，虽然砧苗粗度大，接后成苗快，但生长期缩短，同样难以达到出圃要求。嫁接时剪砧留叶，砧高 8～10 厘米，以利嫁接成活和快长。采用单芽切接法，选择枝条中部露白饱满芽 2.5～3 厘米长作接穗芽，是秋接育苗成功的关键。剪接穗芽削面长 1.2～1.5 厘米，背面斜削 45°切面，芽上部留 0.5～0.7 厘米。然后再选砧木皮厚、光滑、纹顺的地方，在皮层内略带木质部处垂直切下 1.8～2.0 厘米的切口，将接穗插入切口中，对准一边形成层，用塑料薄膜绑扎紧即可。

5. 嫁接后的管理

水分管理，接后要保持苗畦土壤湿润，一般 7～10 天灌水一次，傍晚灌水，早晨排干。

施肥锄草，一般接后 15～20 天施肥，亩施尿素 30～35 千克，选择小雨天或雨后施或灌水后施，以免烧苗。应勤中耕锄草，每次灌水后或雨后及时中耕，防止杂草与苗木争夺养分。

病虫防治，重点防治黑星病、黑斑病、梨蚜虫等病虫。一般每 15 天防治一次，并加 0.2% 磷酸二氢钾、0.3% 尿素和 0.2% 硫酸钾结合进行根外追肥。

（三）梨树建园技术

1. 园地选择

建园时，应综合考虑当地的气候、土壤、灌溉、交通、地势和地形等条件。梨树建园适宜栽培区的气候条件为年均气温 7～

14℃，最冷月平均气温不低于 - 10℃，极端最低温度不低于 - 20℃，有效积温为 4 200，年日照时数平均 2 490 小时，年降水量 800 ~ 1 000 毫米，无霜期 190 天以上。在山区和丘陵地区，要选择背风向阳、坡度低于 15°，一般 5° ~ 10° 比较适宜，土层最少达到 50 厘米，土壤疏松、肥沃，地下水位低于 1.8 米的排水良好的砂壤土最适宜梨树生长。

2. 果园规划参考苹果果树园的规划

授粉树的配置，一般一个果园配置 2 个品种的授粉树，以防止个别品种出现大小年，花粉量不足。授粉树的数量一般达到 1/5 ~ 1/4，授粉树配置到栽培行内每隔 4 ~ 5 株配置一株，或每隔 4 ~ 5 行配置 1 行授粉树。

定植密度一般根据品种类型、立地条件、整形方式和管理水平来定，白梨系的密度稍小一些，株距 4 ~ 5 米，行距 5 ~ 6 米，每亩栽植 23 ~ 46 株；日本梨系的密度稍高一些，株距 2 ~ 3 米，行距 3 ~ 4 米，每亩栽植 83 ~ 111 株。采用长方形栽植最好，即宽行密株，行距与株距相差 2 米左右，这种栽植形式，行距大于株距，通风透光良好，受光面大，果实质量好，便于管理，适于机械作业。

3. 品种的选择与苗木准备

生产上根据当地的气候、土壤条件选择适合本地的优良品种，主要考虑抗病、优质、丰产、耐贮运，适应性强、商品性状好的品种。

准备健壮的苗木，要求品种纯正，健壮无病、苗高 1.4 米以上，根颈部粗度在 0.8 厘米以上，根系发达，有 4 个以上粗 0.5 厘米侧根的 1 年生嫁接苗，接口上 20 ~ 45 厘米的整形带内有 5 个饱满芽，芽眼充实饱满。

栽植前先将苗木按大小、高低、粗细、根系好坏进行分级，然后按苗木类别依次栽植，便于管理。外地调购的苗木或失水较多的苗木应先把烂根、伤根剪掉，放水中浸泡一夜。待苗木充分吸水后，蘸上泥浆再栽。

4. 挖定植沟

为了给梨树根系生长创造一个良好的环境，栽植前要结合平整土地，按行距的宽窄进行挖沟，沟深宽度一般为 0.8 ~ 1 米。挖时将表土放一边，心土放另一边。挖沟以夏秋为好，冬季次之。挖沟的时间越早，土壤熟化的时间就越长，效果就越好。回填时，沟底先填 40 厘米厚的秸秆、树叶、杂草等物，再将表土与有机肥、磷肥、油渣等迟效肥混匀后填入 50 厘米。每亩用土粪 5 000 千克左右，表土不够时可取周围的表土填入。最后将生土填入 10 ~ 15 厘米并灌水下沉，促使土壤熟化。

5. 栽植时期

分秋栽、早秋栽和春栽，在苗木落叶后至土壤上冻前这段时间期栽植为秋栽。此期土温较高，湿度较大，断根很容易愈合，新生根发育早，缩短了缓苗期，第二年春天发芽早，生长旺盛。早秋栽，在秋季多雨地区，早秋栽植效果最好，9 月中旬至 10 月上旬抢墒栽植，成活率高，缓苗轻，生长旺。自育自栽的梨园在早秋墒情好时选阴天或雨前，带土带叶栽植，效果更好。春栽即在土壤解冻后，树苗未发芽前栽植为春栽，这时期栽植也宜早栽，否则，缓苗期较长，发芽迟，生长弱。若灌水不足，有可能影响成活。

6. 栽植技术

在填好肥料和土的沟或坑内再挖坑栽植，坑的大小较苗木的根系略大。栽时将苗木扶正，纵横对准，填入表土，并轻提苗干，使根系均匀分布在坑内，然后填土踏实，使根系和土密接。填土时苗干接口要高出地面 5 ~ 10 厘米，以防灌水后下陷。

栽植深度一般以乔砧苗木接口与地面相平为宜，梨树矮化中间砧接口应高出地面 5 ~ 10 厘米。以防因灌水后土壤下沉，使矮化中间砧埋入土中接穗生根，影响矮化效果。

7. 栽后管理

预备苗的栽植，栽植时还应在行间加密栽植 10% 左右同品种、同质量的预备苗，如有未成活的或损坏的植株可于秋季补栽，以保保证园貌整齐。

栽后灌水，苗木栽植后要立即灌透水，待表土适墒时，扶直苗木，培土保墒，若遇到干旱，过 20 天再浇一次水，促苗早发，提高成活率。

定干，栽植后按 60 ~ 70 厘米定干。亩栽 150 株以上的可以不定干，将苗木从 50 厘米处顺行斜 45 度弯倒拉成 70° ~ 80° 角，以利促生短枝形成花芽。

覆膜，灌水后及时覆膜，一般从 3 月中旬开始。以树干为中心，两边用湿土压严。覆膜可有效地提高地温，保持土壤水分，促进根系早期活动，提高成活率，增加当年生长量，为早结果、早丰产打下良好的基础，对于不覆膜的梨园浇水后或雨后要及时松土保墒，除去杂草，以保证苗木旺盛生长。

除萌，苗木成活后，对从砧木上或接近地面处主干上萌发的芽或枝及时抹除，以减少营养消耗。

（四）梨树土肥水管理技术

1. 土壤管理

土壤深翻熟化是梨树增产技术中的基本措施，在秋季果实采收后到初冬落叶前进行。其方法有扩穴、全园深翻、隔行或间株深翻。深翻深度一般以 30 ~ 40 厘米为宜。

2. 施肥管理

施足基肥，在每年的秋季和早春及时开深 20 ~ 30 厘米的放射状沟进行施肥，亩施优质粪肥 5 000 千克、复合肥 100 千克。

在梨树生长发育关键时期要根据需肥特性，及时追肥。每年在萌芽至开花前，为促进枝叶生长及花器发育，初结果树株施尿素 0.5 千克，盛果期树株施 1 ~ 1.5 千克，但树势旺时可不追肥。第 2 次于花后至新梢停长前追肥，促进新梢生长和叶片增大，提高坐果率及促进幼果发育。初结果树株施磷酸二铵0.5千克，盛果期树株施1千克。第3次于果实迅速膨大期追肥，株施1~1.5千克的三元复合肥或1.5~2千克的果树专用肥。

3. 水分管理

梨树是需水量比较大的果树，在生长的关键时期如没有降雨，要及时灌溉。萌芽期至5月下旬，萌芽开花和新梢速长，80%的叶面积要在此期形成；亮叶期至胚形成期（5—7月中旬），此时是光合作用最强的时期（幼树和旺树应当适当控水）；果实膨大期至采收（7月中旬至9月中旬），以促使果实膨大和花芽分化；采果后至落叶期（即9月中旬至11月），促进树体营养物质积累，提高花芽质量和增强越冬能力。即做好花前水、花后水、催果水和秋水的灌溉工作。

（五）梨树整形修剪技术

1. 梨树主要树形及培养

由于各地气候、土壤及种植者的习惯不同，采用不同的整形方法，主要有、小冠疏层形、"Y"字形和自由纺锤形等。如新世纪可以选择小冠疏层形，六月雪可以选择"Y"字形，西子绿、脆绿低密度可以采用小冠疏层形，高密度可以采用"Y"字形。具体配法参考果树的主要树形及培养。

2. 不同时期的修剪

（1）幼树期。中心任务是整形，按照树形要求培养骨架，扩大树冠，对骨干枝延长枝进行短截，不考虑结果，重在培养树形，对主侧枝和中心干延长枝均进行轻短截，促生分枝，保持生长量和生长势，骨干枝以外的枝条，部位不适宜和扰乱树形的要疏除，竞争枝减势处理外，其余保留做辅养枝和结果枝进行培养。

（2）初果期。中心任务是继续整形，调整树体结构和长势；多留辅养枝，利用辅养枝结果；大力培养结果枝组。对于树体内部的密集交叉枝和背上直立枝疏除，对于主侧枝延伸角度和方位不当的，要及时进行换头，中心干过强，要利用换头的方法控制上强，充分利用辅养枝进行结果，结果后有空间的疏除旺枝，做长久性结果枝，过长的结果辅养枝要及时回缩更新复壮，密集的辅养枝进行间疏。培养结果枝组以多轴紧凑型枝组为主，也可培养单轴长辫型枝组和短果枝群。方法主要有中长发育枝连续缓放短截法。

（3）盛果期。中心任务是调整树体长势、维持树冠、维持连续结果能力。背上大枝斜生的有空间的通过短截回缩方法培养成结果枝组，没有空间的疏除，连续结果果实后的辅养枝和结果枝组，没有空间的全部疏除，结果枝组扩大造成的重叠交叉枝采取缩放结合的方法进行处理。早酥梨、黄金梨、中梨 1 号培养短果枝群较多一些，新世纪、脆绿、西子绿培养复合型大型枝组多一些，盛果期重点是对结果枝组采取去前养后、回缩、去除部分花芽等方法进行更新复壮。

（4）衰老期。中心任务是维持树势、更新复壮。主要是对骨干枝回缩，抬高角度增强生长势，多培养利用背上结果枝组，利用隐芽萌发的徒长枝培养结果枝组。

（六）梨树花果管理技术

1. 加强授粉

人工授粉，温度在 20～25℃，选择天气晴朗无风的条件下采集无病害、品质优的花粉，采后放置在阴凉干燥处保存，在开花后 3 天内完成。果园放蜂技术参考苹果园放蜂技术。

2. 疏花疏果

花序伸出到初花期进行疏花，晚霜为害严重地区可以不疏花，疏花量因品种、树势、水肥条件、授粉情况而定，旺树旺枝多留少疏，弱树弱枝多疏少留，先疏密集花和发育不良的花。落花后 2 周进行疏果，一般 1 个花序留 1～2 个果。第 1 次疏果主要摘除小果、病虫果、畸形果等。第 2 次疏果是在第 1 次疏果后的 10～20 天内进行。

3. 果实套袋，提高果品质量

疏果后进行套袋，套袋前喷 1 次杀菌剂和杀虫剂，可选用 70% 大生可湿性粉剂 800 倍液或 1∶2∶240 的波尔多液，喷药后套袋前如遇雨水或露水，需重喷杀菌剂，套袋应在药液干后进行；采用双层内黑专用果袋套袋效果最好。

果袋的选择因品种而异，果实较大的品种如"翠冠"和"清香"等，可选用规格为 16 厘米×21 厘米的果袋，果实较小的品种（250 克以下）如"幸水"等，可选用规格为 15 厘米×19 厘米的果袋。

一般选择果形好、果梗长、萼端紧闭的下垂边果进行套袋。套袋前一天，可将整捆果袋的袋口部分放在水中浸湿，以利于套袋操作和扎严袋口。套袋时取一只果袋，捻开袋口，一手托袋底，另一手撕去袋切口的纸片，并伸进袋内撑开果袋，再捏一下袋底的两角，使两个底角的通气孔张开，并使整只果袋鼓起呈球状。然后，一手执果柄，一手执果袋，从下往上把幼果套入果袋内，果柄置于袋中间的切口处，使果实位于袋体的中间。最后，将袋口折叠 2~3 折收拢，将有铁丝的那一折放在最外边，把铁丝横拉并折叠，固定在结果枝或骨干枝上。套袋顺序要掌握先上后下，先内后外的选择。

（七）主要病虫害防治技术

梨树常见的病虫害有梨树黑星病、梨树锈病、梨树轮纹病、梨树黑斑病、梨木虱、梨小食心虫、康氏粉蚧等。

1. 梨树黑星病

（1）为害症状。可以为害梨树的所有绿色组织，包括叶片、叶柄、果实、果柄、新梢和果薹等。叶片受害处先生出黄色斑，逐渐扩大后在病斑叶背面生出黑色霉层，从正面看仍为黄色，不长黑霉（图 3-10）。果实受害处先出现黄色圆斑并稍下陷，后期长出黑色霉层。枝条被害处生成黑色病斑，形状不一，湿度大时也生出黑雾。

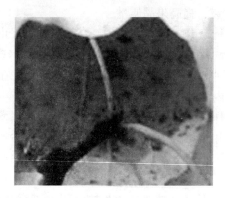

图 3 - 10　梨树黑星病为害叶片症状

（2）防治技术措施。人工摘除感病枝叶及果台副梢，消灭病菌侵染来源；加强栽培管理：选择园艺性状良好、抗病性较强的优良品种种植，增施有机肥料，合理修剪；喷药保护，落花后到套袋前连续喷施两次代森锰锌 700 倍液保护预防。并可有效治愈缺锌导致的小叶病。发病后选择己唑醇 1 500 倍治疗。

2. 梨树轮纹病

（1）为害症状。枝干发病以皮孔为中心形成灰褐色突起病瘤，里面暗褐色，较硬，表面生黑色小粒点，后期病健交界处龟处。叶片多在叶缘产生褐色轮纹状斑。果实亦以皮孔为中心形成深浅相间的褐色同心轮纹斑，果肉变褐腐烂（图 3 - 11）。

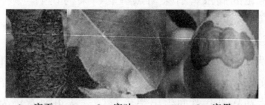

1　病干　　　2　病叶　　　3　病果

图 3 - 11　梨树轮纹病为害症状

（2）防治技术措施。培育、选用无病苗木；加强栽培管理，增强树势；清除病源，冬季结合修剪，剪除病虫枝，对主干、主枝上的病斑，刮除，并涂以杀菌剂保护；常用的杀菌剂有：843康复剂50倍液、10度波美度石硫合剂、9281果富康50倍液；喷药保护，70%代森锰锌可湿性粉剂700倍、70%甲基托布津可湿性粉剂1 000倍预防；5%己唑醇1 500倍治疗，7天喷洒一次，连续喷洒2~3次。

3. 梨锈病

（1）为害症状。受害叶片正面形成橙黄色斑点，边缘具黄绿色晕圈，后期产生小黑点。叶背隆起，长出黄色毛状物，产生黄褐色粉末（图3-12）。

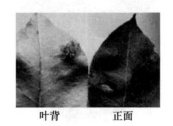

叶背　　　　　正面

图3-12　梨锈病为害叶片症状

（2）防治技术措施。梨园应避免与柏树多的地方靠近，砍掉梨区5千米范围内的柏树；药剂防治，若不能砍除桧柏等转主寄主，可在梨树萌芽前，即3月上中旬在桧柏上喷药1~2次，抑制冬孢子萌发产生担孢子，药剂：3~5波美度石硫合剂，梨树上喷药应在梨树萌芽期至展叶后25天内进行，7~10天1次，连用2~3次，亦可喷施25%腈菌唑1 500倍液或5%己唑醇1 500倍液。

4. 梨黑斑病

（1）为害特征。发病初期叶片上产生圆形或近圆形褐色斑点，后期中部呈灰白色，密生小黑点，周缘褐色，最外层黑色严重时病斑互相融合成不规则形斑块，造成提前落叶（图3-13）。

在果实上表现症状，多在果实萼洼处出现黑斑并在附近有黄色晕圈，容易导致贮藏期果实腐烂。

图 3 - 13　梨黑斑病为害叶片症状

（2）防治技术措施。做好清园工作，冬季扫除落叶，集中烧毁，或深埋土中，因病菌主要在落叶上过冬，所以清除园内落叶以杜绝病原；加强梨园管理，在梨树丰产后，应增施肥料，促使树势生长健壮，提高抗病力；雨后注意园内排水，以降低梨园湿度，防止病害发展蔓延；喷药保护，早春在梨树发芽前，3 月下旬至 4 月上旬，喷施 3 ~ 5 波美度石硫合剂，落花 80% 时，喷施己唑醇 1 500 倍或苯醚甲环唑 2 000 倍液。

5. 梨木虱

（1）为害症状。梨木虱若虫有群集性，吸食汁液并分泌黏液，遇雨产生黑霉（图 3 - 14），叶片干枯易早落，并引起果实霉病。

图3-14　梨木虱为害叶片症状

（2）防治技术措施。刮树皮，消灭越冬成虫；在越冬成虫出蛰盛期及产卵盛期各喷布齐螨素4 000倍液1次；在梨木虱7~8月盛发期，用药前喷洒5 000倍的碱性洗衣粉液来冲洗和溶解叶片的黏液，经3~4小时后再喷药，还可把中性洗衣粉或者渗透性增效剂直接加入齐螨素中一起喷施。此外，选择降雨后马上用药，树体没有黏液，药效也较高。

6. 康氏粉蚧

（1）为害症状。以若虫和雌成虫吸食果实、叶、芽、枝干或根的汁液。根和嫩枝被害处常肿胀，树皮破裂而枯死，寄主被害后，果面、叶面霉污，生长发育受阻，果实呈凹凸畸形果（图3-15），降低果品质量。

（2）防治技术措施。冬季或早春精细刮树皮，消灭树皮缝中的越冬卵，集中烧毁或深埋；绑草诱卵，晚秋雌虫产卵前在树干上绑草，诱集雌成虫在草把中产卵，冬季或春季卵孵化前将草把

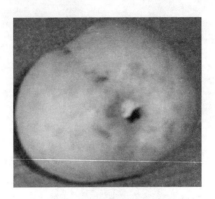

图3-15 康氏粉蚧为害果实症状

取下烧毁；落叶后和萌芽前喷洒5度石硫合剂；果实套袋使用防虫袋，也可减轻果实受害。在5月中下旬套袋前喷施40%啶虫脒10 000倍液加毒死蜱1 500倍液，7月上旬、8月上旬各喷一次杀扑磷1 500倍液或毒死蜱1 500倍防治即可。

7. 梨小食心虫

（1）为害症状。成虫产卵于果实萼洼、梗洼和胴部，为害嫩梢时产卵于叶片背面。6月以前的第一、二代，主要为害果树枝梢，被害梢萎蔫下垂、枯干死亡。幼虫孵化后爬行一段时间即蛀入果实或嫩梢。幼虫在果内和嫩梢内生长至老熟后便脱果、脱梢寻找适当场所化蛹。第3代幼虫发生在7月中旬至8月上旬，为害桃梢、中熟品种桃及梨果。7月底前被蛀梨果，入果孔周围表皮黑软、梢凹陷，其上可见明显孔眼，有虫粪从孔眼排出（图3-16），幼虫一般不深入果心，农民称为"黑膏药"；7月底后被蛀梨果，入果孔极小，果皮不凹陷、也不变黑，幼虫直入果心，第4代幼虫发生在8月下旬至9月上旬，幼虫为害梨果和晚熟品种桃。

（2）防治技术措施。深挖树盘，将钻入土表内的越冬幼虫深埋，使其不能羽化出土；彻底刮除树体上的粗翘皮，将潜藏其中

图 3 - 16　梨小食心虫为害果实症状

的越冬幼虫刮死、刮掉集中烧毁，以减少次年成虫的发蛾量。落叶后喷施 5 波美度石硫合剂。生长季节及时剪除虫梢，摘除虫果及感病果以控制其一二代数量。用糖醋液挂容器诱捕其成虫，糖醋液比例为：红糖∶醋∶酒∶水 = 2∶4∶1∶16。此外梨果套袋可大大减少梨小食心虫的侵染及为害；药剂防护，在卵孵盛期和成虫盛发期及时用药，准确用药。药剂用 2.5% 高功 2 000 倍液，30% 毒死蜱 1 500 倍液等。

三、桃树生产与病虫害防治技术

我国桃树种植面积目前已经超过了 1 300 万亩，栽培面积和产量均居世界首位，在我国落叶果树生产中仅次于苹果、梨，在落叶果树中居第三位，除黑龙江省外，其他各省、自治区、市都有桃树栽培，主要经济栽培地区在华北、华东各省，栽培面积位居前五位的省份是山东、河北、河南、湖北、四川。

（一）桃树主栽品种

桃树栽培的品种和种类比较多，生产上主要分为水蜜桃、黄桃、油桃、蟠桃四大类。

1. 水蜜桃品种

特早熟的品种有春蕾、雨花露、早花露、冈山早生、砂子早生、安农水蜜等，早熟的品种有早香玉、京春、早凤王、庆丰、北京 28 号、源东白桃、汗血硬桃等，中熟的品种有白凤、大久保，晚熟的品种有京艳、新川中岛、简阳晚白桃、扬州晚白桃、莱山蜜等，特晚熟品种有冬桃、中华寿桃等。

2. 黄桃品种

金童 5 号、金童 7 号、连黄、丰黄等。

3. 油桃品种

曙光、艳光、华光、瑞光、红芙蓉、中油桃 13 号、中油桃 16 号等。

4. 蟠桃品种

早露蟠桃、瑞蟠 4 号、早油蟠桃、晚油蟠桃、燕蟠、紫蟠、欧宝 1 号等。

（二）桃树育苗技术

桃树一般选择嫁接育苗的方法，砧木一般选择毛桃、山桃等。

1. 砧木苗的培育

砧木种子一般在 11 月下旬进行沙藏处理 100 ~ 110 天，第 2 年 3 月上旬催芽播种，播后覆盖地膜保温，确保 4 月上旬出苗，出苗后按 15 厘米的株距进行间苗定苗，苗高 40 厘米时摘心，当苗木地径达到 0.5 ~ 0.6 厘米即可进行嫁接。

2. 嫁接技术

2 月中旬至 4 月底，此时砧木水分已经上升，可在其距地面 8 ~ 10 厘米处剪断，用切接法。5 月初至 8 月上旬，此时树液流动旺盛，桃树发芽展叶，新生芽苞尚未饱满，是芽接的好时期。在砧木距地面 10 厘米左右的朝阳面光滑处进行芽接。

3. 嫁接后的管理

检查成活与补接，嫁接两周后接口部位明显出现臃肿，并分泌出一些胶体，接芽眼呈碧绿状，就表明已经接活。若发现没有嫁接成活，可迅速进行二次嫁接。

剪砧一般在嫁接成活后 2～3 天，在接口上部 0.5 厘米处向外剪除砧干，剪口呈马蹄形，以利伤口快速愈合。

支撑防倒伏，新梢长到 6 厘米左右时，在砧木贴边插支撑柱，缚好新梢，引导向上方向生长。

水肥管理，结合浇水，苗木生长前期追施氮肥，后期追施复合肥，每隔 15～20 天进行 1 次叶面喷肥，前期喷 0.3% 的尿素，后期（8 月中旬以后）喷 0.3% 的磷酸二氢钾，也可喷微量元素等其他促进苗木生长的生长素类物质，以加快苗木生长。同时搞好病虫防治，使苗木在落叶期达到 0.8～1 米的高度。

（三）桃树建园技术技术

1. 园地选择

气温界限要求在冬季气温低于 -25℃的地方为北界，冬季日平均气温低于 7.2℃的天数持续 1 个月以上的地方为南界进行桃树生产。土壤要求宜选择土质疏松、排水良好的沙壤土比较适宜，土层厚度原则上不低于 50 厘米、地下水低于 1 米。选择向阳、光照充足的缓坡地建园比较好。

2. 桃园排水系统设置

桃树不耐涝，土壤水分过多会造成烂根，时间过长造成桃树死亡，必须加强排水系统的设置。排水沟每 2～6 行桃树设置 1 条，方向与桃树行向一致，小区之间设置支沟，支沟连向干沟，果园排水沟要高于周围排水沟，且沟沟相连。

3. 授粉树的配置

桃树多数品种属于自花结实，但是加强授粉能显著提高产量，一般在建园时配置 1∶(2～3) 的授粉树，一个小区内栽植 2～3 个品种。

4. 栽植密度

北方地区和土壤肥沃的地方可以稀植，一般采用平地 4 米 ×

6米，山地3米×5米；南方地区和土壤贫瘠的地方可以密植，一般采用平地4米×5米，山地3米×4米。平地果园长方形栽植，南北行向为宜；山地果园按等高线栽植，上下两层果树错开；缓坡地随坡向栽植。

5. 整地改土

在定植前3~6个月进行抽槽改土，顺行向或坡向进行抽槽，槽宽1.0米、深0.8米，采用机械或人工方法将表层土壤和深层土壤分别堆放，在定植前1个月分层回填，首先填入玉米秆、稻草、谷壳或树叶等有机物，然后回填绿肥和部分表层土壤；中层回填有机肥、过磷酸钙和绿肥及部分表层土壤；上层填入油渣和下层心土，回填的土壤要高于周围30厘米。

6. 栽植苗的选择

应选择具有完好健壮的根系、枝粗、节间短、芽饱满、皮色光亮、无检疫性病虫害，达到国家或部颁标准规定的苗木。栽植前进行品种核对、登记、挂牌，并进行苗木质量检查与分级。经过长途运输的苗木，因失水较多，应立即解包浸根一昼夜，充分吸水后再行栽植。

7. 定植技术

桃树为落叶果树，在秋末冬初栽植，土温较高，栽植后根系容易恢复，成活率高。以11月下旬至元月栽植为好。在经抽槽改土后的栽植槽上按株距测出栽植点，在栽植点上挖一小穴，施腐熟厩肥1.5千克，复合肥0.2千克，尿素0.1千克或饼肥0.3千克的栽植肥并与土充分拌匀，栽苗时将根系摆布均匀，对损伤的根要剪除，以利发出新根，用细土培根踩紧，浇透定根水，封土保墒。要注意根颈一定露出地面，不能埋入土中。

（四）桃树土肥水管理技术

1. 土壤管理

深翻改土，每年果实采收后至落叶前结合施用有机肥，对桃园深翻改土以利根系正常生长，深度10~25厘米，并按照内浅

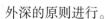

外深的原则进行。

中耕除草，桃园全年中耕除草 2 ~ 4 次。在春季萌芽前结合灌水、追肥全园中耕松土，以 8 ~ 10 厘米为宜，促进深层土温升高，以利根系生长活动；硬核期宜浅耕，以 5 厘米为宜；采果后干旱季节结合浇水浅耕松土，清除杂草，有利于保水和增加土壤温度，并可减少病虫害，深度 5 ~ 10 厘米。

间作绿肥增加土壤肥力，在 1 ~ 5 年生未封行的幼龄桃园间作绿肥。间作时应留出树盘加强管理，以利桃树生长。

2. 施肥管理

重施基肥，一般在 9 月中旬以前施用，以保证秋根及时恢复生长，促进养分的吸收和贮藏。为节约用肥并提高肥效，可穴施，每株 2 穴，分年改变穴位，逐步改土养根。穴施肥后应立即浇透水。一般每亩施用有机肥 2 500 ~ 3 000 千克。

及时追肥，栽后第一年是长树成形的关键，淡肥勤施，3 ~ 6 月，每半月施肥一次。栽后第二年及结果以后，每年施肥 3 ~ 5 次。萌芽前追肥，在萌芽前 1 ~ 2 周进行，以速效氮肥为主，每株施尿素 0.2 ~ 0.5 千克或复合肥 1 千克。花后肥落花后施入，以速效氮为主，配以磷钾肥。施肥量同第一次。壮果肥，在果实开始硬核期时施入，以钾肥为主，配以氮磷肥。催果肥，果实成熟前 15 ~ 20 天施入，氮钾结合，促进果实膨大，提高果实品质。采后肥，果实采后结合施基肥进行。

3. 水分管理

桃虽然抗旱，但要想达到高产，必须有充足的水分供应，北方地区多春旱，应在萌芽前适时灌水，要充分灌透，花期不宜灌水，否则会引起落花落果，硬核期是桃树需水临界期，缺水或水分过多，均易引起落果，所以定果后要及时适量灌水，每次施肥后都应灌透水，入冬前还要灌一次封冻水以提高树体的抗寒能力。桃树怕涝，地面连续积水两昼夜便可造成落叶，甚至死亡。秋季降雨过多、灌水过量易造成枝叶徒长，组织不充实，花芽质量差，也容易引起裂果和根腐病、冠腐病等，因此，应注意及时排水。

（五）桃树整形修剪技术

1. 整形

桃树是落叶果树中最喜光的树种，常见树形一般采用自然开心形、"V"字形等。

自然开心形的特点是主、侧枝从属分明，骨架牢固，通风透光好，产量高，采收管理方便。"V"字形树形也叫两主枝开心形，有两大主枝。整形技术可以参考梨树"Y"形整形技术措施。

2. 修剪

休眠期结果枝的修剪，幼树期，长果枝及徒长性果枝剪留30～40厘米或缓放不剪，待结果后再回缩，尽量多留副梢结果，背上徒长枝可疏除；初果期和盛果期，一般长果枝剪留4～9节，中果枝3～5节，短果枝2～3节，花束状果枝只疏不截，徒长性果枝可疏除或剪留20～30厘米培养枝组；衰老期，树势衰弱，果枝要相应缩剪进行结果枝的更新修剪。

徒长枝的修剪，不能利用的徒长枝应尽早疏除，以免消耗养分或恶化光照。有空间的徒长枝可以剪留20～30厘米，培养成结果枝组；也可根据树体情况培养成主枝、侧枝，做更新骨干枝用。

枝组修剪，一般大型枝组分布在骨干枝的斜侧，中小型枝组分布在背上或大型枝组的空间。对树冠内大、中型枝组冬剪时宜采用先重截后轻剪的方法，次年可通过夏季回缩或摘心的办法加以控制，并促其极早形成；树冠下部的中、小枝组应压前促后，剪去先端1～2年生枝，促其基部复壮。修剪时要注意剪口芽及延伸方向，并使主侧枝头始终保持优势生长。

生长季修剪手法主要有在新梢长20厘米时进行拉枝以改变原来的角度和方向；对不需要的芽早期抹除一些进行抹芽；在新梢长15～30厘米时摘去先端5～6厘米嫩尖进行摘心。

（六）桃树花果管理技术

1. 疏花疏果

疏蕾疏花，对花芽多而坐果率高的品种，大久保、京玉等疏蕾疏花效果较好。留量要比计划多出 20% ~ 30%；疏果一般是在第二期落果后，坐果相对稳定时开始进行，在硬核开始时完成，疏果先疏除小果、双果、缝合线两侧不对称的畸形果、病虫果，一般长果枝留果 3 ~ 4 个，中果枝 2 ~ 3 个，短果枝 1 ~ 2 个。

2. 果实套袋

套袋时期应在定果后或生理落果后，在为害果实的主要病虫害发生之前进行，时间在 5 月中下旬至 6 月初。鲜食品种应在采前 10 ~ 15 天撕袋，以促进均匀着色。罐藏品种采前不必撕袋。

（七）主要病虫害防治技术

桃树主要病虫害有桃褐腐病、细菌性穿孔病、桃炭疽病、桃缩叶病、桃疮痂病、桃流胶病、桃潜叶蛾、桃蛀螟、桃红颈天牛和朝鲜球坚蚧等。

1. 桃褐腐病

（1）为害症状。主要为害果实，幼果发病初期，呈见黑色小斑点，后来病斑木栓化，表面龟裂，严重时病果变褐，腐烂，最后变成僵果。果实生长后期发病较多，染病初期呈见褐色，圆形小病斑，尔后，病斑扩展很快，并露出灰色粉状小球，形似孢子堆，呈同心轮纹排列（图 3 - 17），病果大部或完全腐烂，落地。桃花感染表现萎凋变褐，病花干枯附着于桃枝上，有花腐的桃枝梢尖枯死。

（2）防治技术措施。冬季剪除病枝，摘除病僵果，收集烧毁；防治病虫，注意减少其他的果面伤口；药剂防护，芽膨大期喷 3 ~ 5 波美度石硫剂 +80% 五氯酚钠 200 倍液，花后 10 天至采收前 20 天喷 65% 代森锌可湿性粉剂 500 倍液，或 70% 甲基托布

图 3 – 17 桃褐腐病为害果实症状

津 800 倍液或 50% 多菌灵 600 ~ 800 倍液或 20% 三唑酮乳油 3 000 ~ 4 000 倍液，每次间隔 10 ~ 15 天，各种药剂交替使用。

2. 桃细菌性穿孔病

（1）为害症状。该病由细菌引起，主要为害叶片、果实和新梢。叶片初发病时为水渍状黄白色至白色小斑点，后形成圆形、多角形或不规则形，紫褐色至黑褐色，直径 2 ~ 4 毫米的病斑，周围呈黄绿色水渍状的晕圈，以后病斑干枯脱落成穿孔。果实发病，病斑以皮孔为中心果面发生暗紫色圆形中央凹陷的病斑，边缘水渍状，后期病斑中心部分表皮龟裂（图 3 – 18）。

（2）防治技术措施。切忌在地下水位高或低洼地建立桃园；少施氮肥，防止徒长。合理修剪改善通风透光条件，适时适度夏剪，剪除病梢，集中烧毁；冬季认真做好清园工作。药剂防护，发芽前喷 4 ~ 5 度石硫合剂或 1 : 1 : 100 倍的波尔多液，花后喷一次科博 800 倍液，5—8 月喷农用链霉素（10 000 ~ 20 000 倍）或锌灰液（硫酸锌 1 份，石灰 4 份，水 240 份）或 65% 代森锌可湿性粉剂 600 倍液等。

1 叶片   2 果实

图 3 - 18   桃细菌性穿孔病为害症状

3. 桃炭疽病

（1）为害症状。主要为害果实，硬核前幼果染病，果面上发生褐绿色水渍状病斑，以后病斑扩大凹陷，并产生粉红色粘质的孢子团，幼果上的病斑顺果面增大并达到果梗，（图 3 - 19）其后深入果枝，使新梢上的叶片上卷，果斑具有明显的同心环状皱缩，最后果实软腐脱落。

图 3 - 19   桃炭疽病为害果实症状

（2）防治技术措施。切忌在低洼、排水不良地段建桃园；加强栽培管理，多施有机肥和磷钾肥，适时夏剪，改善树体风光条件，摘除病果，冬剪病枝，集中烧毁；药剂防护，萌芽前喷石硫合剂加80%五氯酚钠200倍或1∶1∶100波尔多液，铲除病源，开花前、落花后、幼果期每隔10～15天，喷炭疽福美可湿性粉剂800倍或70%甲基托布津可湿性粉剂1 000倍或50%多菌灵可湿性粉剂600～800倍液或克菌丹可湿性粉剂400～500倍液，药剂交替使用。

4. 桃疮痂病

（1）为害症状。主要为害果实，也侵害新梢和叶片。果实多在果肩处发病，果实上的病斑初为绿色水渍状，扩大后变为黑绿色，近圆形（图3－20）。果实成熟时，病斑变为紫色或暗褐色，病斑只限于果皮，不深入果肉，后期病斑木栓化，并龟裂。枝梢受害后，病斑呈长圆形浅褐色，以后变为灰褐色至褐色，周围暗褐色至紫褐色，有隆起，常发生流胶。

图3－20　桃疮痂病为害症状

（2）防治技术措施。冬剪彻底剪除病梢，清出果园，减少病源；栽植密度合理，树形适宜，防止树冠交接，改善果园通风透光条件，降低果园湿度；萌芽前喷80%五氯酚钠200倍加3～5波美度石硫合剂；落花后半个月至7月，约每隔15天，喷50%

的多菌灵可湿性粉剂 800 倍或代森锌可湿性粉剂 500 倍，或福星 8 000 ~ 10 000倍，均对此病有效，药剂要轮换使用。

5. 桃缩叶病

（1）为害症状。叶片受害后叶缘卷曲肿大，叶片变为红褐色，后期叶面生出灰白色粉状物，最后叶片变褐焦枯脱落（图 3 – 21），枝梢受害后呈灰绿色或黄色，节间短，略呈肿胀，其上叶片常丛生，受害严重的整枝枯死。花果受害后多畸形脱落。

1　病梢　　　　　　　2　病叶

图 3 – 21　桃缩叶病为害症状

（2）防治技术措施。发病初，初见病叶时，可摘除病叶集中烧毁；发病较重的树，当叶片大量焦枯和脱落时，应及时补施肥料和水分，增强抗病能力和恢复树势；药剂防护，化学防治，药剂防治的关键是在桃树花芽膨大露红时，全园喷施一次 4 ~ 5 度的石硫合剂，或 1∶2∶200 的波尔多液，对消灭病原效果较好，每隔 7 天 1 次，连喷 3 ~ 4 次，或用 10% 双效灵水剂 500 倍液每隔 10 天喷施 1 次，连续 3 ~ 4 次。桃树生长季节喷施 2 次粉锈宁或 50% 硫悬浮剂，防治效果也很好。

6. 桃流胶病

（1）为害症状。侵染性流胶病嫩枝染病，初产生以皮孔为中心的疣状小突起，渐扩大，其上散生针头状小黑粒点，翌年 5 月上旬，疣皮开裂，溢出树脂，初为无色半透明稀薄而有黏性的软胶，不久变为茶褐色，吸水后膨胀为胨状的胶体。果实染病，初为褐色腐烂状，逐渐密生粒点状物，湿度大时从粒点孔口溢出白色块状物，发生流胶现象。侵染性流胶病是真菌侵害所致，非侵染性流胶病是遇到霜害、冻害、病虫害、雹害及机械伤害造成伤口，引起流胶（图3-22）。

1   2

图3-22　桃流胶病为害果实和树干症状

（2）防治技术措施。加强肥水管理，注意科学使用"天达2116"增强树势，提高抗病性能；科学修剪，注意生长季节及时疏枝回缩，冬季修剪少疏枝，减少枝干伤口，注意疏花疏果，减少负载量；刮除病斑，后用200~300倍以上药剂涂抹病斑消毒。在生长季节及时用药，每10~15天喷洒一次600倍50%超微多菌灵可湿性粉剂，或1 000倍70%超微甲基硫菌灵可湿性粉剂，或800倍72%杜邦克露可湿性粉剂，或600倍50%退菌特可湿性粉剂，或1 500倍50%苯菌灵可湿性粉剂。注意以上药剂须交替使用。

7. 桃潜叶蛾

（1）为害症状。主要为害叶片，造成早期落叶，影响树势和产量。一年发生7代，以蛹在被害叶片上结白色丝茧越冬，翌年4月羽化为成虫，多在叶背产卵。5—9月是为害期，幼虫潜入叶内食取叶肉，在上、下表皮之间吃成弯曲隧道，造成落叶（图3-23）。

1 叶背　　　　2 叶表面

图 3-23　桃潜叶蛾为害症状

（2）防治技术措施。清除果园落叶，减少越冬虫源；生长季用性诱剂诱杀成虫；药剂防治在 5～6 月成虫高峰期用药，喷洒 25% 灭幼脲悬浮剂 2 000 倍液或 20% 杀铃脲悬浮剂 8 000 倍液。

8. 桃蛀螟

（1）为害症状。以幼虫蛀食为害桃果，初孵幼虫先于果梗果蒂基部，吐丝蛀食，蜕皮后蛀入果肉为害（图 3-24）。

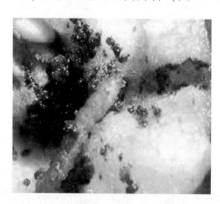

图 3-24　桃蛀螟为害症状

（2）防治技术措施。越冬幼虫化蛹前处理寄主植物的残体；刮除老翘皮；生长季及时摘虫果、清理落果；幼虫越冬前用树干束草诱集；设黑光灯和糖醋液诱杀成虫；成虫产卵前进行果实套袋；药剂防治应在卵盛期至孵化初期施药，一般喷洒50%辛硫磷乳油1 000倍液、20%氰戊菊酯乳油2 500～3 000倍液、2.5%溴氰菊酯乳油3 000～4 000倍液、80%敌敌畏乳油1 500～2 000倍液。

9. 桃红颈天牛

（1）为害症状。主要为害枝干，幼虫孵化后蛀入皮层，长到30毫米以后蛀入木质部为害，多由上向下蛀食成弯曲的隧道，隔一定距离向外蛀1通气排粪孔（图3－25）。幼虫经过2～3个冬天老熟，在蛀道末端先蛀羽化孔但不咬穿，用分泌物黏结木屑作室化蛹。

图3－25　桃红颈天牛为害症状

（2）防治技术措施。成虫出现期（6—7月）白天捕捉，在雨后晴天较易捕捉；幼虫孵化后检查枝干，发现排粪孔可用铁丝钩杀幼虫，也可用80%敌敌畏乳油15～20倍液涂抹排粪孔；在树干上涂刷石灰硫黄混合涂白剂（生石灰10份：硫黄1份：水40份）防止成虫产卵；在成虫产卵期和幼虫孵化期，枝干上喷布

50%杀螟松乳油、50%西维因可湿性粉剂 800 倍液;幼虫蛀入木质部后,用56%磷化铝片剂塞入 1 虫孔中封口熏杀。

10. 桃球坚蚧壳虫

(1) 为害症状。雌蚧壳虫球形,红褐色或黑褐色。在枝条上吸取寄主汁液(图 3 - 26)。密度大时,可见枝条上蚧壳累累。使树体衰弱,产量受到严重影响。为害严重时造成枝干死亡。初卵化的若虫从母体蚧壳中爬出,分散到小枝条上为害,以二年生枝条上较多。

图 3 - 26 桃球坚蚧壳虫为害症状

(2) 防治技术措施。在成虫产卵前,用抹布或戴上劳动布手套,将枝条上的雌蚧壳虫抹掉;药剂防治,果树发芽前,防治越冬若虫,常用药剂5 波美度石硫合剂、合成洗衣粉200 倍液,5%柴油乳剂;果树生长期,若虫孵化期是防治的关键时期,5 月下旬至 6 月中旬,可用80%敌敌畏 1 000 倍液,48%乐斯本 2 000 倍液,25%扑虱灵可湿性粉剂 1 000 倍液,速蚧杀 1 000 ~ 1 500 倍液防治。

四、葡萄生产与病虫害防治技术

葡萄是世界上分布范围最广,栽培面积最大的落叶果树。葡萄产量在世界果树中名列第二位。我国葡萄栽培面积和产量居世界第四位，鲜食葡萄产量和面积居世界第一位。葡萄在我国果树生产中具有举足轻重的地位，2013 年全国产量达到了 1 155 万吨，与香蕉、柑橘、苹果、梨和桃等并称为我国六大水果。主产省主要是新疆、山东、河北、辽宁、浙江、云南等。

（一）葡萄主栽品种

根据葡萄果实的用途一般可以分为鲜食葡萄、酿酒葡萄、制汁葡萄、制干葡萄等。

鲜食葡萄品种主要有巨峰、黑奥林、龙眼、六月紫、红富、京亚、滕念、红富士、希姆劳特、超藤、蜜汁等；酿酒品种主要有赤霞珠、蛇龙珠、法国兰、黑比诺、意斯林、品丽珠、雷司令、白羽、玫瑰香、白玉霓、双优、双红等；制汁品种主要有康可、康拜耳、黄金玫瑰、玫瑰露、黑后、北香、碧玉香等；制干品种主要有无核白、红宝石无核、无核紫、底莱特、皇帝、喀什喀尔、琐琐等。

（二）葡萄育苗技术

葡萄生产上常用的育苗方法是扦插育苗，且以硬枝扦插为主，最近几年为缩短育苗周期，在夏季进行绿枝扦插生产上应用也比较多。

1. 插条的选择与处理

硬枝扦插插条采集应在已经结果，而且品种纯正的优良母树上进行采集。一般结合冬季修剪同时进行，选发育充实、成好、节间短、色泽正常、芽眼饱满、无病虫为害的一年生枝作为插条，剪成 7～8 节长的枝段（50 厘米左右），每 50～100 条捆成 1 捆，并标明品种名称和采集地点，放于贮藏沟中沙藏。春季将贮藏的枝条从沟中取出后，先在室内用清水浸泡 6～8 小时，然后进行剪截。

嫩枝扦插在夏季选择已木质化、芽呈黄褐色的春蔓，剪成 3～5 节长的枝段（25 厘米左右）。插穗顶端留 1 叶片，其他叶连同叶柄一并去掉，下端从芽节外剪成马耳形，剪制好的插穗及时插入苗床。扦插前可用0.005% ~0.007%吲哚乙酸液浸泡插穗基部6~8小时，或用0.1% ~0.3%吲哚乙酸液速蘸5秒钟，或用生根粉处理。

2. 苗床的选择与整理

育苗地应选在地势平坦、土层深厚、土质疏松肥沃、同时有灌溉条件的地方。上年秋季土壤深翻30~40厘米，结合深翻每亩施有机肥料3 000~5 000千克，并进行冬灌。早春土壤解冻后及时耙地保墒，在扦插前要做好苗床，苗床一般畦宽1米，长8~10米，平畦扦插主要用于较干旱的地区，以利灌溉；高畦与垄插主要用于土壤较为潮湿的地区，以便能及时排水和防止畦面过分潮湿。

也可选择营养袋育苗，育苗前先用宽19厘米、长16厘米塑料薄膜对黏制成高16厘米、直径约6厘米的塑料袋，也可用市面出售的相应规格的塑料袋，袋底剪一个直径1厘米的小孔或剪于袋底的2个角，以利排水。同时，用土和过筛后的细沙及腐熟的厩肥按沙∶土∶肥 =2∶1∶1的比例配制成营养土，营养土装入育苗袋墩实。

3. 扦插时间

硬枝扦插时间以当地的土温（15~20厘米处）稳定在10℃以上时开始。华北地区一般在3月下旬至4月上旬，但华北北部4月中旬才可进行露地扦插育苗。嫩枝扦插一般在夏季6—8月随剪随插。

4. 扦插技术

硬枝扦插时，插条斜插于土中，地面露一芽眼，要使芽眼处于插条背上方，这样抽生的新梢端直，扦插株距12~15厘米，行距30~40厘米，每畦内插3~4行。垄插时，垄宽约30厘米，高15厘米，垄距50~60厘米，株距12~15厘米，插条全部斜插于垄上。插后在垄沟内灌水，并覆膜保温保墒。

嫩枝扦插时株距一般 6 ~ 8 厘米，扦插后将土踩实，灌透水并搭好荫棚，荫棚高 0.8 ~ 1 米，棚宽与畦宽相同，遮阴度为 60% ~ 70%。

5. 扦插后管理

葡萄扦插后到产生新根前这一阶段一定要防止土壤干旱，一般 10 天左右浇 1 次水。黏重土壤浇水次数要少，如果浇水过多，土壤过湿，地温降低，土壤通气不良也影响插条生根。插条生根后要加强肥水管理。7 月上中旬苗木进入迅速生长阶段，这时应追施速效肥料 2 ~ 3 次。为了使枝条充分成熟，7 月下旬至 8 月应停止或减少灌水施肥，同时加强病虫害防治，进行主梢、副梢摘心，以保证苗木生长健壮，促进加粗生长。苗木生长期间，要及时中耕锄草，改良土壤通气条件，促进根系生长。

（三）葡萄建园技术技术

1. 园地选择

葡萄对气候、土壤的适应性很强，除了沼泽地和重碱、重黏土地外，只要土壤的 pH 值在 4 ~ 9，都可获得良好收成。但应注意，园地以选择交通方便、地势平坦、有排灌条件的微酸性地块最好。葡萄忌连作，杜绝在老葡萄园地建园。

2. 园地的规划

大面积建园，应因地制宜地做好果园小区规划工作。根据地形地势因地制宜划分小区，一般平地建园小区面积 30 ~ 50 亩；山地或丘陵地建园时，小区面积 15 ~ 30 亩。小区均以长方形为宜，栽植行以南北向为宜。

道路规划一般设 6 ~ 8 米的主干道，4 ~ 6 米的支道，定植行不宜过长，建议不超过 100 米（方便农事操作，如打药等），以 2 ~ 3 米的作业道分开。

3. 株行距的确定

株行距的确定依品种、立地条件和架式来确定。瘠薄土壤上栽密些，肥沃深厚土地上栽稀些，生长势中庸的栽密些，生长势

强的栽稀些，一般篱架栽培的株行距 1 米 × （1.5 ~ 2） 米
（333 ~ 444 株/亩），棚架栽培的为 1.5 米 × 4 米 （111 株/亩） 或
1 米 × 5 米 （133 株/亩）。株行距过小，不利通风透光，难以生产
出优质果；株行距过大，浪费土地资源，难以早期丰产。在山
东、河南、新疆、广西、江西、北京等地不下架埋土防寒地区，
以株行距 0.8 米 × 1.7 米或 0.9 米 × 1.5 米，每亩栽 500 株为宜。

4. 挖定植沟穴

在已经过深翻的土地上按定植行位置挖定植沟，一般挖 60
厘米 × 80 厘米的深沟，表土与心土分开。先在沟底放一些杂草、
秸秆，将心土回填，回填深度不超过 40 厘米，再填入充分腐熟
的每亩 5 000 千克土杂肥，表面撒施每亩 100 千克的过磷酸钙，
深翻混匀后回填表土，填平为止，整畦灌透水，待水充分渗透
后，将沟填至原土高度，衬平。

5. 栽植时期的确定

应依地区、苗木类型而定。南方地区可以在秋季、冬季及春
季芽膨大之前定植，但以在秋末冬初定植较好。北方地区秋栽成
活率较高，须埋土越冬，翌年春季 3 月下旬至 4 月下旬定植为宜。

6. 定植

定植时选择晴好天气，按原设计密度，定点放样，为保证栽
植成标准直行，便于栽植篱架，最好拉一直绳。然后按定植沟的
中心线挖穴放苗，每穴一株。种植时把苗扶直，根茎比地表略
高，根系舒展于穴内。等穴内填土过半时，摇动树苗，用脚踏
实，然后向上微提苗茎，使根系充分与土壤接触，再填土满穴，
并在苗四周筑一圈小土坝，直径约 30 厘米。土坝打好后浇水，
水要浇透，水分完全渗后在树堰周围取土，盖住树盘。定植后按
地膜的宽度整理好畦面，并覆盖黑色地膜。

7. 栽植后管理

苗木栽植后，及时灌水，待地表稍干后，及时浅中耕保墒，
喷除草剂乙草胺后，沿行向覆 0.9 米宽的地膜，地膜伸直，露出

树干，将地膜周边压实，树苗周边地膜压土防风。

苗木栽植后套塑膜袋防金龟子，具体方法：套小方便袋，下口压实，袋上口离开苗木一定距离，顶部打 3 ~ 5 个孔透气放风，待芽体长至 2 ~ 3 厘米时将塑膜袋摘除。

于塑膜袋摘除前搭建网架或篱架，依规划好的株行距在地面打点，立柱埋 50 厘米深，要求高度一致，方向顺直，立柱位于葡萄同一侧，立柱绑缚铁丝一面距苗木距离 10 厘米左右，第一道铁丝距离地面高度 40 厘米，共 4 道铁丝，间隔 40 厘米，第一年绑缚两道，定植第二年绑缚第 3、4 道铁丝。

（四）葡萄土肥水管理技术

1. 土壤管理

土壤深翻可以增加蓄水能力，有利于保墒，能增强葡萄植株越冬抗寒能力。最好是在秋季进行，这时深翻可使被切断的根系迅速愈合，冬季需要修剪埋土的北方，也可在春季进行深翻。为减少断根和不致影响葡萄生长，对成年葡萄园的深翻可以隔一行翻一行。对成年葡萄园可深翻 50 厘米左右，幼龄园 30 ~ 40 厘米。在山区与干旱地区，对植株四周深翻 20 ~ 40 厘米，从近植株处逐渐向外加深，切除地表的根系，对提高土壤含水量和提高产量有一定的作用。

中耕是葡萄生长期要经常进行的工作。中耕多在 5—9 月进行，这时，正是根系活动的旺盛时期，为防止伤根，中耕宜浅。一般雨后或灌溉后进行。

2. 施肥管理

葡萄采摘后，为迅速恢复树势，增加养分积累，应早施基肥。这次以有机肥为主，占全年施肥总量的 60% ~ 70%，每亩施入厩肥或堆肥 3 000 ~ 5 000 千克，可伴随加入 30 千克复合肥。离葡萄主干 1 米挖一环形沟，深 50 ~ 60 厘米、宽 30 ~ 40 厘米，将原先备好的各种腐熟有机肥分层混土施入基肥。

为满足葡萄生长时期对肥料的需求，在生长期进行追肥，以促进植株生长和果实发育。在早春芽开始萌动前施入催芽肥，主要以速效性氮肥为主，尿素每株施0.1～0.4千克，人粪尿液肥每株冲施8～10千克，追肥完成后要立即灌水，以促进萌芽整齐；开花前7～10天施花前肥，每株施氮磷钾复合肥0.1～0.15千克；盛花后10天施膨果肥，每株施尿素0.1～0.5千克、氮磷钾复合肥0.1～0.5千克；在果实转色前或转色初期施增色增糖肥，每株施硫酸钾0.2～0.4千克。

3. 水分管理

葡萄营养生长期期田间土壤持水量控制在60%～70%，浆果灌浆期田间土壤持水量保持在50%～60%，若前期田间土壤持水量低于60%时，应及时灌水，若高于70%时要及时排水晾墒；浆果成熟期，若田间土壤持水量高于60%时，应及时排水。

南方地区葡萄生长期要做好开沟排水，深沟高垄栽培，尽量降低地下水位。梅雨季节过后如遇连续高温干旱，应视土壤墒情灌水1～3次。一般采用沟灌，必须夜晚灌水，水到畦面，第二天一早将水放掉。浆果着色成熟期不能灌水；北方干旱地区对水分要求高，一般萌芽前灌足一次催芽水，特别是春季干旱少雨区，须结合施催芽肥灌透水，花期前后10天各灌一次透水，浆果膨大期若干旱少雨，可隔10～15天灌一次透水，秋施基肥后如雨量偏少、土壤干燥，可灌一次透水。

（五）葡萄整形修剪技术

当前葡萄生产上常用的树形有单干单臂式、单干双臂式和龙干式等。

1. 单干单臂式整形

单干单臂整形又称倒"L"形。篱架由3～4道铁丝组成，第1道铁丝距地面0.7～0.8米，第2道铁丝距地面1～1.2米，第3道铁丝距地面1.5～1.7米；主干高0.7～0.8米，长0.5～0.8米，单臂固定在第1道铁丝上，新梢绑在第2、3道铁丝上，呈"V"字形。

2. 单干双臂式整形

首先苗木按 2 米的株距定植。苗木发芽后，仍留 1 个健壮新梢，培育为一侧的主蔓。待新梢长到 1.2～1.9 米时摘心，摘心后副梢萌发，为提早成形可利用副梢整形。

3. 龙干式整形

首先按 0.5～0.75 米的株距定植。定植苗萌发后，选留 1 个粗壮的新梢培养成主蔓，待新梢长到 2～3 米时摘心，除顶端 1～2 个副梢长到 50 厘米左右摘心，其余叶腋副梢距地面 30～80 厘米以下的全部抹除，以上的则根据粗度作不同处理，0.7 厘米以上的留 4～5 叶摘心，细的留 1～2 叶摘心。冬季修剪时，将主蔓上的副梢全部剪去，每株留 1 个长 2～2.3 米的健壮主蔓结果。第二年，芽眼萌发以后，将主蔓近地 70～80 厘米以下的芽全部抹除，从 80 厘米开始每个主蔓上部两侧分别隔 30 厘米左右留 1 个结果枝结果，每个结果枝留 1 穗，冬剪时，在每个果枝的基部剪留 2 芽作结果母枝，较弱的果枝剪留 1 芽。

4. 冬季修剪技术

在埋土防寒地区应在落叶后或第一次早霜降临前后进行冬剪，如果栽培面积较大，往往因埋土防寒开始较早而提前进行修剪。在不埋土防寒地区，冬剪应在后半期枝条养分伤流开始前 1 个月左右的时期内进行。在我国中部地区，大田栽培的葡萄多在 1—2 月上旬内冬剪。

混合修剪是在同一株树采用长、中、短梢修剪方法。冬剪时一般强壮枝长留，弱枝短留，徒长枝不加利用或利用副梢。成年树一般生长中庸，停止生长早，靠近枝条下部芽眼结实力强；幼树枝条一般停止生长晚，枝条靠近上面的芽结实力强。适于长梢修剪为主的品种有龙眼、牛奶、无核白、黑鸡心、巨峰、白雅等；适于中长梢修剪为主的品种有玫瑰香、黑汉、白玫瑰、佳丽酿、金皇后、北醇等；适于中梢修剪为主、短梢为辅的品种有品丽珠、贵人香、雷司令、康拜尔早生、康太、藤稔、红香蕉、白香蕉等。

更新修剪以单枝更新为主，双枝更新为辅进行修剪。单枝更新：冬季修剪时对 2 个当年生枝疏除 1 个枝，留 1 个枝，一般进行中长梢修剪；翌年春天萌发后，尽量选留基部生长良好的 1 个新梢，以便冬剪作为次年的结果母枝。用长枝单枝更新，可结合弓形引缚，使各节萌发新梢均匀，有利于次年的回缩。双枝更新：冬季修剪时在每个结果母枝上都留 2 个靠近老蔓的充分成熟的 1 年生枝，上面一个枝适当长留作翌年的结果母枝，下面一个枝短留用作预备枝。下年冬剪时将上部结果部位疏除，从下部预备枝上所抽生的枝梢中选近基部的 2 个枝梢，其中上面 1 枝作下一年的结果母枝长留，下引枝作预备枝短留，每年均照此法修剪。

5. 夏季修剪技术

葡萄的夏季修剪是在整个生长期内进行，其目的是调节养分的流向、调整生长与结果的关系、保持一定的树形、改善通风透光条件、减少病害、提高果实品质。夏季修剪包括抹芽和定梢、新梢引缚、摘心、副梢处理、去除卷须、摘除老叶、剪梢等各项措施。

抹芽是在芽萌发时进行，去除双芽或多芽中的弱芽与多余芽，只保留一个已萌发的主芽。同时也要将多年生蔓上萌发的隐芽除留作培养预备枝以外全部抹除。定梢是在新梢已显露花序时进行选定当年要保留的全部发育枝的过程，篱架栽培的葡萄在架面上每隔 5~10 厘米留一个新梢为宜，棚架每平方米可留 8~25 个新梢。

新梢的花前摘心一般在花前一周至始花期进行。新梢花前摘心强度主要依据新梢的生长势，一般认为在最上花序前强枝留 6~9 片叶摘心为宜，中壮枝留 4~5 片叶，弱枝留 2~3 片叶。对生长势强的品种强枝摘心轻一些；或在摘心口处多留副梢。发育枝的摘心类似对结果枝的处理，因不考虑结果可适应放轻，弱枝可不摘心。

副梢处理方法，顶端保留其余去掉，只留顶端 1~2 个副梢，并留 4~6 片叶摘心，再发副梢再摘心，以下副梢全部去掉，适用于叶大果小及副梢生长迅速的品种；花穗以下的副梢全部去掉，花穗以上的副梢留 1~2 叶摘心，顶端一个副梢留 4~6 片叶摘心，以后抽发的副梢反复进行 3~4 次。这种处理能健壮树势，促进果粒增大，提早成熟；保留全部副梢及时摘心，在副梢的延伸生长期间保留 1~2 片叶摘心，顶端副梢可留 2~4 叶摘心，适用于叶片少而较小，架面叶幕较薄，果实易患日烧病的品种。

新梢绑缚就是生长季节将新梢合理绑缚在架面上，使之分布合理均匀，一方面使架面通风透光，同时能调节新梢的生长势。据枝蔓的强弱，强枝要倾斜，特强枝可水平或弓形引绑，这样可以促进新梢基部的芽眼饱满；绑缚弱枝稍直立。绑缚时要防止新梢与铅丝接触，以免磨伤。新梢要求松绑，以利于新梢的加粗。铅丝处要紧扣，以免移动。绑缚新梢的材料有塑绳、稻草等。一般采用双套结绑缚，结扣在铅丝上不易滑动。

除卷须、摘除老叶，卷须是无用器官，消耗养分，它影响葡萄绑蔓、副梢处理等作业。幼嫩阶段的卷须摘去其生长点就行，卷须经木质化后除去就麻烦一些。葡萄老叶黄化后失去了光合作用的效能，影响通风透光，易于病虫害的传播应及时摘去。

（六）葡萄花果管理技术

1. 疏剪花序

疏花序时间一般在新稍上能明显分出花序多少、大小的时候进行，主要是疏去小花序、畸形花序和伤病花序。如果葡萄有落花落果现象，疏花序则要推迟几天进行。保留花序数量要根据葡萄品种、树龄和树势进行，短细枝和弱枝不留花序，鲜食品种长势中庸的结果枝上留 1 个花序，强壮枝上留 1~2 个花序，一般以留 1 个为多，少数壮枝留 2 个。

2. 花序修整

在花序选定后，对果穗着生紧密的大粒品种，要及时剪除果穗上部的副穗和 2 ~ 3 个分枝，对过密的小穗及过长的穗尖，也要进行疏剪和回缩，使果穗紧凑，果粒大小整齐而美观。

3. 顺穗、摇穗和拿穗

顺穗是在谢花后结合绑蔓，把放置在藤蔓和铁丝上的果穗理顺在棚架的下面或篱架有位置的地方；在顺穗时进行摇晃几下，摇落受精不良的小粒称为摇穗；对于穗大而果粒密集的品种在果粒发育到黄豆大小时，把果穗上密集的分枝适当分开，使各分枝和果粒之间留有适当的空隙，便于果粒的发育和膨大。

4. 疏果粒

花序通过整形后，每个花序所结的果粒依然很多，需要在果粒黄豆大小时将过多的果粒疏去。主要疏掉发育不良的小粒、畸形粒和过密果粒，尤其是对果粒紧凑的品种和经过膨大处理的果穗（如维纳斯无核），必须疏掉一部分果粒，不然将有部分果粒被挤碎、挤掉。在成熟时，疏掉裂果、小粒及绿果，使果粒大小整齐，外观美，达到优质果的标准。大型穗可留 90 ~ 100 粒果，穗重 500 ~ 600 克；中型穗可留 60 ~ 80 粒果，穗重 400 ~ 500 克。

5. 果穗套袋

目前主要可用于套袋生产的品种有巨峰系葡萄、红地球、美人指和无核白鸡心等。一般使用耐雨水淋洗、韧性好的木浆涂蜡纸袋，可以依据种类品种、果穗的大小定订制，例如专为提高葡萄上色的带孔玻璃纸袋和塑料薄膜、专防鸟害的无纺布果袋。葡萄套袋的长度一般为 35 ~ 40 厘米，宽 20 ~ 25 厘米，具体长度、宽度按所套品种果穗成熟时的长度和宽度而定，但一定要大于其长和宽，袋子除上口外其余全部密封或黏合。例如欧美杂种葡萄中的大果穗可用 30 厘米 × 20 厘米；欧亚种的大果穗多，如红地球等品种可用 40 厘米 × 30 厘米，果穗小的品种可用 25 厘米 × 20 厘米。

葡萄套袋通常在谢花后2周坐果、稳果、疏果结束后（幼果黄豆大小），应及时进行，各品种的具体套袋时间也有一定的差异，例如欧亚种的品种可以适当早套，欧美杂交品种则可适当晚套。

套袋前的准备工作，套袋前5～6天须灌一次透水，增加土壤的湿度，在套袋前1～2天，对果穗喷一次杀菌剂和杀虫剂，防止病虫在袋内为害，如波尔多液或甲基托布津，做到穗穗喷到、粒粒见药，待药液干后即可开始套袋。

套袋操作要点，先将纸袋端口浸入水中5厘米，湿润后，袋子不仅柔软而且容易将袋口扎紧。也可套袋时将纸袋吹涨，小心地将果穗套进，袋口可绑在穗柄所着生的果枝上。要注意喷药后水干就套袋，随干随套；在整个操作过程中，尽量不要用手触摸果实。在葡萄采收时连同纸袋一同取下。有色品种在采前几天可将纸袋下部撕开，以利充分上色。

（七）主要病虫害防治技术

1. 葡萄霜霉病

（1）为害症状。叶片受害，最初在叶面上产生半透明、水渍状、边缘不清晰的小斑点，后逐渐扩大为淡黄色至黄褐色多角形病斑，大小形状不一，有时数个病斑连在一起，形成黄褐色干枯的大型病斑（图3－27）。空气潮湿时病斑背面产生白色霉状物。

（2）防治技术措施。彻底清除落叶，细致修剪，剪净卷须、病枝、病果穗，并将其清除于设施外或深埋，以减少病原。果穗套袋消除病菌对果穗的侵染。64%杀毒矾可湿性粉剂（500液）、75%百菌清可湿性粉剂（700倍液）或太抗1号500倍液，喷施3次。

2. 葡萄黑痘病

（1）为害症状。主要为害葡萄的绿色幼嫩部分，如果实、果梗、叶片、叶柄、新梢和卷须等。叶片：开始出现针头大红褐色至黑褐色斑点，周围有黄色晕圈。后病斑扩大呈圆形或不规则形，中央灰白色，稍凹陷，边缘暗褐色或紫色果实：绿果被害，

图 3 – 27　葡萄霜霉病为害叶片症状

初为圆形深褐色小斑点，后扩大，直径可达 2 ~ 5 毫米，中央凹陷，呈灰白色，外部仍为深褐色，而周缘紫褐色似"鸟眼"状（图 3 – 28）

1　病果　2　病叶

图 3 – 28　葡萄黑痘病为害症状

（2）防治技术措施。苗木消毒由于黑痘病的无距离传播主要通过带病菌的苗木或插条，因此，葡萄园定植时应选择无病的苗木，或进行苗木消毒处理。彻底清园：由于黑痘病的初侵染主要来自病残体上越冬的菌丝体，因此，做好冬季的清园工作，减少次年初侵染的菌源数量。药剂防治：在开花前后施用 500～600 倍的百菌清或 70% 甲基硫菌灵 800～1 000 倍液或太抗 2 号 500 倍液，喷施 3 次。

3. 葡萄灰霉病

（1）为害症状。花序、幼果感病，先在花梗和小果梗或穗轴上产生淡褐色、水浸状病斑，后病斑变褐色并软腐，空气潮湿时，病斑上可产生鼠灰色霉状物。新梢及幼叶感病，产生淡褐色或红褐色、不规则的病斑，病斑多在靠近叶脉处发生（图 3 - 29）。

1　病花序　　　　2　病果穗

图 3 - 29　葡萄灰霉病为害症状

（2）防治技术措施。细致修剪，剪净病枝蔓、病果穗及病卷须、彻底清除于室（棚）外烧毁或深埋，以清除病原；注意调节室（棚）内温湿度，白天使室内温度维持在 32～35℃，空气湿度控制在 75% 左右，夜晚室（棚）内温度维持在 10～15℃，空气湿度控制在 85% 以下，抑制病菌孢子萌发，减缓病菌生长；果穗套袋，消除病菌对果穗的为害；花前喷施 50% 多菌灵可湿性粉剂

500 倍液或 70% 甲基硫菌灵可湿性粉剂 800～1 000 倍液或太抗 1 号 500 倍液或灰霉特克 500 倍液，喷施 3 次。

4. 葡萄白腐病

（1）为害症状。果梗、果柄上生有褐色、不规则水渍状病斑，逐渐向果粒蔓延，造成果实变褐腐烂，果面生有灰白色小粒点，受振动时（图 3-30），病果甚至病穗极易脱落，在潮湿条件下，病组织有土腥味。

图 3-30 葡萄白腐病为害症状

（2）防治技术措施。发芽前用 3～5 度石硫合剂喷布全园，铲除病原；病害未发生时注意预防，可用安泰生 800 倍液、福美双、炭疽福美等；病害发生初期，用好力克 5 000 倍进行治疗，遇暴风雨或冰雹后及时用好力克 3 000 倍进行治疗和铲除，防止病害暴发流行，果实近成熟期，用好力克 3 000 倍液喷雾，重点喷果穗。

5. 葡萄炭疽病

（1）为害症状。葡萄炭疽病是我国葡萄的四大病害之一，主要为害果实。为害症状，病果表面上有许多轮纹排列的小黑点，遇到潮湿环境长出粉红色的孢子团（图3-31）。

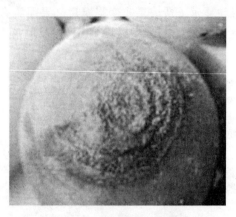

图3-31 葡萄炭疽病病果症状

（2）防治技术措施。结合修剪，剪除病枝；春季在开花前至初花期要喷施一次内吸性杀菌剂，特别是遇到降雨更要及时喷药防治；防治药剂参考葡萄白腐病。

6. 葡萄褐斑病

（1）为害症状。主要为害叶片，造成早期落叶，一般坐果后开始发生，多在近地面的叶片发病，逐渐向上蔓延。病斑直径达到3~10毫米的为大褐斑病，正面病斑颜色中间深、边缘淡，病斑背面见灰褐色霉状物；病斑直径2~3毫米的为小褐斑病，正面病斑颜色中间淡、边缘深，潮湿时病斑背面见灰黑色霉状物（图3-32）。

（2）防治技术措施。加强葡萄园管理，及时清除落叶集中烧毁或深埋，摘除下部黄叶及病叶，改善通风透光，降低湿度；发病前坚持用保护剂预防，如安泰生、波尔多液、大生、代森锰锌等，发现病斑后及时用疫斑佳3 000倍液治疗，病重时用好

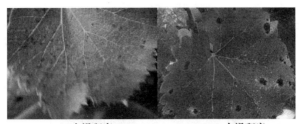

1 小褐斑病	2 大褐斑病

图 3 – 32　葡萄褐斑病为害叶片症状

力克 3 000 倍液，连续使用 2 ~ 3 次，重点喷中、下部叶片，效果很好。

7. 葡萄褐轴褐枯病

（1）为害症状。该病一般很少向主穗轴扩展，发病后期干枯的小穗轴易在分枝处被风折断脱落。幼小果粒染病仅在表皮上生直径 2 毫米圆形深褐色小斑，随果粒不断膨大，病斑表面呈疮痂状（图 3 – 33）。果粒长到中等大小时，病痂脱落，果穗也萎缩干枯别于房枯病。

（2）防治技术措施。选用抗病品种；结合修剪，搞好清园工作，清除越冬菌源；葡萄幼芽萌动前喷 3 ~ 5 波美度石硫合剂或 45% 晶体石硫合剂 30 倍液、0.3% 五氯酚钠 1 – 2 次保护鳞芽；加强栽培管理，控制氮肥用量，增施磷钾肥，同时搞好果园通风透光、排涝降湿，也有降低发病的作用；药剂防治，葡萄开花前后喷 75% 百菌清可湿性粉剂 600 ~ 800 倍液或 70% 代森锰锌可湿性粉剂 400 ~ 600 倍液、40% 克菌丹可湿性粉剂 500 倍液、50% 扑海因可湿性粉剂 1 500 倍液。在开始发病时或花后 4 ~ 5 天，喷洒比久 500 倍液，可加强穗轴木质化、减少落果。

8. 葡萄白粉病

（1）为害症状。为害葡萄的果粒、叶片、新梢及卷须等绿色幼嫩组织，以果实受损失最大；叶片老熟和果实着色后很少发病。葡萄展叶期叶面和叶背产生白色或褪绿小斑，病斑逐渐扩

图 3 – 33　葡萄褐轴褐枯病为害症状

大，表面长出粉白色霉斑，严重时遍及全叶，叶片干枯或卷缩（图 3 – 34）。

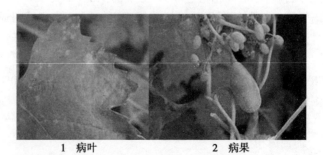

1　病叶　　　　　　　2　病果

图 3 – 34　葡萄白粉病为害症状

（2）防治技术措施。清洁葡萄园，秋末彻底清除病叶、枝蔓、病果集中烧毁或深埋，减少菌原；葡萄发芽前喷洒 1 次 3 ~ 5 度（波美度）石硫合剂，可彻底铲除越冬病原菌。葡萄初发病时，喷洒烯唑醇 1 500 倍液或 50% 硫黄悬浮液 300 ~ 400 倍液，病害发生严重时，喷洒 20% 三唑酮乳油 2 000 ~ 3 000 倍液、20% 三唑酮硫悬浮剂 2 000 倍液，间隔 5 ~ 7 天、连喷 2 次。

9. 葡萄根癌病

（1）为害症状。主要为害根颈处和主根、侧根及 2 年生以上近地部主蔓。初期病部形成愈伤组织状的癌瘤，稍带绿色或乳白色，质地柔软。随着瘤体的长大，逐渐变为深褐色，质地变硬，表面粗糙。瘤的大小不一，有的数十个小瘤簇生成大瘤，老熟病瘤表皮龟裂，在阴雨潮湿条件下易腐烂脱落，并有腥臭味（图 3 - 35）。

图 3 - 35 葡萄根癌病为害症状

（2）防治技术措施。严格检疫和苗木消毒，建园时禁止从病区引进苗木和插穗，若苗木中发现病株应彻底剔除烧毁；在田间发现病株时，可先将根周围的土扒开，切除癌瘤，然后涂高浓度石硫合剂或波尔多液，保护伤口，并用1%硫酸铜液消毒土壤。对重病株要及时挖除，彻底消毒周围土壤；加强栽培管理，多施有机肥，适当施用酸性肥料，使其不利于病菌生长。农事操作时防止伤根，并合理安排病区与无病区的排灌水流向，以减少人为传播。

10. 葡萄小叶蝉

（1）为害症状。以若虫或成虫在叶片上吸食汁液，受害叶片先出现失绿小斑点，后连成白斑，至叶片全白早期脱落，并产生蜜露影响光合作用（图3 – 36）。

图 3 – 36　葡萄小叶蝉为害症状

（2）防治技术措施。清除落叶和杂草以消灭越冬成虫；加强生长期间管理，改善通风透光条件；抓住第一代幼虫和若虫发生期进行喷药防治，一般在5月中下旬，在葡萄展叶后为宜，可喷 2 000 ~ 3 000 倍吡虫啉或敌杀死、速灭杀丁、杀灭菊酯、功夫菊酯等触杀性强的菊酯类农药，隔 5 ~ 7 天再喷一次。

11. 葡萄蓟马

（1）为害症状。葡萄蓟马主要是若虫和成虫以锉吸式口器锉吸幼果、嫩叶和新梢表皮细胞的汁液。幼果被害当时并不变色，

第二天被害部位失水干缩，形成小黑斑，影响果粒外观，降低商品价值，严重时引起裂果（图3－37）。叶片受害因叶绿素被破坏，先出现退绿的黄斑，后叶片变小，卷曲畸形，干枯，有时还出现穿孔。被害的新梢生长受到抑制。

图3－37　葡萄蓟马为害病果症状

（2）防治技术措施。清理葡萄园杂草，烧毁枯枝败叶；在开花前1～2天喷10%吡虫啉2 000～3 000倍液，或50%马拉硫磷乳剂、40%硫酸烟碱、2.5%鱼藤精均为800倍液，都有较好效果。

12. 葡萄瘿螨

（1）为害症状。主要在叶背面为害，初期叶背产生许多不规则白色斑块，逐渐扩大呈现一层很厚的毛毡状白色绒毛，后变茶褐至深褐色。受害部位叶背凹陷，正面凸起，形成不规则大小不一的"病斑"（图3－38）。严重时叶片凹凸不平。枝蔓受害肿胀成瘤、表皮胀裂。

（2）防治技术措施。秋冬认真清园，收集落叶烧毁或深埋，葡萄生长期间发现有被害叶时，应立即摘除烧毁，防止蔓延。芽膨大呈叶绒时，喷洒3～5波美度石硫合剂，以杀死潜伏芽内的越冬成虫。6月上旬产卵期，可喷洒0.2～0.3波美度石硫合剂。

图 3 - 38　葡萄瘿螨为害病叶症状

苗木、插条能传播该虫。因此，调运苗木、插条时一定要严格检查，实行检疫措施。带虫苗木或插条先放入 30 ~ 40℃热水中，浸 5 ~ 7 分钟；然后移入 50℃热水中，再浸 5 ~ 7 分钟，即可杀死潜伏的锈壁虱。

13. 葡萄透翅蛾

（1）为害症状。以幼虫蛀食枝蔓，造成枝蔓死亡。受害处从蛀孔处排出褐色粪便，幼虫多蛀食蔓的髓心部，被害处膨大肿胀似瘤，受害枝条叶片枯萎，果实容易脱落，易折断或枯死（图 3 - 39）。

（2）防治技术措施。因被害处有黄叶出现，枝蔓膨大增粗，6 ~ 7 月要仔细检查，发现虫枝剪掉，秋季整枝时发现虫枝剪掉烧毁；当发现有虫蔓又不愿剪掉时可将虫孔剥开，将其粪便用铁丝勾出，塞入浸有 100 倍敌敌畏药液的棉球，再用塑料膜将虫孔扎好或黄泥堵住，可以杀死幼虫；做好成虫羽化期的测报，及时喷洒杀虫剂。一般在花前 3 ~ 4 天和谢花后各喷一次药，用药有 20% 杀灭菊酯乳剂 3 000 倍液，80% 敌敌畏或 50% 马拉硫磷 1 000 倍液，均有良好的效果。

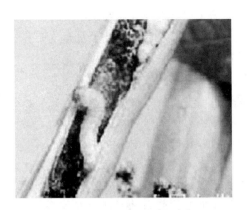

图 3 – 39　葡萄透翅蛾为害症状

思考练习题

1. 根据我国果树生产现状及发展趋势，分析当地果树生产适宜发展的果树种类及发展方向

2. 果树苗圃地的选择应符合哪些条件？

3. 影响果树嫁接育苗的主要因素有哪些？怎样提高果树嫁接成活率？

4. 果树常用的嫁接方法有哪些，适用于哪些果树种类和时期？

5. 果树嫁接育苗接后管理技术措施有哪些？

6. 试述果树扦插育苗扦插后的管理技术。

7. 主要果树种类优质苗木的技术标准有哪些？

8. 果树苗木出圃技术措施有哪些？

9. 果园园地选择应符合哪些条件？

10. 果树定植的主要技术措施有哪些？

11. 果树初定植后的管理技术措施有哪些？

12. 果园土壤深翻的时期和要求有哪些？

13. 果园增施有机肥有哪些意义？

14. 幼年果园土壤管理的主要技术措施有哪些？

15. 成年果园土壤管理的主要技术措施有哪些？

16. 如何确定果园的施肥时期和施肥量？

17. 果园施肥的主要技术措施有哪些，各有什么特点？

18. 果园灌水的主要技术措施有哪些，各有什么特点？

19. 果树整形修剪的依据有哪些？

20. 简述果树修剪的主要手法和作用。

21. 当前果树生产的主要树形有哪些，各有什么特点？

22. 果树树形选择的依据是什么？

23. 果树幼树期整形修剪的主要任务是什么，如何进行整形修剪？

24. 果树初果期整形修剪的主要任务是什么，如何进行整形修剪？

25. 果树盛果期整形修剪的主要任务是什么，如何进行整形修剪？

26. 果树衰老期整形修剪的主要任务是什么，如何进行整形修剪？

27. 苹果树建园时栽植行向和密度如何确定？

28. 如何培养苹果树的自由纺锤形树形？

29. 苹果树的疏花疏果技术措施有哪些，怎样操作？

30. 提高苹果果实着色的技术措施有哪些？

31. 如何防治苹果树腐烂病？

32. 苹果轮纹病和炭疽病的病症有什么异同？

33. 苹果卷叶蛾和金纹细蛾的为害有什么不同，如何防治苹果卷叶蛾？

34. 如何选择梨树的嫁接砧木，梨树嫁接方法有哪些？

35. 梨园的水分管理技术措施有哪些？

36. 如何培养梨树的小冠疏散分层形树形？

37. 梨树果实套袋技术措施有哪些？

38. 如何防治梨树锈病?

39. 桃园的排水系统如何设置?

40. 桃园的土壤施肥技术措施有哪些?

41. 如何培养桃树的自然开心形树形?

42. 桃树细菌性穿孔病的为害症状及防治技术措施有哪些?

43. 桃树流胶病的为害症状及防治技术措施有哪些?

44. 试述葡萄的扦插育苗技术措施。

45. 葡萄苗的定植技术措施有哪些?

46. 葡萄夏季修剪的主要技术措施有哪些,如何修剪?

47. 葡萄的花果管理技术措施有哪些?

48. 为害葡萄的果实的病害有哪些,主要造成果实那些品质下降?

模块四 蔬菜生产技术

任务一、我国蔬菜生产现状与发展趋势

　　自 20 世纪 80 年代中期开始进行蔬菜产销体制改革以来，全国蔬菜产业迅速发展，面积、产量出现了大幅度增长，供应状况发生了根本性改变。在"服务城市、富裕农村、活跃市场、方便群众"的方针指导下，城郊型及县区乡村型的蔬菜商品经济正迅速发展起来。蔬菜业开始超出种植业的范围向综合性的蔬菜产业体系迈进。

　　随着我国农村产业结构的调整和菜篮子工程的实施，蔬菜生产在新品种选育、无公害生产新技术、设施栽培技术、应用现代生物技术对蔬菜品种改良及其产业化方面都得到了很大的进步和发展。

一、我国蔬菜生产现状

　　（一）我国蔬菜生产的面积产量

　　我国已成为世界上最大的蔬菜生产国和消费国，蔬菜种植面积由 1990 年的 633.33 万公顷增加到 2013 年的 2 089.94 万公顷，产量由 1990 年的 1.95 亿吨增加到 2013 年的 7.35 亿吨。产量、产值均超过粮食，已经成为我国第一大农产品。2011 年，我国农产品进出口总额为 1 556.2 亿美元，贸易逆差为 341.2 亿美元，而蔬菜出口额 117.5 亿美元，贸易顺差 114.2 亿美元，出口创汇额和贸易顺差均位列我国农产品进出口第二位。

　　由表 4-1 可以看出，我国蔬菜生产面积、产量 2004—2006 年均处于下降阶段，2006 年以来一直在增加。产量增加的速度要

稍高于面积，可见我国蔬菜的栽培技术水平正逐步得到提高。

表 4-1　近时期我国蔬菜面积、产量

年份	2005	2007	2009	2011	2013
蔬菜面积（万公顷）	17.72	17.33	18.39	19.64	20.90
蔬菜产量（万吨）	56 451.49	56 452.04	61 823.81	67 929.67	73 511.99

（二）我国蔬菜生产的主产区域

随着工业化、城镇化的推进，以及交通运输状况的改善和全国鲜活农产品"绿色通道"的开通，在农业部编制的《全国蔬菜重点区域发展规划（2009—2015年)》的指导下，生产基地逐步向优势区域集中，形成华南与西南热区冬春蔬菜、长江流域冬春蔬菜、黄土高原夏秋蔬菜、云贵高原夏秋蔬菜、北部高纬度夏秋蔬菜、黄淮海与环渤海设施蔬菜六大优势区域，呈现栽培品种互补、上市档期不同、区域协调发展的格局，有效缓解了淡季蔬菜供求矛盾，为保障全国蔬菜均衡供应发挥了重要作用。由表4-2、表4-3可以看出，从面积、产量来看，黄淮海与环渤海设施蔬菜和长江流域冬春蔬菜两大区域是我国蔬菜的主产区。山东省和河南省蔬菜生产面积位居全国前两名，山东省和河北省蔬菜产量位居全国前两名，可见山东省、河南省、河北省、江苏省、四川省是我国蔬菜主产省。

自2001年"全国无公害食品行动计划"实施以来，农产品质量安全工作得到全面加强，蔬菜质量安全水平明显提高。据农业部农产品质量安全例行监测结果，近三年蔬菜农残监测合格率稳定在95%以上，比2000年提高30多个百分点，蔬菜质量总体上是安全、放心的。在蔬菜质量安全水平提高的同时，商品质量也明显提高，净菜整理、分级、包装、预冷等商品化处理数量逐年增加，商品化处理率由"十五"末的25%提高到40%，提升了 15 个百分点。

表 4-2　2012 年各主产省栽植蔬菜面积（万公顷）前 10 名排序

1	2	3	4	5	6	7	8	9	10
山东	河南	江苏	四川	湖南	广东	河北	湖北	广西	安徽
180.5	173.0	132.3	125.4	123.9	122.9	120.3	113.9	107.5	81.05

表 4-3　2012 年各主产省栽植蔬菜产量（万吨）前 10 名排序

1	2	3	4	5	6	7	8	9	10
山东	河北	河南	江苏	四川	湖北	湖南	广东	辽宁	广西
9 386	7 695	7 011	4 984	3 764	3 506	3 480	2 982	2 977	2 356

（三）我国蔬菜的贮藏加工

加工业近几年发展迅速，特色优势逐步明显，促进了农产品出口贸易。据农业部不完全统计，2009 年全国蔬菜加工规模企业 10 000 多家，年产量 4 500 万吨，消耗鲜菜原料 9 200 万吨，加工率达到 14.9%。另据统计，2010 年，我国番茄酱产量 150 多万吨、占世界总产量的近 40%；脱水食用菌 57 万吨、占世界总产量的 95%，均居世界第一位。

（四）我国设施蔬菜发展现状

我国蔬菜品种、生产技术不断创新与转化，显著提高了产业科技含量和生产技术水平。全国选育各类蔬菜优良品种 3 000 多个，主要蔬菜良种更新 5~6 次，良种覆盖率达 90% 以上；设施蔬菜达到 5 000 多万亩，特别是日光温室蔬菜高效节能栽培技术研发成功，实现了在室外 -20℃ 严寒条件下不用加温生产黄瓜、番茄等喜温蔬菜，其节能效果居世界领先水平；蔬菜集约化育苗技术快速发展，年产商品苗达 800 多亿株以上。此外，蔬菜病虫害综合防治、无土栽培、节水灌溉等技术也取得明显进步。

（五）我国蔬菜产品的销售渠道

自 1984 年山东寿光建立全国第一家蔬菜批发市场以来，蔬菜市场建设得到快速发展，经营蔬菜的农产品批发市场 2 000 余家，农贸市场 2 万余家，覆盖全国城乡的市场体系已基本形成，在保障市场供应、促进农民增收、引导生产发展等方面发挥了积极作用。据不完全统计，70% 蔬菜经批发市场销售，在零售环节经农贸市场销售的占 80%，在大中城市经超市销售的占 15%，并保持快速发展势头。

（六）我国蔬菜产品人均量

当前我国蔬菜播种面积约占农作物总面积的 12.69%，创造产值占种植业总产值 1/3，成为农民收入的主要来源之一。2013年我国蔬菜的人均占有量 540.24 千克，居世界第一位。目前，膳食指南推荐每人日消费蔬菜在 300~500 克，我国居民人均日消费蔬菜 300 克左右，我国人均蔬菜消费量为世界第一位。从我国的蔬菜人均占有量来看，我国蔬菜产量已经能满足人民对蔬菜产品量的消费需求，从蔬菜的种植结构和周年供应方面进一步合理协调发展。我国蔬菜的供应水平一定会得到大幅度的提高。同时我国的蔬菜生产也应该考虑向外销型蔬菜生产的转变。

二、我国蔬菜生产发展趋势

通过对我国蔬菜生产现状的分析，结合世界蔬菜生产先进国家的蔬菜产业发展特征，我国的蔬菜生产应注重向以下几个方向发展。

（一）蔬菜品种优良化

重点培育适合设施栽培的耐低温弱光、抗病、优质的黄瓜、番茄、辣椒、茄子、西甜瓜等专用品种，适宜夏、秋等不同季节露地栽培的白菜、萝卜、结球甘蓝、菠菜等系列品种，适合出口、加工的番茄、胡萝卜、洋葱等专用品种，适应不同市场和饮食文化需求的芥菜、莲藕、食用菌等特色蔬菜品种。支持科研单位与种子企业紧密结合，推进育繁推一体化。

（二）蔬菜育苗集约化

在每个蔬菜重点县建设 2~3 个，蔬菜规模经营种植区建设 1 个蔬菜集约化育苗示范场，推动蔬菜育苗向专业化、商品化、产业化方向发展。主要建设育苗日光温室（北方）、钢架大棚（南方），配套遮阳降温、防寒保温、通风换气、水肥一体、育苗床架、基质装盘、播种、催芽等设施设备，重点推广茄果类、瓜类、甘蓝类等蔬菜穴盘集约化育苗技术，提高蔬菜育苗安全性和标准化水平。

（三）蔬菜生产设施化

设施蔬菜的生产是实现蔬菜产品周年供应的基础，开展多种蔬菜的设施生产研究是解决蔬菜周年供应丰富种类的主要措施，开展多种设施类型的蔬菜设施生产研究是进一步延长蔬菜产品供应期，实现蔬菜产品无缝隙供应的生产前提。对设施蔬菜生产技术加强研究可以逐步提高蔬菜的周年供应水平，实现蔬菜的周年系列化供应，满足了我国人民冬吃夏菜、夏吃冬菜、北吃南菜、东吃西菜的需求，并且供应蔬菜十余类几十种。

（四）蔬菜生产区域化

蔬菜生产区域化是指蔬菜生产向优势区域的适度集中和聚集，伴随着蔬菜生产力和生产关系的发展而不断演化，是适应市场经济、提高生产效益的基础和必由之路。蔬菜生产大省山东、河南、四川、河北等地都是拥有丰富耕地资源的地区，丰富的耕地资源使其在有效满足粮食生产的同时能够整合出更多的蔬菜种植面积。其次，由于本身耕地资源丰富而形成的高效农作物生产方式，使得蔬菜种植区域的劳动生产率高，单位产量高，比较优势明显。这些区域比较优势使得我国的蔬菜种植从发展之初就开始在这些区域率先高速增长并集中。同时我国幅员辽阔，国内不同省份气候相差甚远，季节差异明显，形成了季节性的蔬菜流动线路。四川、湖北、湖南、浙江、江苏等地由于冬春季节气候温暖，适宜喜温蔬菜生产，产品主要在 12 月至翌年 4 月期间上市，并销往华北、东北及港澳地区冬春淡季市场；云南、贵州等高原地区，夏季温度较低，可种植多种蔬菜，产品主要在 7—9 月上市，销往华北，长江下游等地。山东、河北等地区冬春光热资源丰富，有成熟的市场，设施蔬菜生产发展迅速，而且受气候影响较小，不同时间种植不同的蔬菜品种。

（五）蔬菜生产产业化

蔬菜生产产业化是指在一定的蔬菜生产区域内，以蔬菜市场为导向，以经济效益为中心、以主导产品为重点，优化组合各种生产要素，实行区域化布局、专业化生产、规模化建设、系列化加工、社会化服务、企业化管理，形成产加销一体化的经营体系。蔬菜生产必须向市场化、区域化、专业化、规模化、企业化方向发展，使菜农不仅获得生产环节的效益，而且能分享蔬菜加工、流通环节的利润，从而提高蔬菜生产的经济效益。实行蔬菜生产产业化还会使土地产出率和蔬菜产品商品率得到最大限度的提高，农业科技贡献率得到较大幅度的提高，农产品的生产与市场流通有效地结合起来，使蔬菜生产达到效益最大化。

（六）蔬菜产品优质化

蔬菜生产优质化是指严格蔬菜生产的产前、产中、产后的生态条件、操作规程，加强采收、运输、加工、包装、贮藏环节的控制，生产出具有环保、安全、卫生、优质、营养等特征的蔬菜产品。优质、安全、多样化的蔬菜优质产品已成为人们健康消费的必然趋势，其需求量与日俱增，大力发展蔬菜生产面临着前所未有的新机遇。所以，优质化的蔬菜产品是蔬菜进入市场流通的前提。

任务二、蔬菜播种和育苗技术

采用先进的蔬菜播种技术是提高种子发芽率、发芽势，降低生产种子成本的关键，加强育苗管理是实现苗齐、苗全的基础。

一、蔬菜播种技术

（一）种子播前处理

1. 精选种子和晒种

要挑选饱满、无破碎、发芽率高、无病虫伤害的种子，于播种前在太阳光暴晒 1 ~ 2 天，以杀死种子表面的部分病菌，并能提高种子的生活力和发芽势。

2. 测定种子发芽率

常用的方法是恒温发芽试验法：取出一定数量种子，剥去外种皮，放入垫有湿滤纸的培养皿或容器，置于 25 ~ 30℃ 恒温箱或保温条件下，几天内可得出结果，计算发芽种子的百分率。

优质种子的发芽率一般在 95% 以上，发芽率不足 60% 的种子一般不能用于播种，如非用不可，需要加大播种量。

3. 种子消毒

因蔬菜种子表面或内部常带有病菌，并会传给幼苗或成株，所以要进行种子消毒，主要目的是消灭种子表面及残存于种子内部的病原物。目前常用的蔬菜种子消毒方法有温汤浸种法、药液浸种法两大类。

（1）热水烫种消毒法。一般水温为病菌致死温度 55℃，热水用量是种子体积的 5 ~ 6 倍，烫种时要不断地搅拌，保持恒温 20 ~ 30 分钟，然后让水温降到 30℃ 再浸种。此法可有效杀死种子表面及内部病菌，去除种子萌发抑制物质，增加种皮通透性，活

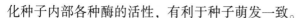

化种子内部各种酶的活性，有利于种子萌发一致。

（2）药液浸种消毒法。一般先将种子用清水浸泡 1 ~ 2 小时，再将种子浸到一定浓度的药液中，经过 5 ~ 15 分钟处理，然后取出洗净至无药味，再进行浸种，常用药液有 40% 甲醛（福尔马林）100 倍液，1% 硫酸铜和 1% 高锰酸钾水溶液，多菌灵 500 倍液等，例如，防治辣（甜）椒炭疽病和细菌性斑点病，可把种子放入 1% 硫酸铜水溶液（硫酸铜 1 份、水 99 份）中处理 5 分钟，防治番茄花叶病毒，可用 10% 磷酸三钠或 2% 氢氧化钠水溶液浸 15 ~ 20 分钟，捞出洗净后再浸种催芽。

4. 浸种

温度、水分和氧是种子萌发所必需的 3 个条件。浸种是将种子浸泡在一定温度的水中，使其短时间内充分吸水，达到种子发芽对水分的需求量，从而达到发芽快、出苗齐、出苗壮的目的而采用此法。温汤浸种和热水烫种还有杀菌或提高种子活性的目的。

对一些种皮薄、吸水快的蔬菜种子，多用温水浸种。用 55℃ 的温水浸种 5 分钟，不断搅拌，至水温降到 30℃ 为止，然后在室温下浸种 5 ~ 8 小时。不同蔬菜浸种、催芽的时间有所不同（表 4 - 4）。在浸泡过程中需不断搅拌，以利种子受热均匀，适用于种皮较薄，吸水较快的种子。对于种皮较厚、质地较硬的种子，如西瓜可用热水烫种，将干种子放于 70 ~ 80℃ 的热水中，在不断搅拌的情况下浸烫 5 分钟后，迅速浇入凉水使水温不断下降至 25 ~ 30℃，然后进行普通浸种。适用于种皮较厚，具有蜡质、革质、吸水困难的种子。操作时应注意烫种时间和水温，以免烫伤种子，浸种后，应用手将种皮上的黏液搓洗干净，清除发芽抑制物质，漂去杂质及瘪籽，并用清水冲洗干净。对种皮坚硬的瓜类如苦瓜等则要嗑开种皮（嗑开种皮后的种子不能再行浸种，以免影响发芽），然后在适温下进行催芽。浸种所用的容器不允许带有油、酸、碱等物质。

表 4 – 4 常见蔬菜浸种时间、催芽温度与时间

蔬菜种类	浸种时间（小时）	催芽温度（℃）	催芽时间（天）
黄瓜	4 ~ 6	25 ~ 30	1.0 ~ 1.5
西葫芦	4 ~ 6	25 ~ 30	2 ~ 3
茄子	12 ~ 24	30 左右	5 ~ 6
辣（甜）椒	12 ~ 24	25 ~ 30	5 ~ 6
番茄	6 ~ 8	25 ~ 28	2 ~ 3
甘蓝	2 ~ 4	18 ~ 20	1.5
芹菜	36 ~ 48	20 ~ 22	5 ~ 7
菠菜	10 ~ 12	15 ~ 20	2 ~ 3

5. 催芽

将吸水膨胀的种子沥干水分，用透气性好的纱布包裹，放在非金属容器中，在 20 ~ 25℃ 的温度条件下催芽。催芽期间每天用 25 ~ 30℃ 温水淘洗种子 2 ~ 3 次或每间隔 4 ~ 5 小时进行一次，并在淘洗过程中翻倒种子，使其获得足够的氧气。约有 1/3 种子芽尖露出后及时播种。催芽时茄果类蔬菜如茄子、辣椒、番茄等，以不超过种子长度为宜；瓜类蔬菜如黄瓜、苦瓜、冬瓜等种子可催短芽，也可催 1 厘米长芽。催芽注意的问题：每天淘洗并沥干水分，确保种子发芽所需的氧气、温度、湿度条件；及时播种，芽过长播种时易折断，还不利于扎根。

6. 变温处理

把将要发芽的种子每天在 1 ~ 5℃ 的低温下放置 12 ~ 18 小时，再移入 18 ~ 22℃ 的环境中放 6 ~ 12 小时，反复处理 3 ~ 4 天，可增强秧苗的抗寒力，加快生长发育。适用于瓜类和茄果类的种子。

7. 微量元素与激素的应用

微量元素浸种用硼酸、硫酸锰、硫酸锌、钼酸铵的 0.50% ~ 0.70% 的水溶液，浸泡黄瓜、甜椒种子 12 ~ 18 小时，用 0.70% ~ 1% 的上述溶液浸泡番茄、茄子种子 6 ~ 10 小时。此外用 0.30% ~ 0.50% 的尿素、碘化钾溶液处理。均有利于促进种子发

芽，加速幼苗生长的作用。

（二）播种期的确定

露地蔬菜生产播种期的确定主要是根据不同蔬菜对气候条件的要求，把蔬菜旺盛生长期和产品器官形成期安排在气候最适宜的季节，以最大限度的发挥蔬菜的增产潜力。喜温蔬菜一般进行春播，一般在10厘米地温稳定在10℃以上时进行；耐寒半耐寒蔬菜一般在土壤解冻后即可直播；秋播越冬蔬菜应该在严寒到来前60天播种；二年生半耐寒蔬菜一般在秋季播种；葱蒜类一般在晚秋播种。

（三）播种量的确定（表4-5）

播种量要根据蔬菜的种植密度、千粒重、种子使用价值以及播种方式、播种季节来确定。播种量过大，苗纤细，易徒长，播种量不足浪费地力，播种量的多少还要考虑到种子质量的好坏，发芽率高，净度高的可适当少播，反之要适当多播一些。不同蔬菜种子大小差异很大，因此，播种量差异也很大。点播的播种量计算公式为：单位面积播种量（克）=种植密度（穴数）×每穴种子粒数÷（每克种子粒数×种子使用价值）×安全系数（1.2~1.4）。种子使用价值=种子纯度×种子发芽率。

表4-5　主要设施栽培蔬菜种子的参考播种量

种类	粒数（克）	苗株数（平方米）	温床育苗播种量（克/平方米）	冷床育苗播种量（克/平方米）
黄瓜	30~40	120	3~5	4~5
番茄	300~350	2 200~2 600	8~12	10~15
茄子	200~260	2 200~2 600	15~20	20~25
辣椒	150~200	2 300~2 700	16~22	20~25

（引自张蕊《蔬菜栽培技术》，中国环境出版社，2009）

（四）播种方法与深度

1. 播种方法

把已催芽的种子播于已准备好的苗床或育秧盘中，播种方式有撒播与点播。瓜类育苗，可用点播方式。一般采用湿播法，在播种前要浇足苗床底水，稀播。如甜（辣）椒苗用种量40~50克，需播种床面积5~7平方米，播后覆盖营养土0.5厘米左右，并覆盖草和地膜。高山蔬菜茄果类或瓜类蔬菜的育苗时间在3月下旬至5月中下旬。此时高山地区雨多、温度较低，育苗床需要用小拱棚塑料薄膜覆盖，有条件的地方，可在苗床内铺设电加热线，更能保证出苗全而齐。苗刚出土，必须及时揭去苗床内地膜和草等覆盖物。

2. 播种深度

播种深度即是播后覆土的厚度，主要依据种子大小、土壤质地及气候条件而定。种子小，贮藏物质少，发芽后出土能力弱，宜浅播；反之，大粒种子贮藏物质多，发芽时的顶土力强，可深播。疏松的土壤透气好，土温也较高，但易干燥，宜深播；反之，黏重的土壤，地下水位高的地方播种宜浅。高温干燥时，播种宜深；天气阴湿时宜浅。此外，也应注意种子的发芽性质，如菜豆种子发芽时子叶出土，为避免腐烂，则宜较其它同样大小的种子浅播。瓜类种子发芽时种皮不易脱落，常会妨碍子叶的开展和幼苗的生长，播种时除注意将种子平放外，还要保持一定的深度。

二、蔬菜育苗方法

蔬菜育苗根据所用蔬菜繁殖器官不同可以分为种子育苗、嫁接育苗、扦插育苗和组培育苗；根据育苗基质不同可以分为营养土育苗和无土育苗。我们重点介绍目前蔬菜生产上常用的营养土育苗、嫁接育苗、穴盘育苗和无土育苗等。

（一）营养土育苗

1. 营养土的配制

（1）营养土总的要求。一般要求养分齐全，有机质含量15%~20%，全氮含量0.5%~1%，速效性氮含量大于60毫克/

千克，速效磷含量大于 100 毫克/千克，速效钾含量大于 100 毫克/千克，pH 值 6～6.5。疏松通透，有较强的保水性、透水性，通气性好，无病菌虫卵及杂草种子。

（2）营养土材料选择。营养土可因地制宜，就地取材进行配制，基本材料是菜园土、腐熟有机肥、灰粪等。

（3）营养土配方。据用途不同，营养土分为播种床土和移苗床土。播种床土一般配方有：菜园土：有机肥：砻糠灰＝5：（1～2）：（3～4），菜园土：河塘泥：有机肥：砻糠灰＝4：2：3：1，菜园土：煤渣：有机肥＝1：1：1；移苗床（营养钵）土一般配方有：菜园土：有机肥：碧糠灰＝5：（2～3）：（2～3），菜园土：垃圾：砻糠灰＝6：3：1（加进口复肥、过磷酸钙各0.5%），菜园土：猪牛粪：砻糠灰＝4：5：1，菜园土：牛马粪：稻壳＝1：1：1（黄瓜、辣椒），腐熟草炭：菜园土＝1：1（结球甘蓝），腐熟有机堆肥：菜园土＝4：1（甘蓝、茄果类），菜园土：沙子：腐熟树皮堆肥＝5：3：2。果菜类蔬菜育苗营养土配制时，最好再加入 0.5% 过磷酸钙浸出液。以上原料选择，应力求就地取材，成本低，效果好。

（4）配制方法。配制时将所有材料充分搅拌均匀，并用药剂消毒营养土。在播种前 15 天左右，翻开营养土堆，过筛后调节土壤 pH 值至 6.5～7.0，若过酸，可用石灰调整；若过碱，可用稀盐酸中和。土质过于疏松的，可增加牛粪或黏土；土质过于黏重或有机质含量极低（不足 1.5%）时，应掺入有机堆肥、锯末等，然后铺于苗床或装于营养钵中。

2. 营养土消毒

土壤是传播苗期病害的主要途径，没有理想的床土则在苗床土壤中施入一些杀菌剂，能防治蔬菜的苗期病害。现介绍几种苗床营养土消毒方法。

（1）完全消毒法。把所有的营养土全部消毒。把甲醛、溴甲烷、氯化苦等药剂加入到土壤里密闭熏蒸，杀菌彻底，除杀死土壤里的病菌外，还能杀死土壤里的线虫、草籽等，但同时也杀灭了土壤里的有益微生物。因此，在营养土病虫害特别严重时才采用该方法。

（2）铺盖药土法。在蔬菜播种前将覆土和金雷多米尔混合均匀，用量为每平方米营养土加金雷多米尔 5～7 克。然后将 1/3 的药土铺到苗床上，剩余的 2/3 药土均匀覆盖到种子上。对蔬菜幼苗期常见的立枯病、猝倒病等有较好的防治效果。

（3）福尔马林消毒法。每 1 000 千克营养土，用 40% 的福尔马林 250 克，对水 60 千克喷洒搅拌均匀后堆放，用塑料薄膜覆盖 24 小时，揭开薄膜 10～15 天即可播种。此法适用于小粒蔬菜种子的播种。

（4）多菌灵消毒法。每平方米苗床用 50% 的多菌灵 8～10 克与适量细土混匀。

取其中的 2/3 撒于床面做垫土，另外 1/3 于播种后混入覆土中。此法能够迅速杀灭土壤中的病原菌，促进蔬菜种子发芽。

（5）敌克松消毒法。用 70% 的敌克松药粉 0.5 千克拌细土 20 千克，混匀后撒在营养土表面，播种后按种子直径的大小覆土。此法防治苗期猝倒病效果显著。

（6）瑞毒霉消毒法。用 25% 的瑞毒霉 50 克对水 50 千克，混匀后喷洒营养土 1 000 千克，边喷洒边搅拌均匀，堆积 1 小时后摊在苗床上即可播种。此法适用于大粒蔬菜种子的播种育苗。

3. 苗床播种

应选择晴天上午播种，播种量的确定及播种方法参见播种技术。

（二）穴盘育苗

穴盘育苗是以不同规格的专用穴盘作为容器，以草炭、蛭石等材料作基质，通过精量播种，一次成苗的育苗方法。穴盘育苗还具有基质保水力强、根坨不易散，可以长距离运输；可以机械化移栽的优势，是当前工厂化育苗常用的方法。

1. 盘穴育苗设备

（1）精量播种系统。该系统承担基质的前处理、基质的混拌、装盘、压穴、精量播种，以及播种后的覆盖、喷水等项作业。精量播种机是这个系统的核心部分，根据播种机的作业原理不同，精量播种机有真空吸附式和机械转动式两种类型。真空吸附式播种机对种子形状和粒径大小没有严格要求，播种之前无需对种子进行丸粒化加工。而机械转动式播种机对种子粒径大小和形状要求比较严格，除十字花科蔬菜的一些种类外，播种之前必须把种子加工成近于圆球形。

（2）育苗穴盘。专用育苗穴盘是一种育苗专用容器，一般长 54 厘米，宽 28 厘米。根据穴孔数量和孔径大小不同，分为50 孔、72 孔、128 孔、200 孔、288 孔、392 孔、512 孔等几种规格。我国使用的穴盘以 72 孔、128 孔和 288 孔者居多，每盘容积分别为 4 630毫升、3 645毫升、2 765毫升。番茄、茄子、早熟甘蓝育苗多选用 72 孔穴盘；辣椒及中晚熟甘蓝大多选用128 孔穴盘；春季育小苗则选用 288 孔穴盘，夏播番茄、芹菜选用 288 孔或 200 孔穴盘，其它蔬菜如夏播茄子、秋菜花等均选用 128 孔穴盘。

（3）育苗基质。宜使用草炭、蛭石或珍珠岩等轻型基质，这类基质的比重小，保水透气性好。采用轻型基质育苗，基质配制比例一般为草炭：蛭石为2：1，或草炭：蛭石：珍珠岩为3：1：1，覆盖材料用蛭石。基质必须进行消毒杀灭线虫、病菌，以培育无病壮苗。在配制基质时要加入适量的大量元素（表4-6），以满足蔬菜苗期的需求。

表4-6　穴盘育苗化肥推荐用量　单位：千克/立方米

蔬菜种类	氮磷钾复合肥 (15：15：15)	或者尿素＋磷酸二氢钾	
冬春茄子	3.0~3.4	1.0~1.5	1.0~1.5
冬春辣（甜）椒	2.2~2.7	0.8~1.3	1.0~1.5

（续表）

蔬菜种类	氮磷钾复合肥 （15：15：15）	或者尿素＋磷酸二氢钾	
冬春番茄	2.0～2.5	0.5～1.2	0.5～1.2
春黄瓜	1.9～2.4	0.5～1.0	0.5～1.0
莴苣	0.7～1.2	0.2～0.5	0.3～0.7
甘蓝	2.6～3.1	1.0～1.5	0.4～0.8
西瓜	0.5～1.0	0.3	0.5
花椰菜	2.6～3.1	1.0～1.5	0.4～0.8
芥蓝	0.7～1.2	0.2～0.5	0.3～0.7

（引自司亚平《蔬菜穴盘育苗技术》，中国农业出版社，1999）

（4）育苗温室与苗床。要求育苗温室内冬季室内最低气温不应低于12℃，如出现低温天气需采取临时加温措施，所以需配备加温设备。育苗温室务必选用无滴膜，防止水滴落入苗盘中。夏季育苗注意防雨、通风及配备遮阳设备。除夏季苗床要求遮阳挡雨外，冬春季育苗都要在避风向阳的大棚内进行。大棚内苗床面要整平，地面覆盖一层旧薄膜或地膜，隔绝土传病毒，再在地膜上摆放穴盘。为确保床温，可以架床使用电热线加温育苗。

（5）肥水供给系统。一般采用微喷设备、自动喷水喷肥。没有微喷设备，可以利用自来水管或水泵，接上软管和喷头，进行水分的供给，需要喷肥时，在水管上安放加肥装置，利用虹吸作用，进行养分的补给。

（6）催芽室。穴盘育苗是将裸籽或丸粒化种子直接通过精量播种机播进穴盘里，冬春季为了保证种子能够迅速整齐的萌发，通常把播完种的穴盘首先送进催芽室，待种子60%拱土时挪出。催芽室应具备足够大的空间和良好的保温性能，内设育苗盘架和水源，催芽室距离育苗温室不应太远，以便在严寒冬季能够迅速转移已萌发的苗盘。

2. 盘穴育苗技术要点

（1）穴盘选择。育2叶1心苗用288孔穴盘，4～5叶苗用

128 孔穴盘，5~6 叶苗用 72 孔穴盘。

（2）穴盘使用前消毒。穴盘可连续多年使用，所以在每次使用前先清除穴盘中的残留基质，用清水冲洗干净，晾干；然后再进行消毒，避免传染各种病虫害。

（3）基质装盘及播种。先将基质拌匀，调节基质含水量至 55%~60%。手工播种应首先把育苗基质装在穴盘内，刮除多余的基质；把穴盘叠起来相互压干。然后每穴打一播种孔，一般以催芽播种，也可干籽直播。播种后覆盖一层蛭石，然后搭小拱棚保温保湿催芽。出苗后及时揭除覆盖物，透风透光。

（4）水分管理。水分管理是育苗成败的关键，整个育苗期间宜保持育苗穴盘不湿不干；同时要注意及时给幼苗补充营养。

（三）嫁接育苗

利用嫁接技术培育的蔬菜幼苗叫嫁接苗。嫁接苗可有效地防止多种土传病害，克服连作障碍，提高移植成活率，加速缓苗，并能增加植物对不良环境的能力，利用砧木强大的根系吸收水分和养分能力强，增产、增收效果明显。

1. 砧木与接穗选择

优良的嫁接砧木应具备以下特点：嫁接亲和力强，共生亲和力强，表现为嫁接后易成活，成活后长势强；对接穗的主防病害表现为高抗或免疫；嫁接后抗逆性增强；对接穗果实的品质无不良影响或不良影响小。常用蔬菜嫁接砧木多为野生种、半野生种或杂交种，它们具有生长势强，耐低温弱光等优良特性。如黄瓜多以黑籽南瓜为砧木，西瓜多以葫芦和瓠瓜为砧木，甜瓜多以杂种南瓜为砧木，番茄、茄子均以其野生品种为砧木。

2. 嫁接方法

（1）劈接法。将接穗子叶以下的 1 厘米长的胚轴削成楔形，将砧木的真叶和生长点去掉后，用刀片从子叶间切开长约 1 厘米的切口，而后立即将接穗嵌入切口，并用地膜窄条或用牙膏筒剪成的窄条，将切口包扎好，也可用嫁接夹将其固定，立即放入覆盖有薄膜和苇帘的小棚中。

（2）靠接法。将砧木幼苗用刀片将心叶去掉，然后用刀片在生长点下方 0.5~1 厘米处的胚茎上自上而下斜切一刀，切口角度为 30°~40°，切口长度为 0.5~0.7 厘米，深度约为胚茎粗的一半。接穗黄瓜苗在距生长点 1~1.5 厘米处向上斜切一刀。深度为其胚茎粗的 3/5~2/3。然后将削好的接穗切口嵌插入砧木胚茎的切口内，使两者切口吻合在一起，用夹子固定好嫁接处或用塑料条缠好后再用曲别针固定好，使嫁接口紧密结合，然后将它们立即栽于育苗钵中，栽植时砧木的根在中央，接穗根与它距 2~3 厘米。摆好位置后填土埋根，浇水后放人育苗棚中。一般靠接 10~15 天后伤口即可愈合，此时接穗的第一片真叶已舒展开，在接口下 1 厘米左右处用刀片或剪刀将接穗的胚茎剪断，即为靠接苗的"断根"，在断根的同时随手除去嫁接夹、塑料条及曲别针等固定物。

（3）插接法。黄瓜嫁接适期是在黄瓜播种后 7~8 天，此时，砧木第 1 片真叶有手指大，黄瓜两片子叶刚刚展开。将砧木的真叶和生长点用竹签去掉，然后用竹签的细尖从一侧子叶的茎部向对侧子叶中脉基部的胚轴（茎）斜下方扎入，深约 0.5 厘米，插入的竹签暂不抽出。此后将接穗幼苗在距子叶基部 0.8~1.0 厘米切成两段，刀口长 0.6~0.8 厘米，然后切削好接穗，立即拨出竹签，将接穗插入孔，并使接穗的两片子叶同砧木的两片子叶成十字形，然后将此嫁接苗放人育苗棚中。

3. 嫁接后的管理

嫁接好的幼苗摆人事先支好的小拱棚内，随即浇水，白天温度保持在 25℃左右，夜间 15℃左右、湿度在 90% 以上，同时避光遮阳，防止接穗萎蔫。以后逐渐增加光量及照光时间，逐步加强锻炼，适当通风透光，1 周后不再遮光。及时除去砧木上长出的不定芽和从接穗切口处长出的不定根。在育苗期间保持土壤潮湿，随时清除砧木的萌蘖。如黄瓜在靠接后 10~12 天，切断接

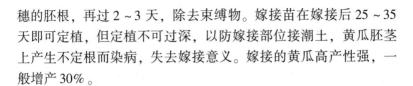

穗的胚根，再过 2～3 天，除去束缚物。嫁接苗在嫁接后 25～35 天即可定植，但定植不可过深，以防嫁接部位接潮土，黄瓜胚茎上产生不定根而染病，失去嫁接意义。嫁接的黄瓜高产性强，一般增产 30%。

（四）无土育苗

无土育苗是一种不用土壤，而用营养液和基质或单纯用营养液进行育苗的方法。根据是否利用基质材料，无土育苗可分为基质育苗和营养液育苗两类，前者是利用蛭石、珍珠岩、岩棉等代替土壤并浇灌营养液进行育苗，后者不用任何材料作基质，而是利用一定装置和营养液进行育苗。使用的基质有炉渣、草炭、沙子、锯末、稻壳、蛭石、珍珠岩等，这些基质和营养液代替了土壤的功能。

1. 无土育苗特点

无土育苗有如下几大特点：基质来源广，能就地取材，材质重量轻，成本低，透气性良好；育出的苗根系发达，吸水肥能力强，菜苗苗壮，定植后缓苗快，幼苗素质好，生长发育快，只要定植后管理及时，均表现出早熟（5～7 天）和增产增收 15%～20%；无土育苗由于基质经过消毒，可避免土壤病害，病害轻少；无土育苗节约了人工管理和燃料消耗，降低了成本；无土育苗有利于实现集约化、科学化、规范化管理和实现育苗工厂化、机械化与专业化育苗。

但无土育苗较有土育苗要求更高的育苗设备和技术条件，成本相对较高。而且无土育苗根毛发生数量少，基质的缓冲能力差，病害一旦发生容易蔓延。

2. 无土育苗技术要点

（1）基质的选择。常用的基质种类很多，主要有泥炭、蛭石、岩棉、珍珠岩、炭化稻壳、炉渣、木屑、沙子等。这些基质可以单独使用，也可以按比例混合使用，一般混合基质育苗的效果更好。岩棉是一种比较好的基质材料，种子可直播在岩棉基质中，待幼苗出芽、子叶展开后，再移栽到岩棉块上，然后浇上营养液即可。混合基质法是采用稻壳、玉米秸等有机物经炭化后作基质育苗或者是用蛭石、草炭、珍珠岩、炉渣、炭化稻壳等二种以上的基质混合后进行育苗，为草炭和蛭石的混合物是常用的基质，二者比例为 2：1。使用前应认真清除杂质，颗粒大小适宜，有些基质用前需用水投洗干净。在配制基质时添加不同的肥料（如无机化肥、沼渣、沼液、消毒鸡粪等），并在生长后期酌情适当追肥，平时只浇清水，操作方便。

由表 4 - 7 看出，配制基质时加入一定量的有机肥和化肥，不但对出苗有促进作用，而且幼苗的各项生理指标都优于基质中单施化肥或有机肥的幼苗。

表 4 - 7　复合基质的育苗效果

处理	株高（厘米）	茎粗（厘米）	叶片数（片）	叶面积（平方厘米）	全株干重	壮苗指数（克）
氮、磷、钾复合	14.2	3.1	4.5	27.96	0.124	0.121
尿素 + 磷酸二氢	17.6	3.6	4.9	39.58	0.180	0.181
+ 脱味鸡粪脱味鸡粪	12.5	2.9	4.1	19.12	0.110	0.104

（引自司亚平《蔬菜穴盘育苗技术》，中国农业出版社，1999）

（2）营养液的配制。营养液配方有多种，生产上常用的有：①1 000升水中，加入 400 ~ 500 克尿素，450 ~ 600 克磷酸二氢钾，500 克硫酸镁，600 克硫酸钙；②1 000升水中加入 400 ~ 500 克磷酸二氢钾，600 ~ 700 克硝酸铵；③1 000升水中，加入 500 克硫酸镁，320 克硝酸铵，810 克硝酸钾，550 克过磷酸钙。如果采用全程无土育苗法，除上述主要元素外，还需加入微量元素：在 1 000升水中，加入硼酸 3 克，硫酸锌 0.22 克，硫酸锰 2 克，硫酸钠 3 克，硫酸铜 0.05 克。

（3）建育苗畦。在育苗场所，按 1.5 ~ 1.6 米宽、长宽按地形和面积需要而定。挖 6 ~ 12 厘米深，用酿热物的挖 12 ~ 14 厘米深，然后整平，四周用土或砖块做成埂。

（4）铺垫农膜和酿热物。在畦内铺上农膜（可用旧膜），按15～20厘米见方针打6～8毫米粗的孔，以便透气、渗水。除膜下的土中掺入酿热物外，有条件的在膜上还可垫一层5～10厘米的酿热物，铺平踩实后，再在上面铺上基质2～3厘米厚。

（5）铺设电热线。有酿热物的在其上面铺设电热线，没有酿热物的先在薄膜上垫1～2厘米厚的基质（如炉渣），再在其上面按每平方米面积80～100瓦的功率标准铺设地热线。

（6）无土育苗的管理。一般在出苗子叶展平后用喷壶浇营养液，浇完后再及时用清水冲洗叶片，浇液量以基质全部湿润，使底部有1厘米左右的液层即可，不能把基质全部淹没。一般一周浇2次，中间过干时可补浇清水。

无土育苗的苗龄比常规育苗的苗龄短，如番茄只需50～60天，甜椒和茄子只需70～80天，黄瓜需36～40天，可根据不同作物的适宜定植期往前推到所需苗龄天数，以确定不同作物的播种日期。

三、苗期管理技术

（一）出苗期的管理

这一时期是指从播种到出苗期期间的管理。管理目标是创造适宜的种子发芽和出苗的环境条件，促进早出苗，早齐苗和出壮苗。

早春育苗，时值寒冷季节，因此，保证苗床的一定温度是管理措施的关键，播种后到出苗前，要继续维持较高温度。番茄和黄瓜最好是25℃左右，茄子、辣椒最好保持30℃左右，甘蓝保持20℃左右。利用变温管理技术时，夜间可比白天降低5～10℃，温度过低可能造成烂种，温度过高，再加上床土干旱，幼苗的根系易变黄。

幼苗顶土期，要降低苗床温度，此期温度过高容易引起胚茎过长，很难成壮苗。出苗前，床土干旱，可在床上撒层细土，既能保墒又能预防种子"顶壳"出土。如床土过干旱，可喷洒少量水。

（二）幼苗期的管理

这一时期是指从出苗到第一次分苗期间的管理。管理目标是控制温度、增强光照、调节温度、间苗、防病等。

1. 控制温度

控制温度是早春育苗管理的关键，从幼苗"顶土"开始到出齐苗，这一阶段要逐渐降低苗床温度。苗出齐后，番茄苗床的温度白天可维持在 22 ~ 25℃，夜间 10 ~ 15℃。黄瓜、辣椒、茄子苗床的温度白天维持 22 ~ 25℃，夜间 16 ~ 20℃。这一时期采用低温锻炼秧苗，可抑幼苗徒长，提高抗寒性。

秧苗出齐后，子叶展平到分苗前，番茄苗床白天维持 20 ~ 25℃，夜间在 10 ~ 15℃。黄瓜、辣椒、茄子秧苗的床温可比番茄温度提高 3 ~ 5℃。分苗前 2 ~ 3 天，要适当降低苗床温。一般以降低 3 ~ 5℃为宜。

2. 改善光照

要给予幼苗充足的光照条件，保证光合作用顺利进行，这对于培育壮苗是十分重要的。为促进秧苗生长要注意改善光照条件，可以采取以下措施：选用透光性好的透明覆盖物；保持覆盖物的清洁度；搞好保温覆盖物的揭盖工作，在保温的前提下，应尽量早揭、晚盖覆盖物，延长光照时间，特别是在阴天时，只要有一定光照，就应及时掀开覆盖物。

3. 调节湿度

通常降低苗床土壤湿度的方法主要有：育苗床要选在地势高燥处；气温较高的中午，在不伤及秧苗情况下尽量通风；利用松土和撒干土的办法降低湿度。

增加土壤湿度的有效措施是应及时浇水，浇水要控制浇水量，幼苗期合理的浇水量是水渗下后，仅使秧苗根系周围的土壤湿润，一般渗水深度 8 ~ 10 厘米，床土表层无积水；在浇水时一

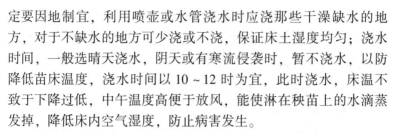

定要因地制宜，利用喷壶或水管浇水时应浇那些干燥缺水的地方，对于不缺水的地方可少浇或不浇，保证床土湿度均匀；浇水时间，一般选晴天浇水，阴天或有寒流侵袭时，暂不浇水，以防降低苗床温度，浇水时间以 10 ~ 12 时为宜，此时浇水，床温不致于下降过低，中午温度高便于放风，能使淋在秧苗上的水滴蒸发掉，降低床内空气湿度，防止病害发生。

4. 追肥

幼苗期必须充分施肥，以施足基肥为主。如床土不肥沃，秧苗出现茎细、叶小、色淡等缺肥症状时，应及时追肥，但应注意以下事项：

追肥时间：追肥分追化肥和有机肥两种。追肥，以氮素化肥为主，用复合肥更好。施用方法一是撒施后立即浇水，二是随水浇入，三是将化肥溶于水中再用化肥溶液追肥，不论用什么方法，化肥和浇水量的比例是 0.1∶100 或 0.3∶100。如果化肥过多，浓度超过 0.5%，很容易出现烧苗现象。

追施有机肥时，常用人粪尿或圈粪。追施时，粪肥加水 10 ~ 20 倍，灌入苗床内。追肥结束后用喷壶喷清水，洗刷幼苗叶上沾着的粪肥，以防止"烧叶"。追施有机肥还应通风换气，把苗床内的氨和硫化氢等有毒气体排出去，避免秧苗遭受毒害。

根外追肥：用 0.1% 的磷酸二氢钾，0.2% ~ 0.3% 过磷酸钙或 0.3% 的尿素溶液，喷洒在蔬菜幼苗叶面上，这种方法称为根外追肥。在土温过低，秧苗根系吸收肥料能力较差时，利用此法有良好的效果。

（三）分苗

1. 分苗的次数

分苗的次数各地不同，北方地区一般分苗一次，茄果类蔬菜在 2 ~ 3 片真叶时按照所需密度进行一次性分苗。

2. 分苗前后的管理

分苗前最重要的是应使幼苗经受低温锻炼。分苗前 2 ~ 3 天白天停止加温，多通风降温，使秧苗多见阳光，增加光合作用，积累养分，夜间控制温度要比平常低3~5℃。分苗前，当天上午浇水，使土壤湿度合适。2~3天，苗床内以保温保湿为主。

（四）分苗后到移栽前的管理

1. 温度和光照的管理

分苗到定植前，床内温度变化剧烈，夜间温度较低，尤其是来寒流时温度更低，稍一疏忽就会造成冻害。晴朗的中午苗床内的温度时常过高，可达35~40℃，如不及时通风降温，则会发生灼伤或引起秧苗徒长。所以应认真管理，尽量使秧苗处在适宜温度条件，同时通过早掀晚盖覆盖物来延长秧苗的受光时间。

2. 水肥管理

秧苗定植前，由于气温升高，苗床通风时间延长，床土水分蒸发较快，秧苗较大，需水较多，应适当浇水。在苗床基肥不足的情况下，可追施一次速效肥料。此期追肥要注意磷钾肥料的配合，单纯追施氮肥易造成秧苗徒长。

3. 炼苗

为了培育壮苗，增加幼苗对早春低温等不良环境条件的适应，一般在定植前一周开始对幼苗进行锻炼。一般等80%的种子出苗后及时揭开覆盖物，搭好阴棚，每天10时以前、16时以后炼苗，每次炼苗2小时，待出现第一片真叶后逐渐增加炼苗时间，同时注意防止强风直吹和强阳光久晒。在定植前10天，应减少浇水次数，在秧苗不发生干旱萎蔫情况下不要浇水。移栽前一个星期撤去阴棚自然炼苗。幼苗定植前要进行蹲苗，如发现幼苗徒长，可适当喷洒植物生长延缓剂如多效唑、矮壮素或缩节安等。

（五）苗期病虫害的预防与防治

蔬菜苗期主要病害有猝倒病、立枯病、灰霉病，主要虫害有蚜虫、菜青虫、地老虎。苗期病害发生原因主要是阴雨和低温、苗床中土壤过湿和棚内湿度过高及温度过低引起。所以要做好塑料小拱棚的通风，降低棚内温度，但早晚要做好保温工作。如果发现病虫害必须及时喷药，常用的农药有 25% 甲霜灵可湿性粉剂 800 倍液，或 50% 多菌灵可湿性粉剂 1 000 倍液，或 70% 甲基托布津 1 000 倍液防治。防治蚜虫可用 10%一遍净 2 000 倍液和 20% 好年冬乳油 2 000 倍液等喷雾；小地老虎可捕捉或用药剂防治，捕捉在早晨天亮时或傍晚进行，药剂用 2.5% 敌百虫粉剂或 50% 辛硫磷 800 倍液等洒地。

任务三、蔬菜田间管理技术

一、定植

（一）定植时期的确定

蔬菜定植时期要根据当地的气候条件、蔬菜种类和上市需求时间等因素综合考虑。露地生产时，喜温性的蔬菜如黄瓜、番茄、茄子、菜椒、西葫芦、菜豆等只能在无霜期定植，露地定植的最早时期是当地的终霜期过后进行，当地 10 厘米土层地温稳定在 10℃ 以上。耐寒的蔬菜如白菜、甘蓝、花椰菜、绿菜花、芹菜和菠菜可较喜温蔬菜提前一个月定植，即当地 10 厘米土层地温稳定在 5℃ 以上。设施生产育苗时，因设施的性能不同，栽培的蔬菜可提前或延后，现代化温室内周年可以定植。

（二）定植方法

常用的定植方法有两种即暗水定植法和明水定植法。

（1）暗水定植。先挖穴，然后灌水，待水渗下后，再将幼苗与湿润土层紧密接触放好，而后覆半沟土稳苗，穴口不封严（利用穴口上行热气，提高定植穴内的地温，促进缓苗成活）。其优点是：用水集中，用水量小，较少降低地温，土壤温度最易升高；土壤表层不易板结、裂缝，保墒好；根系恢复快，但较费工。

（2）明水定植。先挖穴栽苗覆土，后浇水，在田间操作时省工，速度快。但灌水后水分多滞存于土壤表层，诱使作物根系不向纵深发展而形成浅根，对作物中后期产量有很大的影响；易引起土壤板结、裂缝，保墒能力差。

（三）定植密度

适宜定植密度要根据蔬菜种类特点、整枝方式、留果多少、生育期长短等灵活掌握。番茄的定植密度为3 800株/亩，黄瓜的定植密度为3 500株/亩，茄子的定植密度为3 000株/亩，辣椒的定植密度为4 000株/亩，甜瓜的定植密度为1 000株/亩，西瓜的定植密度为600 株/亩。同一种蔬菜也要根据品种特性确定定植密度，如番茄自封顶型的、单干整枝的、早熟的、土壤肥力高的应适当密植，无限生长型的、双干或多干整枝的、晚熟的、土壤肥力低的应适当稀植。

二、施肥

（一）肥料种类的选择

应选择施用不对环境和蔬菜营养、品质等产生不良后果的肥料类型和种类。

（1）有机肥。主要包括堆肥、泥肥、饼肥、厩肥、沼气肥、绿肥、作物秸秆等。

（2）微生物肥料包括腐殖酸类肥料、根瘤菌肥料、钾细菌肥料、磷细菌肥料以及复合型微生物肥料等。

（3）矿物质肥料。生产上常使用的氮素化肥有：硫酸铵、碳酸氢铵、尿素；常用的磷肥有过磷酸钙、重过磷酸钙；常用的钾肥有氯化钾、硫酸钾。复合肥料常用的有磷酸铵、氮磷钾复合肥和磷酸二氢钾。其中磷酸铵和氮磷钾复合肥适合作基肥，而磷酸

二氢钾价格较高，在大面积生产中多用于根外追肥。

（4）微肥。在蔬菜生产中由于土壤酸碱度的变化会造成土壤对某种微量元素的缺乏，需及时补充。如铁肥（硫酸亚铁）、钼肥（钼酸铵）、锌肥（硫酸锌）等。

（二）施肥的方式

1. 基肥

基肥一般指在播种或移植前施用的肥料。它主要是供给蔬菜整个生长期中所需要的养分，为蔬菜生长发育创造良好的土壤条件，也有改良土壤、培肥地力的作用，作基肥施用的肥料大多是迟效性的肥料。厩肥、堆肥、家畜粪等是最常用的基肥，我国北方地区生产蔬菜的土壤有机质含量一般都在 1% 左右，而生产蔬菜的土壤有机质需求一般在 2% 以上。化学肥料的磷肥和钾肥一般也作基肥施用，基肥的施肥深度通常在耕作层。

2. 追肥

追肥指在蔬菜生长过程中为满足蔬菜某一生长发育阶段对营养元素种类和量的需求而追加施用的肥料。追肥施用的特点是比较灵活，要根据蔬菜生长的不同时期所表现出来的元素缺乏症，对症追肥。尿素、碳酸氢铵、氯化钾、硫酸钾、磷酸二氢钾等是追肥最常见的化肥品种。

3. 叶面追肥

首先，肥料选择要有针对性，要根据缺素症的外部特征，确定叶肥的种类及用量，挥发性强的肥料不宜做叶面追肥，如氨水、碳酸氢铵等。其次，喷洒浓度要合适，叶面追肥一定要控制好喷洒浓度，浓度过高很容易发生肥害，造成不必要的损失，浓度过低则收不到应有的效果，在蔬菜生长发育的不同时期对不同肥料的耐受度也不同，如苗期应降低追肥浓度，温度较高时也要按照浓度就低的原则，以免烧伤植物。一般尿素的适宜浓度为 0.5% ~1%，氯化钙的适宜浓度为 0.3% ~0.5%，硫酸锌的适宜浓度为 0.05% ~0.3%。然后是喷洒时间要适宜，叶面追肥一般在蔬菜生长的苗期、花期、中后期需肥关键期施用效果好，天气最好选择傍晚无风的天气或无风的阴天进行，晴天应在早晨露水干后进行，在有露水的早晨喷肥，会降低溶液浓度，影响施肥效果，雨天或雨前进行叶面追肥养分易被雨水淋失，起不到应有的作用，在喷后 3 小时内遇雨，要补喷一次，但浓度要适当降低。最后，喷洒要均匀，次数要因蔬菜种类而异，要注意叶面追肥时要喷施均匀，使叶片正背面都淋有肥液，喷施次数生育期短的蔬菜 1~2 次为宜，生育期长的一般不少于 2~3 次。

(三) 施肥的方法

施肥有很多种方法：撒施、穴施、沟施、环施、条施、冲施等。在一定范围内肥料离作物根部愈近吸收效果愈好，肥料集中，效果也大，在保证不烧苗的情况下尽可能使肥料离根部近一些；在播种沟内施肥的有机肥一定要充分腐熟，化学肥料数量一定要少，少施勤施，以免烧坏幼苗；浸种、叶面肥料都是辅助施肥的办法，不能完全代替土壤的施肥。

三、灌溉技术

(一) 灌溉的方式

蔬菜的栽培种类多，不同的种类和不同蔬菜生长发育期对水分的需求不同，不同季节栽培方式多样，所以需要多种灌溉方式才能满足不同蔬菜种类在不同栽培方式下对水分的需求。根据灌溉设备出水口所处的位置高度不同可以分为地面灌溉、地下灌溉和地上灌溉等。

1. 地面灌溉

灌溉水顺着栽培地表面渗入土壤，增加土壤含水量的方式。常用的灌溉方式有畦灌、沟灌、漫灌、滴灌等。

(1) 畦灌适用于种植密度较大或需经常灌溉的蔬菜（如绿叶菜类、黄瓜等），畦灌要求畦面平整、菜畦布置合理，并能控制

入畦流量和放水时间。

（2）沟灌对多数中耕作物适用，中耕时结合培土形成灌溉沟。沟灌时，为使灌水均匀，应根据灌溉地段的地面坡度、土壤质地、土地平整情况等条件合理确定灌水沟的间距、长度、入沟流量及放水时间。一般沟长30～100米，入沟流量以土壤质地和坡度而异，在土壤透水性较差、地面坡度较大的地区，入沟流量应适当降低，采用"小水慢灌"或"长垄分段"灌溉的方法。

（3）漫灌又叫淹灌，是农业生产上一种原始的灌水方法，用水量大水资源浪费严重，灌溉不均匀，蔬菜生产上很少采用。

（4）滴灌是利用低压管道系统把水或溶有化肥的溶液均匀而缓慢地滴入蔬菜根部附近的土壤，增加蔬菜根部土壤含水量，持续满足蔬菜生长发育对水分的需求的一种灌溉方法，滴灌具有节水、省工、省地、高效的优点，利于蔬菜的生长发育，但一次性投资稍大。

2. 地下灌溉

在地下预先埋设输水管道，将水引入蔬菜根系分布的土层，借毛细管作用自下而上或向四周润湿蔬菜根区土壤的灌水方法。地下灌溉具有模拟蔬菜自然生长状况下土壤供水的状态，不破坏土壤结构，地表土层水热气比例协调，且能自动调节，均匀输送水分、养分，蔬菜生长土壤环境稳定，易于获得高产稳产。根据当前使用的地下输水管道的材料不同可以分为陶土式、塑料式、合瓦式等。

3. 地上灌溉

利用专门增压设备通过输水管道把有压水流喷射到空中并散成水滴落下，增加地表层土壤含水量的灌溉方式。

地上灌溉常用的灌溉方式主要是喷灌，具有省水、改善田间小气候、节省劳力、灌水效率高的优点。

喷灌系统是由水源设施、输配水渠或管道和喷洒机具三部分组成。喷灌系统有多种类型，我国一般将喷灌系统分为移动式、固定式和半固定式 3 种类型。移动式喷灌系统从田间渠道、井、塘直接吸水，其动力、水泵、管道和喷头全部可以移动，这种系统的机械设备利用率高，在农业上应用最为广泛；固定式喷灌系统动力、水泵固定，输水干管及工作支管均埋入地下，喷头可常年安装在与支管连接伸出地面的竖管上，也可按轮灌顺序轮换安装使用，一般用于灌水次数频繁、经济价值高的蔬菜和经济作物的灌溉；半固定式喷灌系统动力、水泵固定，输水干管埋入地下，工作支管和喷头可以移动，由连接在干管伸出地面的给水栓向支管供水，移动支管可以采用人工移动，也可以用机械移动。

（二）灌溉期的确定

1. 根据气候变化灌水

在冬季或早春的低温期尽量不浇或少浇水；随着气温和土温的提高，可以逐步增加灌溉次数和灌水量，灌溉时间晴天中午前后浇水；高温期间增加浇水次数，在早晨或傍晚进行，且要根据降雨量确定灌溉量；秋季以后随着气温和地温的降低，灌溉次数和灌溉量要逐步减少和降低。

2. 根据土壤情况灌水

土壤缺水时应及时灌水，砂壤土宜增加灌水次数，并施有机肥改良土质以利保水；黏壤土地采取暗水播种，浇沟水；盐碱地强调河水灌溉，明水大浇，洗盐洗碱；低洼地小水勤浇，排水防碱。

3. 根据蔬菜的种类、生育时期和生长状况灌水

叶菜类植物一般生长迅速，对水分需求量较大，要经常灌溉，确保满足需水量；根系较深的豆类、茄果类可采取先湿后干的灌溉方式，后期适当减少灌溉次数；对大白菜、黄瓜等根浅、喜湿的蔬菜种类，应做到小水勤灌。

根据蔬菜不同生育期需水量不同的特点采取不同灌溉量。种子发芽期，要求一定的土壤湿度，满足种子吸水膨胀以后才可以完成内含物的转化利用，根系生长和胚轴生长都需要水分，水分

不足势必影响出苗，所以播种前要灌足水；幼苗期，叶片较小，蒸发量小，需水较少，但土壤的蒸发量较大，易引起土壤干旱，需水量较大，灌溉时除蹲苗期外要经常保持土壤湿润；营养生长期属于养分积累期，即是植物积累并形成养分的时期，又是植株细胞体积增大的主要时期，此时植株生长最为旺盛，是需水量最大的时期，应勤浇水，多浇水，保证蔬菜植株生长、养分积累的水分需求；开花期，对水分较为敏感，水分亏缺易引起落花落果，水分过多又会引起植株徒长。总之，灌溉时要掌握适时、适量、高质、高效的原则，在蔬菜的水分临界期，最大需水期进行合理灌溉，以期用最少的投入获得最大收获。

（三）灌溉指标的确定

1. 形态指标

根据天气、土壤、植株等表现出的状态指标来确定是否灌溉。首先要根据近期天气预报的降水时间和降水量的情况，确定是否灌溉或灌溉量；其次是观察土壤含水量，当土壤田间持水量低于 70% ~ 80% 时需要及时灌溉；然后是观察植株生长状态，一般蔬菜出现幼嫩的茎叶在中午前后发生萎蔫、生长缓慢、叶色呈暗绿色或茎叶变红等现象时，均表示体内水分不足，应立即灌水。形态指标容易观察，但较难准确掌握，需要反复实践。

2. 生理指标

蔬菜是含水量比较高的作物，对水分的反应比较敏感，当蔬菜作物缺水时，会及时出现很多生理反应，根据蔬菜的生理指标进行检测灌溉，比较准确。如蔬菜作物缺水时，叶水势下降；缺水状态时蔬菜细胞汁液浓度比正常水分含量的蔬菜高；土壤水分充足时，蔬菜叶片气孔开放度较大，随着土壤水分的减少，叶片气孔开放度逐渐缩小。

任务四、主要蔬菜生产与病虫害防治技术

一、黄瓜生产与病虫害防治技术

黄瓜为一年生草本蔬菜作物，在瓜类蔬菜中占有极为重要的位置，其栽培范围广，面积大，占全国蔬菜栽培面积的 10% 左右。

（一）黄瓜主栽品种

当前生产上常用的黄瓜优良品种主要有津优 1 号、津优 2 号、津优 5 号、津优 6 号、津优 10 号、津优 11 号、津优 20 号、津优 30 号、津优 35 号、津春 2 号、津春 4 号、津春 5 号、津美 1 号、博杰 50 号等。

（二）黄瓜育苗技术

为提高黄瓜的抗病、抗低温能力和克服连作障碍提高产量，黄瓜生产上一般采用嫁接育苗。

（1）嫁接前的准备工作。在黄瓜嫁接前必须进行建棚、苗床整理、品种选择、营养土的准备、种子的消毒浸种催芽、播种、嫁接工具的准备等工作。建棚一般建造高 1.7 米、宽 5 米的中拱棚，便于嫁接时操作人员进入操作；苗畦宽 1.0～1.2 米，长 8～10 米；营养土一般选择腐熟的有机肥面和壤土，按 1∶9 的比例细筛混匀在苗床内铺 7～8 厘米厚，整平耙实，灌透水；南瓜品种一般选择与瓜类品种亲和性好，经嫁接后生根多、坐瓜多、抗重茬，耐低温和耐热干旱的优势强，高抗霜霉病、枯萎病、白粉病、疫病等，能明显提高产量的品种如东洋神力、北农亮砧、云南黑籽南瓜和云南白籽南瓜等；黄瓜品种一般选择适宜于不同栽培模式的优良品种；黄瓜种子每亩 200～250 克，南瓜种子每亩 2 500～3 000 克，分别晒种 1～2 天，南瓜种再放入 -4～0℃ 条件

下冷冻 2 ~ 3 天，黄瓜种放在 55 ~ 60℃、南瓜种放在 80℃ 条件下烫种 25 ~ 30 分钟，然后放 30℃ 水中浸种 8 小时，搓洗掉种子表面黏液然后放入 1% 高锰酸钾溶液 30 分钟消毒，用清水洗净后放入 28 ~ 32℃ 环境中催芽；南瓜种胚根长到 0.5 厘米时，点播到育苗盘，胚根向下覆土 1 厘米，黄瓜种子露白时均匀撒播到育苗床上，采用靠接法播种时间黄瓜比南瓜早 5 ~ 7 天，插接法南瓜比黄瓜提前 3 ~ 5 天；嫁接工具主要是准备刀片、竹签、嫁接夹等。

（2）嫁接技术要点。一般选择南瓜苗第一片真叶长到黄豆大小时，黄瓜子叶展平时，可以进行嫁接。常用的嫁接方法主要有靠接法和插接法，靠接法操作步骤主要是去掉砧木生长点（用竹签剔除）→削砧木（用刀片从子叶节下方 1 厘米处，自上向下呈 45°角下刀，斜割的深度为茎粗的一半，最多不超过 2/3）→削接穗→（从子叶节下部 1.5 厘米处，自下而上呈 45°角下刀，向上斜割幼茎的一半深）插接穗（对挂切口，皮层最少一侧对准）→嫁接夹夹住结合部；插接法操作步骤主要是去掉砧木生长点（用竹签剔除）→插接孔（竹签的先端紧贴砧木一子叶基部的内侧，向另一子叶的下方斜插，插入深度为 0.5 厘米左右，不可穿破砧木表皮）→削接穗（用刀片从黄瓜子叶下约 0.5 厘米处入刀，在相对的两侧面切一刀，切面长 0.5 ~ 0.7 厘米，刀口要平滑）→插接穗（接穗削好后，即将竹签从砧木中拔出，并插入接穗，插入的深度以削口与砧木插孔平为度）等。

（3）嫁接后的管理技术。主要包括温度管理、湿度管理、光照管理、通风管理、去侧芽或断接穗根等。温度管理主要是嫁接后保温，嫁接后伤口愈合的适宜温度为 25℃ 左右，嫁接时气温一般都比较低，接口在低温条件下愈合很慢，影响成活速度，及时将薄膜的四周压严，以利保温，苗床温度控制在白天保持 24 ~ 26℃，不超过 27℃，夜间 18 ~ 20℃，不低于 15℃，3 ~ 5 天以后，开始通风，并逐渐降低温度，白天可降至 22 ~ 24℃，夜间降至 12 ~ 15℃；湿度管理主要是嫁接后保湿，嫁接后 3 ~ 5 天内，相对湿度控制在 85% ~ 95%；嫁接后的光照管理主要是遮光，嫁接后覆盖稀疏的苇帘或遮阳网，避免阳光直接照射秧苗而引起接穗凋萎，一般嫁接后 2 ~ 3 天，可在早晚揭除草帘以接受弱的散射光，中午前后覆盖遮光，以后逐渐增加见光时间，一周后可不再遮光；通风管理主要是在嫁接后 3 ~ 5 天、嫁接苗开始生长时可开始通风，初始通风口要小，以后逐渐增大，通风时间可逐渐延长，一般 9 ~ 10 天后即可进行大通风；去砧木侧芽，砧木切除生长点后，会促进不定芽的萌发，侧芽的萌发会与接穗争夺养分，因而直接影响到接穗的成活，应在嫁接后 7 天左右开始进行，2 ~ 3 天一次及时除去子叶节所形成的不定芽；采用靠接法嫁接的黄瓜，还应注意在接后 10 ~ 15 天及时解除包扎物，并用刀片切断接穗根系。

（三）黄瓜定植技术

（1）整地施肥。黄瓜喜肥，定植前必须清除前茬并进行整地施肥，一般情况下，亩施基肥用量，优质圈肥为 8 000 ~ 15 000 千克，饼肥 150 ~ 200 千克，硝铵 50 千克，过磷酸钙 150 ~ 200 千克，或用磷酸二铵 50 ~75 千克代替上述两种化肥，草木灰 150 千克。有条件的亩施硫酸锌 3 千克左右。肥料混匀后，其中 2/3 撒施，1/3 沟施，撒施农家肥后，深翻 20 ~ 25 厘米，耙平整细做 1.2 米宽高畦，按具体种植方式的株行距开沟，沟施肥晒土。

（2）定植前要测试地温。测点选在距离温室前底角 40 厘米处，连测 3 ~ 4 天 10 厘米地温。若地温稳定在 12℃ 以上，说明达到了定植的温度指针可以定植。

（3）定植时间选在晴天上午进行，要求定植后至少有 3 ~ 4 个晴天。定植时遇到阴天最好要停止定植。继续定植时，不要浇水，待天气转晴后再浇水。

（4）起定植垄。一般情况下，采用南北行向定植，而且要栽到垄上，其行距以 1 米左右为好，主要采用两种栽植方式。

主副行强化整枝变化密度栽培：主行距 1 ~ 1.1 米，平均株距 27 ~ 30 厘米，要求前稠后密，每垄定植 14 ~ 16 行。主行的垄间再起一条栽副行的垄，平均株距 20 厘米，每行栽植 22 ~ 24 株。

主副垄长短行种植：该栽植方式与前一种基本相似。要求主行平均株距 23 ~ 25 厘米，每行栽 20 株左右。副行只在垄前部栽 5 ~ 6 株。

（四）定植后的管理技术

1. 水分管理

定植后要强调灌好 3 ~ 4 次水，即稳苗水、定植水、缓苗水等。在浇好定植缓苗水的基础上，当植株长有 4 片真叶，根系将要转入迅速伸展时，应顺沟浇一次大水，以引导根系继续扩展。到根瓜膨大期一般不浇水，天气正常时，一般 7 天左右浇一次水。

2. 施肥管理

黄瓜施肥首先要重视育苗土的配制。一般可用 50% 菜园土、30% 草木灰、20% 腐熟干猪粪掺和均匀而成。黄瓜育苗营养土除需进行土壤处理消除病虫害以外，还可以增施磷酸二氢钾，按每立方米营养土加入磷酸二氢钾 3 ~ 5 千克计算，与营养土掺和均匀。幼苗期适当增施磷、钾肥可以增加黄瓜幼苗的根重和侧根数量，利于营养吸收和壮苗。也可在幼苗期喷施 0.3% 尿素和磷酸二氢钾的混合液，以补充营养，培育壮苗。

黄瓜定植后随浇稳苗水追施促苗肥，每亩用尿素 1 ~ 2 千克。在进入结果期前为了促进根系发育，可在行间开沟或在株间挖穴，每亩施用三元复合肥 20 ~ 25 千克。进入结果期后，由于果实大量采收，每 5 ~ 10 天应追肥 1 次，每次每亩施高氮复合肥 25 ~ 30 千克。施肥方法可随水冲施。为了补充磷、钾营养，在盛果期结合打药，喷施 0.5% 的磷酸二氢钾 2 ~ 3 次，0.2% 的硝酸钙、0.1% 的硼砂 2 ~ 3 次，可以提高产量，防止瓜秧早衰和减少畸形果。

3. 植株调整技术

主要包括吊蔓和绑蔓、摘卷须和雄花、落蔓与去老叶等。

吊蔓一般在黄瓜定植后 1 周左右，用一段聚丙烯绳撕裂绳下端拴在秧茎部，绳的上端缠绕一段，作为以后落蔓时使用，然后系在垄顶薄膜下细铁丝上，同时将瓜蔓引到吊绳上，进行"S"形绑蔓。

结合绑蔓及时去除雄花，打掉卷须和基部第 5 节以下的侧枝。第 5 节以上的侧枝可留 1 条瓜，在瓜前留下 2 个叶片摘心。

在结瓜以后要及时摘除化瓜、弯瓜、畸形瓜，及时打掉下部的老黄叶和病叶，去掉已收完瓜的侧枝。植株长满架时，主蔓茎部已扫掉了枝叶，应将预留的吊绳解开放下，使蔓基部盘卧地面上，为植株继续生长腾出空间，并根据植株生长情况，隔一段时间落一次蔓。

（五）采收技术

黄瓜的瓜把深绿，瓜皮有光泽，瓜上瘤刺变白，顶稍现淡绿色条纹即可采收瓜，应当及时采收较嫩瓜条，尤其是根瓜，一定要早采收，以防瓜坠秧，一般要求每天采收。采收应选择在 8 时前进行，下午采收不仅易使瓜果产生苦味，影响质量，而且瓜果因温度过高，不耐贮运。

（六）常见病虫害及防治技术

黄瓜主要病害在苗期病害常见的有霜霉病、白粉病、枯萎病、炭疽病、疫病和细菌性角斑病等。主要虫害有叶螨、茶黄螨、蚜虫、白粉虱、潜叶蝇等。

1. 黄瓜霜霉病

（1）为害症状。发病初期，叶片上呈现小白点，随后逐渐扩大，形成多角形大斑，颜色呈现黄色、浅黄色等，背面也在湿度较大时有黑色霉层（图 4 - 1）。

（2）防治技术措施。选用抗病品种，抗病品种是防治黄瓜霜

1 叶面　　　　　　　　2 叶背

图 4 - 1　黄瓜霜霉病症状

霉病经济有效的措施，露地主栽有津春 4 号、津春 5 号、津优 1 号、津优 4 号、津研 4 号等新品种，及时摘除老病叶，可以通风透光降湿，还可以降低田间病菌量，多施磷、钾肥提高植株的抗病能力；应在发病初期及时进行药剂防治，可用 25% 甲霜灵可湿性粉剂、64% 杀毒矾可湿性粉剂、72.2% 普力克水剂、50% 甲霜铜可湿性粉剂、47% 加瑞农可湿性粉剂等药剂 500 ~ 800 倍液喷雾，施药后采收黄瓜应注意安全间隔期。

2. 黄瓜白粉病

（1）为害症状。黄瓜白粉病以叶片受害最重，其次是叶柄和茎。发病初期，叶片正面或背面产生白色近圆形的小粉斑，逐渐扩大成边缘不明显的大片白粉区，布满叶面。发病严重时，叶面布满白粉，变成灰白色，直至整个叶片枯死（图 4 - 2）。

（2）防治技术措施。选用抗病品种，增施有机肥、合理追施无机肥防治黄瓜植株早衰；药剂防治于发病前喷 27% 高脂膜 100 倍液保护叶片，发病期间，用 50% 多菌灵可湿性粉剂 800 倍液或 75% 百菌清可湿性粉剂 600 ~ 800 倍液或 25% 的三唑酮（粉锈宁、百里通）可湿性粉剂 2 000 倍波或 30% 特富灵可湿性粉剂 1 500 ~ 2 000 倍液，每 7 天喷药 1 次，连续防治 2 ~ 3 次。

3. 黄瓜枯萎病

黄瓜枯萎病又名萎蔫病、蔓割病、死秧病，是一种由土壤传

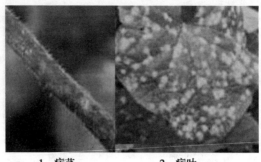

1 病茎　　　　　2 病叶

图 4 - 2　黄瓜白粉病症状

染病害，从根或根颈部侵入，在维管束内寄生的系统病害（导管型枯萎病）。

（1）为害症状。多在开花结果期或根瓜采收后发生，先从接近地面的茎基部叶片开始发病，一部分叶片或植株一侧叶片在中午萎蔫，似缺水状，早、晚又恢复正常，萎蔫叶自下而上不断增多，渐及全株，一段时期后，萎蔫叶片不能再恢复。茎基部呈水浸状，软化缢缩，逐渐干枯，表皮纵裂如麻，植株枯死。横切病茎观察，可见维管束呈褐色（图 4 - 3）。

1 病秧　　2 维管束

图 4 - 3　黄瓜枯萎病症状

（2）防治技术措施。种子消毒；选用抗病品种，生产上高抗枯萎病的黄瓜品种主要有津研、津杂、津春、津优、中农等品种系列；床土消毒，按每平方米苗床用 50% 多菌灵可湿性粉剂 8 克，将药剂搀入营养土，定植前要对栽培田进行土壤消毒，每亩用 50% 多菌灵 3 千克，混入细土，对成药土，撒入定植穴内；拔除病株于田外烧毁，病株穴内撒多菌灵等药剂消毒，浇水时做到小水勤浇，严禁大水漫灌；药剂防治于发病初期用 50% 多菌灵可湿性粉剂 500 倍液或 50% 甲基托布津可湿性粉剂 400 倍液或 25.9% 抗枯宁可湿性粉剂 500 倍液，或 20% 甲基立枯磷乳油 1 000 倍液等药剂灌根，每株 0.25 千克，5～7 天 1 次，连灌 2～3 次，灌根时加 0.2% 磷酸二氢钾效果更好。

4. 黄瓜炭疽病

（1）为害症状。幼苗发病多在子叶边缘出现半椭圆形淡褐色病斑，上有橙黄色点状胶质物，茎部发病近地面基部变黄褐色，渐溢缩，溢缩后折倒。成叶染病，病斑近圆形，直径 4～18 毫米，灰褐色至红褐色。瓜条染病，病斑近圆形，初为淡绿色，后成黄褐色，病斑稍凹陷，表面有粉红色黏稠物，后期开裂（图 4-4）。

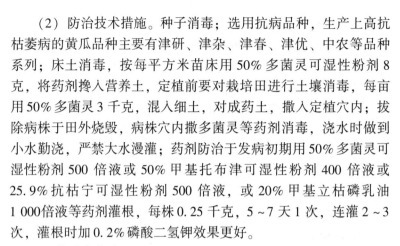

1　病果　　　2　病叶

图 4-4　黄瓜炭疽病症状

（2）防治技术措施。选用抗炭疽病品种主要有津研、津杂、中农、夏丰系列品种等；种子消毒和土壤消毒措施见黄瓜枯萎病防治，黄瓜炭疽病发生严重的地块，要实行3年以上轮作；多施充分腐熟的优质有机肥料，增施磷钾肥和叶面肥，栽培方式应采用高畦栽培和地膜覆盖，减少病菌传播机会；及时摘除枯黄病叶和底叶，带出田外或温室大棚外集中处理；适当控制浇水，露地黄瓜应及时中耕，搞好雨后排水，减少田间相对湿度；炭疽病发病初期，及时清除病叶，可用52.5%施保克乳油1 000～1 500倍液、40%百可得可湿性粉剂2 000倍液、50%甲基硫菌灵—硫黄悬浮剂300～400倍液、70%代森锰锌可湿性粉剂300～500倍液等进行喷洒防治。

5. 黄瓜疫病

（1）为害症状。幼苗受害多从嫩尖染病，初为暗绿色水渍状萎蔫腐烂，病部明显缢缩，病部以上的叶片渐渐枯萎，造成干枯秃尖。叶片发病，出现圆形的暗绿色水渍状病斑，潮湿时病斑很快扩展成大斑，边缘不明显，全叶腐烂。瓜条受害，产生暗绿色水渍状，近圆形凹陷斑，湿度大时病害发展迅速，瓜条萎缩，后期病部长出稀疏灰白色霉层。黄瓜疫病与枯萎病的区别，疫病茎基部维管束不变色，在后期病部长出稀疏灰白色霉层，而不是白色或粉红色霉层（图4-5）。

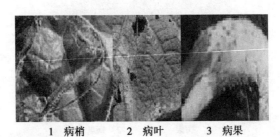

1 病梢　　2 病叶　　3 病果

图4-5　黄瓜疫病症状

（2）防治技术措施。农业防治技术措施参考黄瓜炭疽病、黄瓜枯萎病的防治，药剂防治，发现中心病株、病瓜后及时清除，并喷洒58%瑞毒霉锰锌可湿性粉剂500倍液或72.2%普力克600～700倍液，隔5～7天喷1次，连喷3次，采收前10天停止用药。

6. 黄瓜细菌性角斑病

（1）为害症状。主要为害叶片、叶柄、卷须和果实。以成株期叶片受害为主，发病初期，叶片上出现小白点，以后逐渐扩大，受叶脉限制，呈多角形。叶片叶肉的细胞组织，组织被破坏后，会迅速蒸发，仅仅留下纤维结构，呈白色。茎和叶柄染病，病斑近圆形水渍状，沿茎沟纵向扩展，呈短条状，表面也有白色菌脓，干后表层残留白痕。瓜条染病，出现水浸状小斑点，扩展后不规则或连片，病部溢出大量污白色菌脓。幼瓜条感病后腐烂脱落，大瓜条感病后腐烂发臭（图4-6）。

1　叶面　　　　　　　2　叶背

图4-6　黄瓜细菌性角斑病症状

（2）防治技术措施。选用抗病品种，选择抗细菌性角斑病的品种进行栽培，如津研系列品种；加强栽培管理，实行膜下暗灌，选择合理的栽培密度等措施；药剂防治，常用的药剂有72%的普力克水剂800倍液；72%的克露可湿性粉剂600倍液；90%的疫霜灵可湿性粉剂400～500倍液；75%的百菌清可湿性粉剂600倍液；69%的安克锰锌可湿性粉剂600倍液等。

7. 黄瓜瓜蚜

俗称蜜虫、腻虫，在我国各地都有发生，是葫芦科蔬菜的重要害虫。

(1) 为害症状。瓜蚜主要以成虫和若虫在叶片背面和嫩梢、嫩茎、花蕾和嫩尖上吸食汁液，分泌蜜露。嫩叶及生长点被害后，叶片卷缩，生长停滞，甚至全株萎蔫死亡。成株叶片受害，提前枯黄、落叶，缩短结瓜期，造成减产（图4-7）。

图4-7　黄瓜瓜蚜为害症状

(2) 防治技术措施。清理杂草和残株等降低虫源，培育出"无虫苗"；避免黄瓜、番茄、菜豆混栽，以免为蚜虫创造良好的生活环境，加重为害；物理防治用黄板诱杀；药剂防治，在蚜虫发生盛期喷洒10%烯啶虫胺水剂3 000~5 000倍液、3%啶虫脒乳油2 000~3 000倍液、10%氟啶虫酰胺水分散粒剂3 000~4 000倍液、10%吡虫啉可湿性粉剂1 500~2 000倍液、5%鱼藤酮微乳剂600~800倍液，均匀喷雾，视虫情隔7天左右1次。

8. 潜叶蝇

潜叶蝇为杂食性害虫，主要寄主在丝瓜、黄瓜、冬瓜、白菜等作物上。

（1）为害症状。幼虫潜食叶片上下表皮之间的叶肉，形成隧道，隧道端部略膨大，随着虫体的增大，隧道也日益加粗，曲折迂回，没有一定方向，形成花纹形灰白色条纹，有"绣花虫"之称，严重时在一个叶片内可有几十头幼虫，使全叶发白枯干（图4-8）。

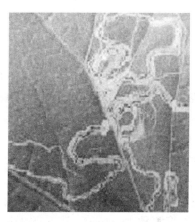

图4-8　潜叶蝇为害症状

（2）防治技术措施。农业措施主要是果实采收后，清除植株残体沤肥或烧毁，深耕冬灌，减少越冬虫口基数；农家肥要充分发酵腐熟，以免招引种蝇产卵；生物防治引入天敌潜蝇姬小蜂进行捕杀效果好，草岭、瓢虫也有一定控制作用；物理防治用黄板诱杀；药剂防治，产卵盛期和孵化初期是药剂防治适期，应及时喷药。可采用22%除虫净乳油和20%斑潜净乳油1 000倍液防治。

二、西葫芦生产与病虫害防治技术

西葫芦别名熊（雄）瓜、茭瓜、白瓜、小瓜、番瓜、角瓜、荀瓜等。原产印度，中国南、北均有种植。

（一）西葫芦主栽品种

西葫芦越冬栽培宜选择早熟、株型紧凑、雌花节位低、叶片较小、耐低温弱光的短蔓型品种，如早青一代、银青一代、法拉利、潍早一号、灰采尼、冬玉F1、中葫1号、中葫2号、阿尔及利亚、阿太一代等。

（二）西葫芦育苗技术

西葫芦一般在温室或阳畦内采用营养钵育苗，寒冷季节可以用电热温床进行育苗。

1. 播种期

西葫芦属于喜温蔬菜，定植时的地温应稳定在13℃以上，正常生长时的最低气温不要低于8℃。保护地和冬春季生产，要根据以上温度指标及苗龄来确定当地适宜的播种期；秋季播种期比当地大白菜略晚4~5天。适播期一般为9月下旬至10月上旬。

2. 播前种子处理

温汤浸种：将种子放入干净的盆中，倒入50~55℃温水烫种15~20分钟后，不断搅拌至水温降到30℃左右。然后加入抗寒剂浸泡4~6个小时。再用1%高锰酸钾溶液浸种20~30分钟（或用10%磷酸三钠溶液浸种15分钟）灭菌。边搓边用清水冲洗种子上的黏液，捞出后控出多余水分，晾至种子能离散，然后开始催芽。

催芽：浸种后，把种子轻搓洗净，用清洁湿纱布包好，保持在28℃条件下催芽，催芽期间种子内水分大，则容易烂籽，所以每天均应用温水冲洗2~3遍后，晾至种子能离散，继续保持催芽。2~3天开始出芽，出芽时不要翻动，3~4天大部分种子露白尖，70%~80%的芽长达到0.5厘米即可播种。

3. 播种

种子最好播在育苗钵内，播种前要浇足底水，待水下渗后在每钵中央点播1~2粒种子，覆土厚度1.5厘米左右，并覆盖一层地膜。

4. 苗期管理

出苗前白天温度25~30℃，夜间18~20℃。出苗后撤去地膜，白天温度在 25℃ 左右，夜间 13 ~ 14℃。定苗前 8 ~ 10 天，要进行低温炼苗，白天温度控制在 15 ~ 25℃，夜间温度逐渐降至 6 ~ 8℃，定植前 2 ~ 3 天温度还可进一步降低，让育苗环境与定植后的生长环境基本一致。西葫芦的苗龄一般为 25 ~ 35 天。

（三）西葫芦定植技术

1. 整地施肥作垄

一般亩用优质腐熟猪圈粪、厩肥 5 000 ~ 8 000 千克，过磷酸钙 150 ~ 200 千克，饼肥 200 ~ 300 千克，尿素 20 ~ 30 千克，硫酸钾 20 千克。肥料施用应采取地面铺施和开沟集中施用相结合的方法，施肥分两步：先用底肥总量的 2/5 铺施地面，然后人工深翻两遍，把肥料与土充分混匀，剩余底肥普撒沟内。在沟内再浅翻把肥料与土拌匀，在沟内浇水。起垄种植，种植方式有两种：一种方式是大小行种植，大行 80 厘米，小行 50 厘米，株距 45 ~ 50 厘米，每亩 2 000 ~ 2 300 株；另一种方式是等行距种植，行距 60 厘米，株距 50 厘米，每亩栽植 2 200 株。按种植行距起垄，垄高 15 ~ 20 厘米，起垄后覆薄膜待栽。

2. 定植

定植时间　苗龄 30 ~ 40 天，长有 4 叶 1 心开始定植。

定植密度　平均株距 40 厘米，前密后稀在膜上打洞开孔定植。

定植方法　定植宜选晴天上午进行，选取无病虫的健壮苗，定植时一级苗在栽植行的北头，二级苗在栽植行的南头，以便生育期间植株受光均匀，长势一致，保证均衡增产。栽苗后浇足底水，待水下渗后埋土封口。缓苗后再浇一水，然后整平垄面，覆盖地膜并将苗子放出膜外。

（四）西葫芦定植后管理技术

1. 水分管理

定植时浇透水，4 ~ 5 天缓苗后浇一次水。缓苗后，控水蹲苗。大行间进行中耕，以不伤根为度。待第一个瓜座住，长有 10 厘米左右时，可结合追肥浇第一次水。以后浇水"浇瓜不浇花"，秋冬茬一般 5~7 天浇一水，越冬茬冬季小垄膜下暗灌 10~15 天浇水一次。浇水一般在晴天上午进行。

2. 施肥管理

追肥主要是与浇水灌溉结合进行，浇第一次水时结合进行追肥，每亩追施硝酸铵 20 千克，磷酸二氢钾 4 千克、硫酸钾 15 千克。追肥与浇水隔次进行，整个结瓜期追肥 1~2 次。

3. 植株调整

西葫芦以主蔓结瓜为主，对叶蔓间萌生的侧芽应尽早打去，侧枝在根瓜坐住前也要打去，生长中的卷须应及早掐去。摘叶、打杈和掐卷顺宜选晴天上午进行。叶片肥大、叶片数多、长势过旺、株间阴蔽时，可去掉下部老黄叶（应注意保留叶柄），保留上部 8~10 片新叶。整个开花结果期，应注意及时疏除植株上的化瓜、畸形瓜。若采用激素点花，还应摘除植株上的雄花或过多的雌花。生长旺盛的植株上，单株选留 3 个瓜；长势偏弱的单株留 1 个瓜，疏除多余的幼瓜，以保证养分集中供应。越冬茬植株生长时间长，茎蔓较长，4 叶 1 心时开始吊蔓。

（五）西葫芦采收技术

西葫芦以采收嫩瓜为主，在适当条件下，谢花后 10~12 天根瓜长到 250 克左右及时采收，以后保持嫩瓜长到 500 克左右时采收。采收时间以早上揭帘后为宜。采摘时注意轻摘轻放，避免损伤嫩皮。采摘时间还要和市场行情相结合，采摘后逐个用纸或膜袋包装，及时上市销售。

（六）主要病虫害防治技术

西葫芦常见病害主要有病毒病、白粉病和霜霉病；虫害主要有蚜虫、红蜘蛛等。

1. 西葫芦病毒病

病毒病又叫毒素病、花叶病等，群众称疯病，属全国性病害，露地西葫芦最易感病，是一种毁灭性病害。

（1）为害症状。在西葫芦整个生育期均可发病，主要为害叶片和果实。发病时叶上有深绿色病斑，重病株上部叶片畸形、变小，后期叶片黄枯或死亡，有的新生叶沿叶脉出现浓绿色隆起皱纹，病株结瓜少或不结瓜，瓜面呈瘤状突起或畸形（图4-9）。

1　病叶　　　　　2　病果

图4-9　西葫芦病毒病症状

（2）防治技术措施。及时清洁田园，铲除杂草，培育壮苗。带有病毒的种子比正常种子为轻，可以通过泥浆选种剔除带病毒的种子；药剂消毒种子，杜绝带病种子播种；彻底治蚜，消除传毒介体；药剂防治，苗期喷施83增抗剂100倍液，提高幼苗对病毒的抗性，发病初期喷施抗毒剂1号300~400倍液，病毒比克600~800倍液，隔10天喷一次，连喷3次。

2. 西葫芦白粉病

（1）为害症状。西葫芦白粉病俗称白毛病，发生较普遍，尤其中后期植株生长衰弱时容易发生。主要侵染叶片，也侵染叶柄和茎蔓。发病初期在叶面及幼茎上产生白色近圆形小病斑，而后向四周扩展成边缘不明晰的连片白病斑，严重时整个叶片布满白粉。发病后期菌丝老熟变为灰色，病斑上生出成堆的黄褐色小粒点，而后小粒点变黑。一般先从下部老叶发病，逐渐向上部叶片扩展（图4-10）。

1 病叶   2 病茎

图4 – 10 西葫芦白粉病症状

（2）西葫芦防治技术措施参考黄瓜白粉病的防治。

3. 西葫芦灰霉病

西葫芦灰霉病在保护地普遍发生，以为害瓜条损失最重。

（1）为害症状。主要为害西葫芦的花和幼果，严重时为害叶、茎和较大的果实。发病初期先侵染花，染病后蔓延至幼果，幼果顶部呈水浸状，随后逐渐软化，进而使果实脐部腐烂，表面密生灰色霉层。有时还会长出黑色菌核（图4 – 11）。叶片发病多以落上的残花为发病中心，病斑不断扩展，形成大型近圆褐色病斑，表面附着灰褐色霉层。

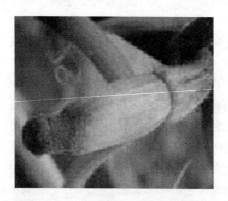

图4 – 11 西葫芦灰霉病病果症状

（2）防治技术措施。合理密植，防止徒长，适时摘除下部老叶、病残叶及花和果实；采收结束后彻底清除病残体深埋或烧掉；药剂防治在发病初期可喷洒50%速克灵可湿性粉剂2 000倍液或50%普海因可湿性粉剂1 000~1 500倍液，40%施佳乐悬浮剂800~1 200倍液。

4. 西葫芦绵腐病

西葫芦绵腐病是西葫芦的主要病害，主要为害幼果。

（1）为害症状。病果呈椭圆形，有水浸状暗绿色病斑。干燥条件下，病斑稍凹陷，扩展不快，仅皮下果肉变褐腐烂，表面生白霉。湿度大、气温高时，病斑迅速扩展，整个果实变褐软腐，表面布满白色霉层，致使瓜烂在田间。叶上初生暗绿色、圆形或不整形水浸状病斑，湿度大时病斑似开水煮过状（图4-12）。

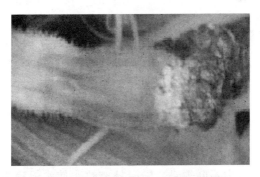

图4-12　西葫芦绵腐病病果症状

（2）防治技术措施。选用抗病品种，当前生产中较抗绵腐病的品种主要有早青1代、阿太1代等早熟品种；避免与黄瓜等瓜类作物连作，以免相互传染，实行2~3年以上轮作可有效预防该病发生；采用高垄栽培，提倡膜下浇水，避免大水漫灌；生物防治，在瓜田内喷淋"5406"三号剂600倍液，增加土壤中抗生菌，抑制病原菌生长，减轻受害；药剂防治，进行种子杀菌消毒，可采用50%多菌灵可湿性粉剂2 000倍液浸种30分钟，捞出用清水冲净后，再按常规方法催芽；发病初期喷75%百菌清可湿性粉剂 800 倍液或 50% 琥·乙膦铝可湿性粉剂 500 倍液，或 14% 络氨铜水剂 300 倍液或 64% 杀毒矾可湿性粉剂 1 000 倍液或 40% 三乙磷酸铝可湿性粉剂 800 倍液或 72% 克露可湿粉 800 ~ 1 000 倍液或 72.2% 普力克水剂 600 ~ 800 倍液。

三、番茄生产与病虫害防治技术

番茄是全世界栽培最为普遍的果菜之一。美国、苏联、意大利和中国为主要生产国。

（一）番茄主栽品种

中晚熟品种如 L ~ 402、中杂 9 号、毛粉 802、佳粉 15、浙粉 202 及以色列的秀丽、加茜亚和荷兰的百利系列等品种；无限生长类型的毛粉 802、中蔬 4 号等，早熟品种如西粉 3 号、早丰、合作 908、航育太空 9 号鲜丰、双抗 2 号、佳粉 10、L ~ 402、沈粉 1 号、苏抗 9 号、浙粉 702、蒙特卡罗、中研 988 等。

（二）番茄育苗技术

1. 种子消毒

有温汤（热水）浸种和药剂消毒两种方法。

（1）温汤（热水）浸种。先将种子于凉水中浸 10 分钟，捞出后于 50℃ 水中不断搅动，随时补充热水使水温稳定保持 50 ~ 52℃，时间 15 ~ 30 分钟。将种子捞出放入凉水中散去余热，然后，浸泡 4 ~ 5 小时。

（2）药剂消毒。有磷酸三钠浸种、福尔马林浸泡、高锰酸钾处理、稀盐酸消毒 4 种方法。本书以高锰酸钾为例加以介绍，用 40℃ 温水浸泡 3 ~ 4 小时，放入 1% 高锰酸钾溶液中浸泡 10 ~ 15 分钟，捞出用清水冲洗干净，随后进行催芽发种。可减轻溃疡病及花叶病的为害。

2. 催芽

生产中催芽温度开始时 25 ~ 28℃，后期 22℃ 为宜。目前，生产上常采用掺沙催芽法和电热控温催芽法两种方法进行催芽。

（1）掺沙催芽法。将浸种消毒后洗干净的种子与洗干净的河沙按1∶1.5的比例拌匀，装入瓦盆内，盖上湿沙或湿布，然后放在适温处催芽。

（2）电热控温催芽法。通过在催芽箱内安装电子控温仪控制温度，并保持适宜的空气湿度，对催芽温度的掌握，开始要稍低，以后逐渐增高，当胚根将要突破种皮时再降低（20～24℃），促使胚根粗壮。当70%左右的种子胚根露白时，应将种子用湿毛巾包好放入冰箱内，温度在5℃左右并保持适宜的湿度，备播。

3. 土壤消毒与做畦

土壤消毒一般用1～2千克多菌灵粉与50千克湿润细土拌匀，在匀撒基肥的同时，匀撒药土，同时用辛硫磷对水喷雾，然后进行深翻，即灭菌又灭地下害虫。辛硫磷易光解，可边翻边喷，不可一次喷完，以每亩用药0.5千克左右为宜。选择苗床要求地势高，排水方便，精细整地，做成小高畦。

4. 播种

播种前苗床浇足水，水渗入后按株行距10～12厘米点播，播种后覆土0.8～1厘米厚，2片真叶展开后间苗，每穴留1株，苗期浇水要勤，宜在早晚进行。

5. 培育壮苗

控制适宜的温湿度，防止幼苗徒长。幼苗徒长主要是弱光、高温、水分过大等因素造成。出苗时的温度应控制在25～30℃，幼苗70%出土后去掉地膜进行放风，床温可维持在20～25℃，幼苗子叶伸展后，床温15～20℃，1～2片真叶后，白天25～30℃，夜间15～20℃，维持15～20天，并在1片真叶后间苗，株距3～4厘米。

适时分苗，一般进行一次分苗，在幼苗2～3片真叶后进行分苗。行距10～13厘米，株距10厘米，分苗时保持原来深度，注意苗子茎叶干净，不要沾染泥水。分苗后，根据天气搭好拱棚架，上扣塑料膜，使其床温在 30 ~ 35℃，地温在 20℃ 以上，以利于缓苗生长。如果采用二次分苗，第一次播后 20 ~ 25 天，幼苗 1 ~ 2 片真叶时进行分苗，行距 10 厘米，株距 4 ~ 5 厘米，第二次相隔 1 个月。幼苗 4 ~ 5 片真叶时分第二次苗。株距 10 厘米。

壮苗的标准：有 3 ~ 4 片真叶，株高 15 ~ 20 厘米，日历苗龄 25 ~ 30 天。

（三）番茄定植技术

整地深翻细耙。如土壤肥力差，要先施有机肥再深翻，可在定植前一周每亩撒施优质农家肥 6 000 千克，深翻 40 厘米，使粪土混合均匀，耙平。

高垄定植，膜下暗灌。在每一定植行下开沟（间距 1.1 米），沟深以 30 厘米为宜，每亩施农家肥 5 000 千克，磷酸二铵 20 千克，合垄在施肥沟上方做成 80 厘米宽，15 厘米高的小高畦。提前 20 天扣好棚"烤地"，定植前最低地温要稳定在 12℃，提前装好滴灌设备，铺好地膜带土坨定植，定植深浅合适（与畦面平齐或略高）大行距 80 厘米，小行距 50 厘米，株距 33 厘米。如没有滴管设备，在畦中间开小沟，用于膜下小沟暗灌。定植后，整平垄台刮光垄壁，覆盖地膜将苗引出，浇足定植水。

（四）番茄定植后管理技术

1. 水肥管理技术

在施足基肥的基础上，第一穗果采收以前基本不再施肥，当第一穗果开始采收，第二穗果已较大时要开始结合灌水进行第一次追肥，一般每亩追施尿素 25 千克、过磷酸钙 25 千克或磷酸二铵 15 千克；第三穗果采收时再追一次肥；第五穗果采收时追第三次肥，每次追肥方法和数量同前。番茄生产的水分管理，定植后浇足定植缓苗水，不特别干旱，尽量不浇水。

2. 植株调整技术

（1）番茄的整枝。一般采用单干整枝和多穗单干整枝。生长期短的栽培茬口一般采用单干整枝法，除主干以外，所有侧枝全部摘除，留 3～4 穗果，在最后一个花序前留 2 片叶摘心。生长期长的栽培方式一般选择多穗单干整枝法，每株留 8～9 穗果，2～3 穗成熟后，上部 8～9 穗已开花，即可摘心。摘心时花序前留 2 片叶，打杈去老叶，减少养分消耗。

（2）吊蔓。一般在对应种植行拉吊绳钢丝，在距地面 20 厘米处，顺种植行再拉一根钢丝。吊蔓时将吊绳上端固定在吊绳钢丝上，下端成 45°～60°、斜向拉紧固定在下面的钢丝上。然后把番茄茎蔓直接盘绕在吊绳上，无须再拴在茎秆上。这样不仅可以避免"勒伤"茎秆，而且在落蔓时，操作起来也很方便。

（3）摘心。番茄植株生长到一定高度，结一定果穗后就要把生长点掐去，称做摘心。有限生长类型番茄品种可以不摘心。一般早熟品种、早熟栽培、单干整枝时，留 3～4 穗果实摘心；晚熟品种、大架栽培、单干整枝时，留 7～9 穗果实摘心。为防止上层果实直接暴晒在阳光下引起日灼病，摘心时应将果穗上方的 2 片叶保留，遮盖果实。

（4）摘叶。结果中后期植株底部的叶片衰老变黄，说明已失去生长功能需摘去。摘叶能改善株丛间通风透光条件，提高植株的光合作用强度，但摘叶不宜过早和过多。

（5）疏果。为使番茄坐果整齐、生长速度均匀，可适当进行疏花、疏果。留果个数大果型品种每穗留果 3～4 个；中型留 4～5 个。具体措施第一次，每一穗花大部分开放时，疏掉畸形花和开放较晚的小花；第二次，果实坐住后，再把发育不整齐，形状不标准的果疏掉。

（6）保花保果。重点是使用番茄授粉器加强授粉，它的原理是通过授粉器振动使花粉自然飘落到花柱上而达到授粉的目的。

番茄授粉器与传统的授粉方式相比，具有以下优势：安全性高，降低激素污染，减少了农药的使用；促进坐果，提高产量，使用授粉器的平均坐果率可达80%以上；提高果实品质，果实均匀整齐，无空心果和畸形果，产量高、品质好。与激素处理相比效率提高4倍。

（五）番茄采收技术

采收后需长途运输1~2天的，可在转色期采收，此时果实大部分呈白绿色，顶部变红，果实坚硬，耐贮运。如采收在当地销售的，可在成熟期采收，此时果实1/3变红，果实未软化，口感最好。番茄采收要在早晨或傍晚温度偏低时进行。中午前后采收的果实，含水量少，鲜艳度差，外观不佳，同时果实的体温也比较高，不便于存放，容易腐烂。果实要带一小段果柄采收。采收下的果实要按大小分别存放。

（六）主要病虫害防治技术

番茄常见的病虫害有番茄晚疫病、番茄早疫病、番茄病毒病、番茄灰霉病、番茄斑枯病、番茄枯萎病和棉铃虫、白粉虱、茶黄螨等。白粉虱、茶黄螨的识别与防治参考黄瓜病虫害的识别与防治。

1. 番茄晚疫病

（1）为害症状。番茄晚疫病病害识别特征，该病可为害叶片、叶柄、嫩茎和果实。多由下部叶片先发病，从叶尖、叶缘开始，病斑初为暗绿色水渍状，渐变为暗绿色，潮湿时在病处长出稀疏的白色霉层；茎部受害，病斑由水渍状变暗褐色不规则形或条状病斑，稍凹陷，组织变软；嫩茎被害可造成缢缩枯死，潮湿时亦长出白色霉层。果实发病多在青果近果柄处，果皮出现灰绿色不规则形病斑，逐渐向四周下端扩展呈云纹状，周缘没有明显界限，果皮表面粗糙，颜色加深呈暗棕褐色，潮湿时亦长出白色霉层（图4-13）。

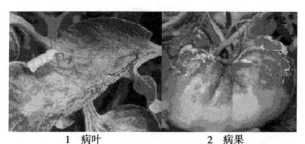

　　1　病叶　　　　　　　　2　病果

图 4 - 13　番茄晚疫病症状

（2）防治技术措施。采用高畦深沟覆盖地膜种植，整平畦面以利排水，及时中耕除草及整枝绑架；合理密植，增加透光，浇水时严禁大水浇灌，采用小水勤浇；增施优质有机肥及磷钾肥，增强植株抗性；当田间发现中心病株后，及时摘除病叶、病果，带到远处处理；药剂防治一般在苗期开始注意喷药防病，一般采用 64% 杀毒矾可湿性粉剂（或者大生 M - 45 可湿性粉剂）500 倍液每 7 ~ 10 天喷施；58% 雷多米尔锰锌可湿性粉剂 500 倍液或者 72.2% 普力克水剂 800 倍液喷雾，7 ~ 10 天 1 次，连续 4 ~ 5 次。另外采用杀毒矾混小米粥［1：（20 ~ 30）］均匀涂抹病秆部位，防治效果非常好。

2. 番茄早疫病

（1）为害症状。该病主要为害叶片和果实，叶片先被害，初呈暗褐色小斑点，扩大呈圆形或椭圆形，直径达 1 ~ 3 厘米的病斑，边缘深褐色，中心灰褐色，有同心轮纹，叶片上常几个病斑相连成不规则大斑，严重时病叶干枯脱落，感病顺序首先是下部叶片感病，然后逐步向上部扩散蔓延，后期病斑有时有破裂。潮湿时在病处长出黑色霉状物；茎部受害，多在分枝处发生，呈灰褐色，椭圆形，稍凹陷。有轮纹不明显。严重时造成断枝。果实受害多在果蒂附近有裂缝处，呈褐色或黑褐色，稍凹陷，有同心轮纹，上长出黑色霉状物（图 4 - 14）。

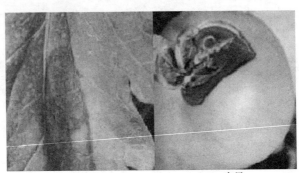

1　病叶　　　　　　　2　病果

图 4 – 14　番茄早疫病为害症状

（2）防治技术措施。选用抗病品种（日本 8 号、荷兰 5 号、粤农 2 号等）；实行轮作，与非茄科蔬菜轮作三年以上；选用无病种子；加强栽培管理：及时中耕除草及整枝绑架，增施优质有机肥及磷钾肥，增强植株抗性；发病后及时摘除病果、病叶等不要乱扔集中销毁，以防传播；药剂防治，发病初用 80% 代森猛锌可湿性粉剂 500 倍液或 64% 杀毒矾可湿性粉剂 400 ~ 500 倍液，40% 抑霉灵加 40% 灭菌丹（1：1）1 000 倍液交替使用，5 ~ 7 天 1 次，连喷 3 ~ 4 次。5% 百菌清粉剂或 10% 灭克每亩每次 1 千克，每隔 7 ~ 9 天 1 次，连续 3 ~ 4 次。

3. 番茄病毒病的识别与防治

番茄病毒病常见的症状有花叶病、条斑病和蕨叶病三种。

（1）为害症状。花叶病有两种情况：叶片上引起轻微花叶或微显斑驳，植株不矮化，叶片不变形，对产量影响不大；叶片上有明显的花叶，叶片伸长狭窄，扭曲畸形，植株矮小，大量落花落果。条斑病首先叶脉坏死或散布黑褐色油渍状坏死斑，然后顺叶柄蔓延至茎秆，暗绿色下陷的短条纹变为深褐色下陷的坏死条纹，逐渐蔓延扩大，以至病株枯黄死亡。蕨叶病叶片呈黄绿色，并直立上卷，叶背的叶脉出现淡紫色，植株簇生、矮化、细小

（图 4 – 15）。

1　花叶病　　　　　2　蕨叶病

图 4 – 15　番茄病毒病症状

（2）防治技术措施。选用抗病品种（佳红、佳粉、强丰、希望 1 号等）；实行轮作，有条件的可轮作 2 ~ 3 年；选用无病种子和进行种子消毒；加强栽培管理：培育无病壮苗；增施优质有机肥及磷钾肥，增强植株抗性；高温干旱季节应加强肥水管理；用银灰膜避蚜或化学治蚜；生物防治接种弱毒疫苗 n14 主要用于防治烟草花叶病毒（tmv）侵染引起的病毒病，在番茄 1 ~ 2 片真叶分苗时，洗净根部泥土，将根浸入 n14 的 100 倍液中 30 分钟，也可用手蘸取 n14 的 100 倍液在子叶上轻轻抹擦一下，进行抹擦接种；还可用 7 ~ 9 根 9 号缝衣针绑在筷子头上蘸取 n14 的 100 倍液轻刺叶片接种；也可将 n14 用毒水稀释 50 倍，按 4 千克/平方米压力，在番茄 2 ~ 3 片真叶时喷雾接种；药剂防治，发病初期喷药控制，在发病初期（5 ~ 6 叶期）开始喷药保护，药剂为 3.85% 病毒必克 wp 500 倍液、1.5% 植病灵 800 倍液或 20% 病毒 a 500 倍液喷雾，进行叶面喷雾，药后隔 7 天喷 1 次，连续喷 3 次。

4. 番茄灰霉病

（1）为害症状。主要为害花和果实，叶片和茎亦可受害。幼苗受害后，叶片和叶柄上产生水渍状腐烂后干枯，表面生灰霉。

严重时，扩展到幼茎上，产生灰黑色病斑腐烂、长霉、折断，造成大量死苗。成株受害，叶片上患部呈现水渍状大型灰褐色病斑，潮湿时，病部长灰霉。干燥时病斑灰白色，稍见轮纹。花和果实受害时，病部呈现灰白色水渍状，发软，最后腐烂，表面长满灰白色浓密霉层（图4-16）。

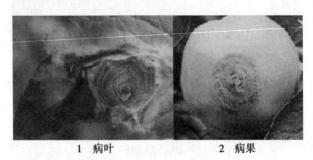

1 病叶   2 病果

图4-16 番茄灰霉病病果症状

（2）防治技术措施。注意选育抗耐病高产良种如双抗2号、中杂7号；清洁田园，摘除病老叶，妥善处理，切勿随意丢弃；药剂防治，发病初期抓紧连续喷药控病（50%欧开乐1 500～2 000倍液或50%金三甲1 500倍液或22.5%农利灵可湿性粉剂1 000倍液加72%农用链霉素可溶性粉剂4 000倍液或65%硫菌霉威1 000～1 500倍液，轮换交替或混合喷施2～3次，隔7～10天1次，前密后疏，以防止或延缓灰霉病菌产生抗药性。

5. 番茄枯萎病

番茄枯萎病又称为萎蔫病，是一种维管束病害。

（1）为害症状。该病主要为害根茎部，主要表现在番茄成株期。成株期发病初始，叶片在中午萎蔫下垂，并有下而上变黄，而后变褐萎蔫下垂，早晨和晚上又恢复正常，叶色变淡，似缺水状，病情由下向上发展，反复数天后，逐渐遍及整株叶片萎蔫下垂，叶片不再复原，最后全株枯死（图4-17）。横剖病茎，病部维管束呈褐色。

1 病株　　　　　2 病茎

图 4 - 17　番茄枯萎病症状

（2）防治技术措施。实行 3 年以上轮作，施用腐熟有机肥或生物活性有机肥料，适当增施磷钾肥，提高植株抗病能力；播种前用 52℃温水浸种 30 分钟或用种子重量 0.3% 的 70% 敌磺钠可溶性粉剂拌种后再播种；苗床消毒一般每平方米床面土用 35% 福·甲可湿性粉剂 10 克，加干土 5 千克拌匀，1/3 的药土撒在床面上再播种，再把其余药土盖在种子上；提倡营养钵育苗、穴盘育苗，每立方米营养土消毒用 30% 恶霉灵水剂 150 毫升或敌磺钠200 克，充分拌匀后装入营养钵育苗；发现零星病株，要及时拔除，并填入生石灰盖土踏实杀菌消毒；药剂防治，用 54% 的恶霉·福美可湿性粉剂 700 倍液喷雾；或 70% 的敌磺钠可湿性粉剂500 倍液喷雾；如浇灌根部，每株 300 ~ 500 毫升，视病情 5 天一次。

6. 番茄斑枯病

番茄斑枯病又称白星病、鱼目斑病，可引起植株落叶影响番茄产量。

（1）为害症状。番茄各生育期均可发病。地上部分各部位都会出现症状，但以开花结果期的叶部发病最重。叶背面产生水渍状小病斑，很快正反两面都相继出现病斑，直径 1.5 ~ 4.5 毫米，呈圆形或近圆形，中央灰白色，稍凹陷，边缘深褐色，其上生有黑色小粒点。病茎和果实上的病斑褐色，圆形或椭圆形，稍凹陷，散生小黑粒（图4-18）。

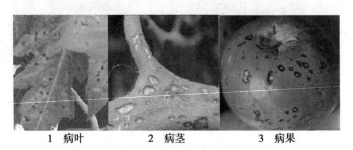

1 病叶　　　　2 病茎　　　　3 病果

图4-18　番茄斑枯病症状

（2）防治技术措施。与非茄科作物轮作3~4年，培育无病壮苗；选种抗病品种如蜀早1号、浦红1号、广茄4号等品种；从无病健株上采种，播种前用52℃温汤加新高脂膜800倍液浸种30分钟，然后催芽播种；苗床用新土或两年未种过茄科蔬菜的地块育苗；施用充分腐熟的有机肥；加强栽培管理，增施磷钾肥，提高抗病性，注意田间，及时整枝打杈，清除病残体，摘除老叶，利用高畦栽培，雨后及时排渍；合理密植，通风透光，促进植株生长，提高抗病力；药剂防治，在发病初期，用75%百菌清可湿性粉剂600倍液或50%多菌灵可湿性粉剂500倍液；或70%甲基托布津可湿性粉剂1 000倍液或58%甲霜灵锰锌可湿性粉剂500倍液喷雾，每7~10天1次，连续2~3次。

7. 棉铃虫

（1）为害症状。棉铃虫俗称番茄蛀虫，属鳞翅耳夜蛾科，食性极杂，主要为害番茄、辣椒、茄子等蔬菜，以幼虫蛀食为主，常造成落花、落果、虫果腐烂或茎中空、折断等（图4-19）。

（2）防治技术措施参考棉花棉铃虫的防治。

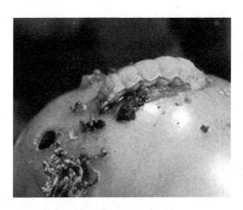

图4－19 棉铃虫为害症状

四、辣椒生产与病虫害防治技术

（一）辣椒主栽品种

要选择抗病毒（TMV、CMV）、疫病能力强，抗日烧病的品种。如中椒108、国禧105、农大24、农大26、农大3号、江苏牛角椒、江蔬2号、江蔬7号、苏椒13号。

（二）辣椒育苗技术

1. 辣椒壮苗标准

辣椒定植前要培育壮苗，早熟种达到7～8片叶，晚熟种达到12～15片，根系发达，根白色，须根多，茎秆粗壮，节间短，茎粗0.6厘米，叶色深绿，叶肉肥厚，无病虫害，体内积累养分多，幼苗已有90%现花蕾（但未开花），苗高20厘米左右。早春辣椒定植时一般要求现花蕾，苗龄70天左右最佳。

2. 育苗技术

一般采用穴盘育苗，选择72孔穴盘育苗，基质用草木灰：蛭石（2：1）的比例混合，混合时每立方米基质加入1千克复合肥和80克多菌灵。浸种前先晒种2～3天，然后用55℃温水浸烫并搅拌，温度降到 30 ~ 40℃时浸种 8 ~ 12 小时，沥干，用湿布包裹催芽。前两天保持 30℃，后两天保持 25℃，4 ~ 5 天后出芽达 60% ~ 70% 即可播种。或放入 1% 的硫酸铜溶液（或 1 000 倍的高锰酸钾溶液）中浸 10 ~ 15 分钟进行种子消毒，再放入清水中浸 8 ~ 10 个小时，捞出后沥去多余水分，用湿纱布包好放在 25 ~ 30℃的环境中进行催芽，种子露白后即可播种。

穴盘育苗每孔播种 1 ~ 2 粒，播后覆盖细土 0.5 ~ 1 厘米厚，搭好棚架保温促出苗。出苗前，白天要保持床温 25 ~ 30℃，夜间 12 ~ 15℃，高温高湿促进出苗，齐苗后，床温要控制在白天 20 ~ 25℃，夜间 14 ~ 18℃，防止产生高脚苗；穴盘要架起来并经常移动，初期做好保温防冻，促进早出苗、出齐苗；中期合理调节温湿度，防止烧苗、闪苗；后期加强幼苗锻炼，防止徒长，提高幼苗适应性和抗逆性。间苗要在无风晴天中午进行。薄膜要随时盖上，放风口由小逐渐加大，防止温度急剧变化造成闪苗。定植前 15 天开始炼苗，5 ~ 7 天后全天揭膜进行适应性锻炼。苗床土表干燥时可在中午喷一点温水。苗发黄可喷 0.4% 尿素水。

（三）辣椒定植技术

1. 整地施肥

定植前做好灌排沟渠，要短灌短排，有利于土壤湿度均匀。排水沟要沟沟相通，浇水、下雨时田间不积水。施足基肥，亩施优质粪肥或堆肥 5 000 千克，磷酸二铵 50 ~ 100 千克，饼肥 100 ~ 200 千克，2/3 铺施，1/3 集中施入。

2. 作畦

垄栽多采用大小行一穴双株的密植方法。大行距 60 ~ 66 厘米，小行距 30 ~ 33 厘米。施肥时，按垄的位置开沟，深 30 厘米以上，把底肥的一半施入沟内，在沟内深翻使肥料与底土混匀。然后填沟，整平，把剩下的一半肥料铺施地面，用锨或镢深翻二遍，使肥料与土充分混和，然后在开沟的位置起垄，垄高 12 ~ 15 厘米。

3. 定植技术

选用带花蕾的大苗定植，定植时要求大小苗分开，一垄之上大苗在前，小苗在后摆好，按株距 30～40 厘米定植。穴栽后分株浇温水（30℃左右）。定植后浇一次水，浇二次水后即可缓苗。缓苗后顺沟浇一大水，把垄润透。

（四）辣椒定植后管理技术

1. 水肥管理

定植时浇足底水，缓苗期可不浇水，有缺水现象时，在小行间地膜下浇水，浇水量要小，每 15 天左右一次，浇水次数逐渐增加。门椒坐住以后，结合浇水追一次肥，每亩追施尿素 15 千克，进入盛果期，结合浇水每隔 20 天左追肥一次，每次每亩施用磷酸二铵 15～20 千克和硫酸钾 10 千克。结合喷药可用 0.2% 的磷酸二氢钾进行叶面追肥。

2. 土壤中耕

浇定植水后要及时进行中耕松土，增加地温，促进根系生长。7～10 天后浇第二水（缓苗水），并进行深中耕（约 5～7 厘米），近根处稍浅，距植株远处要深。中耕蹲苗对辣椒根系生长和坐果尤为重要。

3. 保花保果

开花时用 20～30 毫克/千克的 2,4 - D 涂抹花柄，以防止落花落果，提高坐果率。甜椒与晚熟品种辣椒，如氮肥偏多，密度过大，特别是用地膜覆盖栽培的易徒长落花。防止措施是：控制氮肥；采收时适当留一部分果实以抑制茎叶生长；早期温度低开的花可喷浓度 25～30 毫克/千克的防落素，注意避免喷到嫩头上；翻动叶片，促进株间空气流通。

4. 植株调整技术

（1）抹除腋芽。为增加透光，减少养分消耗，促进果实成熟，门椒采收前，应打掉门椒以下部位的侧枝和腋芽。

（2）摘除老叶。生长中后期要打掉基部的老叶、病叶，以减少病害和增加地面及下部的光照。

（3）修剪。对枝间距短，拥挤重迭的枝条，必须疏除一部分枝条，以打开光路；对于徒长枝，坐果率低，消耗营养多应及时疏除。

（五）采收

青椒以嫩果为产品，一般果实充分肥大，皮色转浓，果实坚实而有光泽时采收为好，为防止门椒赘秧影响植株生长和坐果，门椒要尽早采收，早期果及病秧果也应提早采收。采收前7天，不要喷杀虫剂，以保证果实洁净。

（六）主要病虫害防治技术

辣椒栽培中常见病害有猝倒病、立枯病、病毒病、疫病、疮痂病等。常见虫害有蚜虫、茶黄螨、烟粉虱、红蜘蛛等。

1. 辣椒猝倒病

（1）为害症状。常发生在苗床或育苗盘上，在幼苗出土前可引起烂种，出土后病根或茎基部产生水渍状病斑，幼叶尚为绿色时，幼苗即萎蔫猝倒死亡，病程较短。湿度大时拔起病苗，猝倒病可见白色絮状物（图4-20）。

（2）防治技术措施。选择抗病品种；苗床应选择地势高燥、避风向阳、排灌方便、土壤肥沃、透气性好的无病地块，为防止苗床带入病菌，应施用腐熟的农家肥；加强栽培管理，与非茄科、瓜类作物实行2~3年轮作；铺盖地膜阻挡土壤中病菌溅附到植株上，减少侵染机会；出齐苗后注意通风，同时加强土壤中耕松土，防止苗床湿度过大；药剂防治，苗床处理播前苗床要充分翻晒，旧苗床应进行苗床土壤处理；播种时苗床浇1次透水，用按每平方米40%五氯硝基苯9~10克，加40千克细干土混合均匀，取其1/3铺底，2/3撒种后覆盖种子；种子消毒用40%甲醛100倍液浸种30分钟后冲洗干净或用4%农抗120瓜菜烟草型600倍液浸种30分钟后催芽播种，以缩短种子在土壤中的时间；

图 4 – 20　辣椒猝倒病症状

也可发病前选喷 50% 雷多米尔锰锌可湿性粉剂 500 倍液，40% 五氯硝基苯悬浮剂 500 倍液，64% 杀毒矾可湿性粉剂 500 倍液，7 ~ 8 天 1 次。

2. 辣椒立枯病

（1）为害症状。一般在出苗后发病，患病幼苗茎基部产生椭圆形暗褐色病斑，早期病苗白天萎蔫、夜晚恢复，病斑逐渐扩大凹陷，病部缢缩，绕茎一周时植株站立枯死，病程较长（图 4 – 21）。

（2）防治技术措施。辣椒立枯病的选择抗病品种、栽培管理措施和种子消毒、苗床消毒等可参考辣椒猝倒病的防治。发现病株喷洒 20% 甲基立枯磷乳油（利克菌）1 200 倍液、36% 甲基硫菌灵水剂 500 倍液、5% 井冈霉素水剂 1 500 倍液、15% 恶霉灵水剂 450 倍液。视病情隔 7 ~ 10 天再用 1 次，连续 2 ~ 3 次。

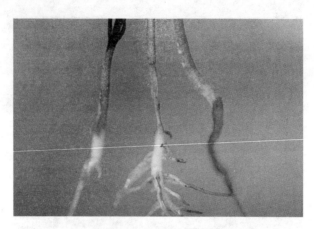

图 4 –21 辣椒立枯病症状

五、茄子生产与病虫害防治技术

茄子，别名落苏，茄科茄属植物。茄子适应性强，栽培容易，是我国各地广泛栽培的主要蔬菜之一，世界各国以中国茄子总产量最高。

（一）茄子主栽品种

茄子优良品种主要有：布利塔、尼罗、爱丽舍、东方长茄10 –765、东方长茄10 – 704、东方长茄10 – 707、极品快圆茄、西安绿茄、苏崎茄、鹰嘴茄、鲁茄1号、辽茄3号、辽茄4号等；适合多季节栽培的主要有：安德烈、黑箭、中杂1号、中杂2号、青冠长茄、理想特早茄、ID141、阿瑞甘等。

（二）茄子育苗技术

茄子栽培时为进一步提高抗病性，一般采用嫁接育苗法栽培茄子，不仅可以避免土传病害，有效预防茄子黄萎病、青枯病等病害的发生，而且，由于砧木的根系发达、耐旱性强、生长旺盛，茄子的产量和质量都较高。

（1）砧木选择。砧木品种比较好的砧木有托鲁巴姆、赤茄、兴津1号、兴津2号等茄子品种。也可选用毛粉802等番茄品种做砧木。用此类品种做砧木嫁接，植株的耐低温能力明显增强，适于越冬栽培。

（2）播种。砧木用150～200毫克/升的赤霉素溶液浸种48小时，置于日温35℃，夜温15℃的条件下催芽。播后覆盖2～3毫米厚药土，二叶一心时移入营养钵中。

优良品种茄子种子采用变温催芽，砧木"露真"时播种。播种接穗时必须进行土壤消毒和隔离。

（3）嫁接。砧木具8～9叶，接穗具6～7叶，茎粗达0.5厘米开始嫁接。多采用劈接法。嫁接时，在砧木上留1片大而壮的真叶，子叶发育差的可留2片真叶，将其余的真叶全部去掉，然后用刀片将茎纵切0.5～0.6厘米深。接穗要切掉子叶及其上部的1片真叶，把茎削成楔形，斜面长0.4～0.5厘米，嵌入砧木，用嫁接夹固定好，苗子的株行距为15厘米×15厘米。

嫁接后的管理技术参考黄瓜嫁接苗的接后管理。

（三）茄子定植技术

1. 整地施肥

选择3～5年内没种植过茄果类蔬菜地块，亩施优质农家肥5 000千克，磷酸二铵50～70千克作基肥，然后按每亩用70～100毫升施肥要求，对水喷洒地面，浅翻地垄按宽窄行种植要求进行，宽行距60厘米，窄行距50厘米。除定植的垄外，在大行之间还须设置一条供行间作业行进的垄。垄高一般15～20厘米。

2. 定植

连阴天或晴天傍晚突击进行定植，定植垄上按株距30～40厘米开穴，两行之间应互相错开，呈"品"字形。一亩地掌握4 500～5 000株的密度，定植深度以土坨表面低于垄面2厘米为宜。定植时分株浇水，全田定植完毕，随栽随顺浇大水。

（四）茄子定植后管理技术

1. 水肥管理

定植水浇足后，门茄坐果前可不浇水；门茄膨大后开始浇水，采用膜下暗灌，保证浇水后保持2天以上晴天，并在上午10时前浇完。

门茄膨大时开始追肥，每亩施三元复合肥25千克，溶解后随水冲施。对茄采收后每亩追施磷酸二铵15千克，硫酸钾10千克；每周喷施1次磷酸二氢钾等叶面肥。

2. 植株调整

定植初期及时打底叶，保证有4片功能叶；门茄开花后，花蕾下面留1片叶，再下面的叶片全部打掉；门茄采收后，在对茄下留1片叶，再打掉下边的叶片。同时要注意随时去除砧木的萌蘖。

生产上主要采用双干整枝法，对茄瞪眼后，在着生果实的侧枝上，果上留2片叶摘心，放开未结果枝，反复处理四母斗、八面风的分枝，只留两个枝干生长，每株留5~8个果后在幼果上留2片叶摘心。

3. 保花保果

加强环境条件管理，创造适宜植株生长的环境条件，增强生长势。春茬茄子应用植物生长调节剂进行蘸花保果，植物生长调节剂宜选用2,4-D，使用时应加水稀释。0.5%的2,4-D每5毫升应加水250毫升。蘸花保果应在晴天9—11时进行。在开花前后1~2天内，也可用40~50毫克/千克防落素喷花保果（禁用2,4-D）。

（五）茄子采收技术

（1）采收标准。茄眼睛消失，一般单果重250克左右。也就是近萼片处果皮色泽和白色环带由亮变暗，由宽变窄时采收。

（2）采收时间。选择下午或傍晚采收。上午枝条脆，易折断，中午含水量低，品质差，要尽量避免中午高温时采摘。

（3）采收方法。最好用剪刀采收，以防止折断枝秆或拉掉果柄。应在施药、浇水、追肥前集中全面采收。采收前 1～2 天进行农药残留检测，合格后及时采收，分级包装上市。

（六）主要病虫害防治技术

茄子上常见的病害有绵疫病、褐纹病、灰霉病、黄萎病等。为害茄子的虫害有蓟马、蚜虫、红蜘蛛、斑潜蝇、茄二十八星瓢虫等。灰霉病和蓟马、红蜘蛛、蚜虫、斑潜蝇参考瓜菜类和茄果类其他蔬菜的病虫害防治。

1. 茄子绵疫病

（1）为害症状。主要为害茄子果实，也可为害番茄、辣椒、黄瓜和马铃薯。茄子果实发病多发生在近地面的果实上，初为水渍状圆形小点，扩大后为褐色斑块，可遍及全果，病部稍凹陷，果肉变为黑褐色腐烂。潮湿时，果面病部生白色棉絮状绵毛，水分消失后变成僵果。幼苗发病则产生猝倒。叶片和花受害时，在潮湿条件下，均生有白色稀疏的霉层（图 4 - 22）。

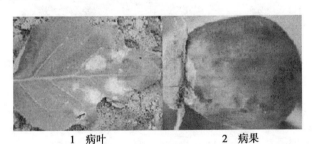

1 病叶　　　　　　　2 病果

图 4 - 22　茄子绵疫病症状

（2）防治技术措施。避免与茄科蔬菜连作；加强栽培管理，注意通风和排水，并及时清除病果残叶；药剂防治，发病初期选用 1:1:200 倍波尔多液或 65% 代森锌 500 倍液或 75% 百菌清 800 倍液或 50% 甲基托布津 1 000 倍液，每 10 天喷 1 次，共喷

2~3次。

2. 茄子褐纹病

茄子褐纹病又称褐腐病、干腐病，是茄子重要病害之一。在北方与茄子绵疫病、黄萎病一起被称为茄子三大病害。褐纹病在我国各地普遍发生。

（1）为害症状。主要为害茄果，也侵染叶片和茎秆。果实发病，初期果面上产生浅褐色、圆形或椭圆形，稍凹陷病斑，扩大后变为暗褐色，半软腐状不规则形病斑，病部出现同心轮纹，其上产生许多小黑点。叶片受害，一般从下部叶片开始，初为水渍状褐色、圆形或近圆形小斑点；后期病斑扩大至直径1~2厘米，不规则形，边缘暗褐色，中央灰白色至深褐色，病斑上轮生许多小黑点（图4-23）。

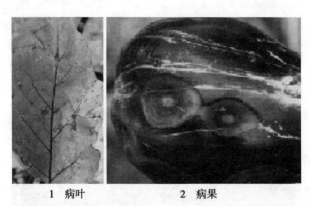

1 病叶　　　　2 病果

图4-23　茄子褐纹病症状

（2）防治技术措施。选用无病种子或进行种子处理，种子处理一般常用温水浸种或药剂拌种；药剂拌种用50%苯菌灵可湿性粉剂和50%福美双可湿性粉剂各1份、泥土3份混匀后，用种子重量0.1%的混合剂拌种；苗床土壤消毒；加强栽培管理，及时清洁田园，早期摘除病叶、病果；药剂防治，发病初期可喷施50%扑海因可湿性粉剂1 000~1 500倍液，或50%苯菌灵可湿性粉剂 800 倍液，视病情隔 7 ~ 10 天防治一次，连喷 2 ~ 3 次。

3. 茄子黄萎病

茄子黄萎病又称半边疯、黑心病、凋萎病，是为害茄子的重要病害。此病对茄子生产为害极大，发病严重年份绝收或毁种。

（1）为害症状。茄子黄萎病发病初期，先从叶脉间或叶缘出现失绿成黄色的不规则形斑块，病斑逐渐扩展呈大块黄斑，可布满两支脉之间或半张叶片，甚至整张叶片。发病早期，病叶晴天中午呈现凋萎，早晚尚能恢复。随着病情的发展，不再恢复。重病株最终可形成光杆或仅剩几张心叶。植株可全株发病，或从一边发病，半边正常，故称"半边疯"。病株的果实小而少，质地坚硬且无光泽，果皮皱缩干瘪。剖检病株根、茎、分枝及叶柄等部，可见维管束变褐。纵切重病株上的成熟果实，维管束也呈淡褐色（图 4 - 24）。

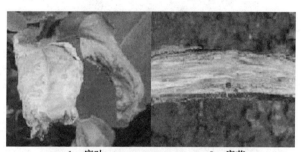

1 病叶 2 病茎

图 4 - 24 茄子黄萎病症状

（2）防治技术措施。选用抗病品种，如长茄 1 号、黑又亮、长野郎、冈山早茄等；实行轮作倒茬，与水稻作物轮作 1 ~ 2 年，与非茄科蔬菜轮作 4 ~ 5 年；采用穴盘育苗，坚持在起苗和移栽时不伤根，减少病菌侵入机会；增施有机肥和加强中耕培土，促进根系生长；清洁田园，发现病株及时清理带出田外；黄萎病菌不耐高温，8 月份利用晴天，覆盖黑色地膜，持续高温 8 ~ 10 天；

定植时，每亩 50% 多菌灵 5 千克拌细土 100 千克，撒在定植穴内；定植后 80% 大生、50% 多菌灵灌根处理，每株 0.5 千克药液，10 天 1 次。

4. 茄二十八星瓢虫

茄二十八星瓢虫主要为害茄子、番茄、辣椒、马铃薯等茄科类蔬菜，尤其是在茄子生长期容易发生。在我国大部分地区均可发生。

（1）为害症状。成虫、若虫取食叶片、果实和嫩茎，为害较轻时，仅舔食叶肉，被害叶片仅留叶脉及上表皮，使叶片网状失绿；为害较重时，叶肉全部吃光，仅剩叶脉（图 4 – 25），受害叶片干枯、变褐，取食过多会导致植株枯萎；被害果上则被啃食成许多凹纹，逐渐变硬，并有苦味，失去商品价值。

图 4 – 25　茄二十八星瓢虫为害症状

（2）防治技术措施。人工捕捉成虫，利用成虫假死习性，用盆承接并叩打植株使之坠落，收集灭之；人工摘除卵块，此虫产卵集中成群，颜色鲜艳，极易发现，易于摘除；药剂防治，要抓住幼虫分散前的有利时机，可用 20% 氰戊菊酯或 2.5% 溴氰菊酯 3 000 倍液，50% 辛硫磷乳剂 1 000 倍液、2.5% 功夫乳油 4 000 倍液等 6～7 天防治 1 次，连续交替用药 3 次，用药要正反两面均匀喷洒。

六、芹菜生产与病虫害防治技术

芹菜属于伞形科芹属的二年生耐寒性蔬菜，适应性广，结合设施栽培可以实现周年供应，在我国南北均有广泛的生产栽培。

（一）芹菜主栽品种

芹菜优良品种应是抗病、适应性强，叶柄充实、纤维少、优质丰产的品种。适宜栽培的中国芹菜优良品种有：实杆绿琴、白庙芹菜、开封玻璃脆、津南实芹1号、菊花大叶、金黄芹菜、雪白芹菜等；西芹优良品种有：高优它、文图拉、荷兰西芹、日本皇家西芹、锦绣（KSC）、皇后等。

（二）芹菜育苗技术

1. 浸种催芽

将种子在15～20℃清水中浸种12～24小时，取出后沥去水分，装入湿布袋中，放入地坑催芽；在棚内或没有冻土层的地方挖土坑，坑底铺麦草，把湿布袋放在上面，在湿布袋上盖草苫并加盖薄膜密封，每天将种子取出用15～20℃清水冲洗一次，催芽7天后，有70%的种子露白即可播种。

2. 苗床整理

选择土质疏松、肥沃，排灌方便的地块作苗床。每亩施入充分腐熟的有机肥6 000千克，深耕20厘米，整平整细地面后，作育苗畦，畦长10～12米，宽1.2～1.3米，每畦施入三元复合肥2千克，并深锄，使土肥混合均匀。

3. 播种

在早晚或阴天播种，在整平的苗床上浇足水，待水渗透后，将种子均匀撒入苗床，覆土0.3～0.5厘米。春季盖地膜，夏季覆盖秸秆、树枝等遮阴物，待出苗后除去覆盖物。每平方米播种3～5克，亩用种40～50克。

4. 苗期管理

播种后注意保持床土湿润，晴天早晚浇一次水，待幼苗出土后逐步揭去覆盖物。揭去覆盖物应在傍晚进行，并保持床土润湿。幼苗 1~2 叶时，进行第一次间苗，除去弱苗、杂苗、丛生苗。间苗后，每亩施入腐熟人畜清粪水 1:3（粪水:水）70 千克，待幼苗 3~4 叶时，进行二次间苗，除去弱苗、杂苗，保持苗距 2~3 厘米，保持见干见湿的原则进行水分管理。

芹菜幼苗生长缓慢，苗期长，容易产生草害，除人工拔除杂草外，还可用残留期短的除草剂清除。播种前后，每亩床土用 48% 氟乐灵浮油 100~120 毫升，喷施地面。

苗龄达到 50~60 天，株高 10~15 厘米，5~6 片真叶时为壮苗标准，可以定植。

（三）芹菜定植技术

1. 整地施肥

定植前，每亩施优质土杂肥 5 000~8 000 千克，磷肥 50~100 千克，尿素 20~30 千克，深翻耙平，做成宽 1.2~1.4 米的平畦或高畦，耙平畦面，准备定植。

2. 定植技术

定植前一天，把苗床浇透水，定植宜选阴天或下午进行。定植时边起苗边栽植，边栽植边浇水，以利缓苗。栽植深度以下埋短茎，上埋不住心叶为宜。合理密植，本芹按单株行距 10 厘米 × （10~20）厘米栽植为宜；西芹行株距（30~50）厘米 × （20~25）厘米，每穴 1~2 株。

（四）芹菜定植后管理技术

1. 水肥管理。

定植初期气温稍高，土壤蒸发快，一般 3~4 天浇 1 次水，保持土壤湿润，连灌两次后松土。缓苗后 10~15 天可施少量氮肥提苗，每亩追施尿素 10 千克或腐熟的优质农家肥 500 千克。定植后 1 个月，新根和新叶已大量发生，开始进入旺盛生长期，此时，每亩施三元复合肥 10~15 千克，10 天追 1 次，连追 2~3 次。结合施肥

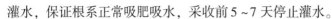

灌水,保证根系正常吸肥吸水,采收前 5~7 天停止灌水。

2. 中耕除草

定植后第一次中耕,结合第一次追肥进行,1 个月内,应中耕 2~3 次,并结合中耕进行除草,中耕宜浅不宜深,中后期地下根群扩展和地上部植株已长大,应停止中耕。

3. 植株调整

芹菜以茎为主食,以生产叶柄长而脆嫩为目的。对于易产生侧芽的品种,生长期间应结合中耕培土,去除侧芽,防止过度消耗养分。

软化栽培,为取得茎叶颜色白嫩,产量、品质得到提高,增强商品性能,可以采用培土软化栽培。当植株长到 25 厘米高时开始培土,培土前浇足水,培土后原则上不浇水,培土深度以不埋心叶为宜,培土 4~5 次,培土总的深度达到 17~20 厘米。

(五)芹菜采收技术

当芹菜达到一定的收获标准时,西芹高度达到 70 厘米,重量每株 1 千克时,本芹在定植后 50~60 天,高度达 40 厘米后即可进行采收。采收办法一般有整体割收或间拔,割收即从根基部铲下,不带须根,摘去黄枯烂叶,挑出病株及不良植株,打成捆后待售。间拔即间拔大株留小株,这种方法可保证产量和质量,又可进行多次采收,为小株增加营养面积和生长空间,并可通过加强水肥管理,促小株加快生长。

(六)主要病虫害防治技术

芹菜生产栽培期间,常发生的病虫害主要有芹菜早疫病、芹菜菌核病、芹菜斑枯病、芹菜灰霉病、芹菜软腐病、蚜虫、斑潜蝇、根结线虫病等。

1. 芹菜菌核病

芹菜整个生育期均可发病,主要为害茎和叶片,一旦发病全株腐烂,影响芹菜的产量。

（1）为害症状。受害叶片初期呈褐色水渍状，随后变软腐烂，病部产生白色菌丝，并向茎部蔓延，后期发展成病部密布黑色鼠粪状黑色菌核（图4-26）。

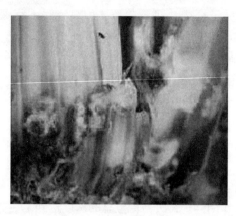

图4-26　芹菜菌核病症状

（2）防治技术措施。轮作倒茬，与葱蒜类实行轮作，苗床土壤消毒培育壮苗。施腐熟有机肥；从无病地或无病株上采种，播种前晒种，对种子用10%的盐水进行选种处理；适时中耕除草，增施磷钾肥，杜绝大水漫灌，以免造成畦内积水，同时在芹菜生长阶段喷施壮茎灵，可使植物茎秆粗壮、叶片肥厚、叶色鲜嫩，提高抗病性；药剂防治，如发现病株应及时清除，并根据植保要求喷施40%菌核净可湿性粉剂1 000倍液、50%多菌灵可湿性粉剂500倍液、50%的腐霉利可湿性粉剂1 000～1 500倍液、50%的乙烯菌核利可湿性粉剂1 000～1 500倍液等针对性药剂防治，每7～8天喷洒1次，连喷2～3次。

2. 芹菜斑枯病

主要为害叶片，也为害叶柄和茎部。栽培过程中发病率较高，其中，西芹斑枯病发病率一般可达到20%～30%，有时可达80%以上，严重时100%，影响了芹菜生产的产量和品质。

（1）为害症状。芹菜老叶先发病，病斑初为淡褐色油浸状小斑点，边缘明显，病斑多为近圆形，直径 4～10 毫米，散生，边缘明显，颜色由浅黄变为灰白色，以后发展为不规则斑，边缘深红褐色，且聚生很多黑色小颗粒，病斑外常有一圈黄色晕环。叶柄、茎部受害，形成长圆形稍凹陷的褐色病斑，中间散生黑色小点，严重时叶枯茎烂（图 4 - 27）。

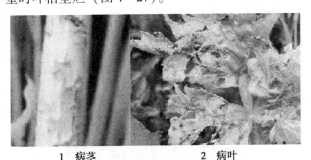

1　病茎　　　　　　　2　病叶

图 4 - 27　芹菜斑枯病症状

（2）芹菜斑枯病防治技术措施参考番茄斑枯病的防治。

3. 芹菜早疫病

（1）芹菜早疫病的识别特征。苗期到成株期均可发生，主要为害叶片，叶柄和茎也可受害。叶上初期产生黄绿色水浸状斑点，发展为圆形或不规则形灰褐色病斑。叶柄及茎上初期为水浸状斑点，后变为灰褐色、椭圆形、稍凹陷病斑（图 4 - 28）。

1　病茎　　　　　　　2　病叶

图 4 - 28　芹菜早疫病症状

（2）芹菜斑枯病防治技术措施参考番茄早疫病的防治。

4. 芹菜根结线虫病

芹菜根结线虫病，最适感病生育期为苗期至成株期，发生非常普遍，特别是老菜区，多年蔬菜大棚内发病更为严重，根结线虫病直接影响芹菜的生长发育。

（1）为害症状。主要为害根部的侧根和须根。根部染病，发病初始在侧根或须根产生大小、形状不一的肥肿畸形瘤状根结肿大物（图4-29），即虫瘿。解剖镜检虫瘿，可见有细长蠕虫状雄虫和梨形雌成虫。染病株发病初始地上部分症状不明显，严重时表现植株矮小，生长发育不良，叶片变黄或呈其他颜色，后期病株地上部分出现萎蔫或提早枯死。

图4-29　芹菜根结线虫病症状

（2）防治技术措施。彻底清园，有根结线虫为害的地块，前茬收获后要彻底清洁田园，将蔬菜残茬带出田间集中烧毁或入沼气池做厌氧发酵处理；轮作换茬，在芹菜根结线虫为害严重地块，最好能采取水旱轮作，通过淹水使线虫缺氧窒息而死；若无法实施水旱轮作，可将芹菜与葱、蒜、韭菜等对根结线虫抗性或耐性较强的蔬菜轮作，也可减轻根结线虫对后茬芹菜为害；客土育苗，凡是有根结线虫为害的地块，不能就地培育芹菜苗，必须选择未发生过根结线虫的地块、选用未发生过根结线虫的土壤育苗，最好采取塑料穴盘育苗；药剂防治，选用15%阿维·吡虫啉微囊悬浮剂沟施，或使用10%噻唑膦颗粒剂土壤撒施。

5. 蚜虫

（1）为害特征。蚜虫为害后，症状是芹菜叶片皱缩、生长不良、心叶枯焦，而且蚜虫的排泄物还污染茎、叶（图4-30）。

图4-30 蚜虫为害芹菜症状

（2）防治技术措施可以参考瓜蚜的防治。

七、生菜生产与病虫害防治技术

生菜属于菊科莴苣属的叶用莴苣，为一年生或二年生草本作物，是欧、美国家的大众蔬菜，深受人们喜爱。

（一）生菜主栽品种

当前生菜栽培的品种，可分为两个类型：一类是结球型生菜，其外叶鲜艳。叶缘波状或锯齿状，内叶包合呈球型，叶球紧实，质地脆嫩，抗病性强、产量高、品味佳，平均单株重0.7~1.3千克；另一类为散叶型，叶簇生半直立，内叶不包合，也有的包成椭圆形松散叶球，较耐热、抗病性较强、产量高，单球重0.5～1千克。当前以结球型生菜最受菜农及消费者的欢迎。

散叶生菜的优良品种有克瑞特生菜、翡翠生菜、玻璃脆生菜、软尾生菜等；结球生菜的优良品种主要有绿翡翠结球生菜、奥林匹亚生菜、凯撒生菜、爽脆、大湖118、波士顿奶油生菜、玛莎659等。

（二）生菜育苗技术

1. 栽培季节的选择

根据生菜各生育期对温度的要求，东北、西北的高寒地区多为春播夏收，华北地区及长江流域春秋均可栽培，华南地区从9月至翌年2月都可以播种，11月到翌年4月收获。

2. 种子处理

为了促进生菜种子发芽，应进行种子催芽处理。其方法是：先用井水浸泡约6小时，搓洗捞取后用湿纱布包好，注意通气，吊于水井水面上催芽或将种子用水打湿放在衬有滤纸的培养皿中，置放在4～6℃的冰箱冷藏室中处理24小时，再将种子置于阴凉处保温催芽，当有80%的种子露白时即可播种。

3. 苗床选择与处理

夏季育苗要采取遮阳、降温、防雨涝等措施。苗床土力求细碎、平整，每亩施入腐熟的农家肥6 000千克、磷肥60千克，撒匀、翻耕、整平畦面，在畦面上撒一薄层过筛细土。每亩用芽前除草剂30%施田补乳油01升，在播前1天均匀喷于畦面。

营养钵育苗的营养土配方为泥土6份、堆肥3份、谷壳（或蛭石）1份，并加入少量硼砂，混匀后入钵。每钵播2～3粒种子。播后覆盖1层薄土，再盖稻草，淋足水分。

4. 播种技术

生菜种子较小，为了播种均匀，播种时将处理过的种子掺入少量细土，混匀，再均匀撒播，覆土0.5厘米。播种前浇足底水，待水下渗后，在畦面上撒一薄层过筛细土，随即撒籽。冬季

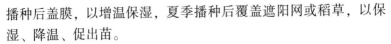

播种后盖膜，以增温保湿，夏季播种后覆盖遮阳网或稻草，以保湿、降温、促出苗。

5. 苗期管理

播后 2～3 天出芽即可揭去稻草，揭草不及时易产生高脚苗。夏季播种育苗，要搭阴棚，既可防雨水冲击，又可遮阴。出苗后，每天早、晚淋水。播后约 2 周进行间苗，除去弱苗、高脚苗，保留 1 株健壮的苗。苗龄 15 天后可施稀薄尿素。

苗期温度白天控制在 16～20℃，夜间 10℃左右，不同季节温度差异较大，一般在 4～9 月育苗，苗龄 25～30 天，9～10 月育苗，苗龄在 30～40 天，11 月至翌年 2 月育苗，苗龄在 40～45 天。在 2～3 片真叶时分苗。分苗前苗床先浇 1 次水，分苗畦应与播种畦一样精细整地，施肥。按苗距 6～8 厘米移植到分苗畦，分苗后随即浇水，并盖覆盖物。缓苗后，适当控水，利于发根、苗壮。

(三) 生菜定植技术

1. 整地施肥

定植前细致整地，施足基肥，使土层疏松，以利根系生长和须根吸收肥水。一般每亩施腐熟鸡粪或羊粪 3 000～4 000 千克和磷酸二铵 15 千克，然后深翻、耙平，作成宽 1.5 米左右南北方向平畦。

2. 定植

定植密度要根据成熟期而定，早熟种采用双行栽植，行距 35 厘米，株距 25～30 厘米，亩植 4 000～5 000 株；中熟种及晚熟种适当稀植，以便充分生长可采用高畦栽培，行距 40 厘米，株距 30～35 厘米，亩植 3 000～3 700 株。定植后 3～4 天，每天早、晚适量浇水以提高成活率。若发现缺株，应及时补苗。定植深度以土不掩埋叶片为宜。

（四）生菜定植后管理技术

1. 水肥管理

浇水是生菜栽培中的关键环节，浇水时间和浇水量应根据不同生长时期的气温和地温灵活掌握。一般在整个生育期内浇水5~6次即可。定植3~5天浇1次缓苗水，促其缓慢生长，促进新根发生；在第1次追肥后要浇1次透水，出苗期适当浇1次水，第4次浇水结合第3次追肥进行，在结球中期，结合第3次追肥再浇1次水，后期一般不要追肥浇水，以免引起腐烂和裂球，采收前停止浇水。

基肥施足时，生长前期可不追肥，生菜在定植后，整个生育期追3次肥，第1次在缓苗后15天左右进行，追尿素每亩10千克，第2次追肥在结球初期或莲座期迅速生长时进行，追尿素每亩10千克，第2次在产量形成中期追尿素每亩8~10千克，并可喷施磷钾叶面肥料。

2. 中耕除草

定植缓苗后，应进行中耕除草，以增强土壤通透性，促进根系发育。也可用苗后选择性除草剂"盖草灵"化学药剂除草。

（五）生菜采收技术

结球生菜从定植至采收，早熟种约55天，中熟种约65天，晚熟种75~85天。但以提前几天采收为好。采收标准，可用两手从叶球两旁斜按下，以手感坚实不松为宜。收获前15天控水，收获时选择叶球紧密的植株自地面割下，剥除老叶，留3~4片外叶保护叶球，或剥除所有外叶，用聚苯乙烯薄膜进行单球包装。采收注意事项：生菜成熟期不一致，应分期采收。收获时用小刀自地面割下，剥除外部老叶，除去泥土，保持叶球清洁。采收品质，以棵体整齐，叶质鲜嫩，无病斑，无虫害、无干叶、不烂者为佳。

（六）主要病虫害防治技术

生菜的病害主要有霜霉病、软腐病、病毒病、白粉病等；虫害主要有潜叶蝇、蚜虫、蓟马等。

1. 生菜霜霉病

（1）为害症状。主要为害叶片，病叶由植株下部向上蔓延，最初叶上生淡黄色近圆形或多角形病斑，潮湿时，叶背病斑长出白霉，有时蔓延到叶片正面，后期病斑枯死变为黄褐色并连接成片，致全叶干枯（图4－31）。

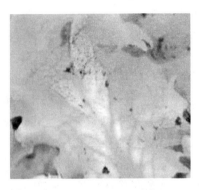

图4－31　生菜霜霉病症状

（2）防治技术措施可参考瓜类霜霉病防治技术

2. 生菜软腐病

（1）为害特征。一般从伤口处开始发病，感病初期呈浸湿半透明状，病斑逐步扩大呈不规则的黑褐色湿腐状，病斑上渗出黏质的菌浓，散发出臭味。沿基部向上快速扩展，使菜球腐烂。有时，病菌也从外叶叶缘和叶球的顶部开始腐烂。

（2）防治技术措施。及时翻耕整地，使前茬作物残体在生菜种植前充分腐烂分解；重病地块实行小高垄或高畦栽培；施用充分腐熟的农家肥；适期播种，使感病期避开高温和雨季；浇水后或降雨后注意随时排水，避免田间积水发生；药剂防治选用47%

加瑞农可湿性粉剂 800 倍液或 50% 可杀得可湿性粉剂 500 倍液或新植霉素、农用链霉素、硫酸链霉素 5 000 倍液喷雾，根据病情 7 ~ 10 天防治 1 次，视病情防治 1 ~ 3 次。

八、菜豆生产与病虫害防治技术

菜豆是豆科菜豆属一年生缠绕性草本植物。又名四季豆、芸豆、玉豆、刀豆等。我国已成为世界菜豆主要生产国，面积、产量皆超过美国、加拿大等国家。

（一）菜豆主栽品种

菜豆品种有矮生种和蔓生种两种类型。

矮生种（有限生长型），植株矮生，株高 35 ~ 60 厘米，茎直立。主蔓长到 5 ~ 7 节后，茎生长点出现花序封顶，从主枝叶腋抽生侧枝，形成低矮株丛，有利于间、套作。生长期短、早熟，播种至采收 40 ~ 60 天，90 天可收干豆，供应期 20 天，产量较低，品质较差。比较优良的品种有上海矮圆刀豆、法国菜豆、优胜者、供给者、推广者、施美娜、新西兰 3 号、江苏 81 ~ 6、1409、杭州春分豆、农友早生、赞蔓兰诺 79 ~ 88 等。

蔓生种（无限生长型），茎生长点为叶芽，分枝少，较晚熟，每茎节叶腋可抽生侧枝或花序，播种后 50 ~ 70 天采收嫩荚，采收期 40 ~ 50 天，产量较高，品质佳，种子有黑、白及杂色。比较优良的品种杭州洋刀豆、上海黑籽菜豆、江苏 78 ~ 209、长白 7 号、南京白籽架豆、黑籽架豆、青架豆、广东紫花刀豆、芸丰、泰国架豆王、双季豆、老来少、绿龙、超长四季豆、日本花皮豆等。

（二）菜豆育苗技术

1. 品种选择

根据不同的栽培模式，选择适宜的品种，耐低温，耐弱光，结荚节位低，产量高的品种如绿龙、丰收 1 号、棚架豆 2 号、黄

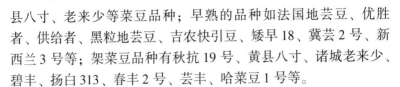

县八寸、老来少等菜豆品种；早熟的品种如法国地芸豆、优胜者、供给者、黑粒地芸豆、吉农快引豆、矮早 18、冀芸 2 号、新西兰 3 号等；架菜豆品种有秋抗 19 号、黄县八寸、诸城老来少、碧丰、扬白 313、春丰 2 号、芸丰、哈菜豆 1 号等。

2. 种子处理

播前晒种 1~2 天，以提高发芽势。将选好的种子放入 25~30℃的温水中，浸种 2 小时，然后捞出催芽。为避免烂种，须采取湿土催芽，即将育苗盒底，先铺一层薄膜，后在其上撒 5~6 厘米厚的细土，用水淋湿，将种子均匀播在细土上，再覆盖 1~2 厘米细土，然后盖薄膜保温保湿。在 20~25℃的条件下，约 3 天可出芽。

3. 营养土的配制

营养土的配制可以选择腐熟优质农家肥 3 份、田园土（没有种过豆类蔬菜和没有使用过除草剂的大田的土壤）3 份、草甸土 3 份、优质腐熟鸡粪 1 份的配方，把土料消毒后、混匀，将营养土装入营养钵后，前一天晚上浇足水，控一个晚上待播。

4. 播种

将消毒后的种子放入营养钵中，每钵点 3~4 粒种子，点播完后，床面覆盖湿润细土 1.5 厘米，最后盖塑料小拱棚保温保湿。

5. 苗期管理

温度管理，地温较低的情况下，可以使用电热温床育苗，可以在营养钵下放地温线，地温线加温时间不宜过长。播后出苗前，温度稍高些控制在 25℃左右，出苗后使钵内温度达到 15~20℃，夜间温度达到 10~15℃即可，温度过高，可能出现徒长苗。第一片真叶后苗床白天温度控制在 20~25℃，夜间 15~18℃。若发现幼苗徒长时，应降低床温，并控制浇水。定植前一周降温炼苗。

水分管理，幼苗比较耐旱，在播前浇足水的情况下，定植前一般不浇水。播种后 25 天左右，幼苗长出第二片真叶时定植。

（三）菜豆定植技术

1. 整地施肥

定植前施足基肥，一般每亩施用腐熟有机肥 3 000～4 000 千克，普通过磷酸钙 40～50 千克，磷酸二铵 20～30 千克。将基肥一半全面撒施，一半按 55～60 厘米行距开沟施入，沟深 30 厘米，肥土充分混匀后顺沟施，并浇足底水。

2. 作畦

北方多用平畦，南方雨多，用高畦深沟。北方耙细整平后南北向做成 1.2～1.3 米宽的平畦。南方畦面筑成龟背形，畦宽（连沟）1.3～1.5 米。

3. 定植

起苗前苗床应浇透水，定植时剔除秧脚发红的病苗和失去第一对真叶的幼苗；选晴天栽植，定植时畦面地膜覆盖的地膜破口要小，定植后应及时浇水，并用泥土将定植口封住，以利于成活。畦面没有地膜覆盖的，先开沟浇水稳苗栽植，或采用开穴点浇水栽植，定植后整平畦面，覆盖地膜。蔓生型品种每畦栽 2 行，穴距 20～25 厘米，矮生型品种每畦栽 4 行，穴距 30 厘米，每穴栽双株，每亩栽植 6 800～7 500 株。

（四）菜豆定植后管理技术

1. 补苗

定植后要及时检查，对缺苗或基生叶受损伤的幼苗应及时补苗。补苗后要及时浇透水，以保证这些苗能与其他正常苗同步生长。

2. 水肥管理

3～4 片真叶时，蔓生品种结合插架浇一次抽蔓水，每亩追硝酸铵 15～20 千克，或硫酸铵 25～30 千克。以后一直到开花前是蹲苗期，要控水控肥。结荚期间，每采收 1 次豆荚，应浇水追肥，每亩蔓生菜豆甩蔓时追硝酸铵钙 15 千克左右，也可在坐荚后，用 0.2% 的磷酸二氢钾或镁酸钾进行追施。

第 1 花序开放期一般不浇水，缺水时浇小水。一般第 1 花序的幼荚伸出后可结束蹲苗，浇头水。以后浇水量逐渐加大，每 10 天左右浇水 1 次，宜保持土壤相对湿度在 60%～70%。浇水注意要避开花期。

3. 中耕除草

为促使土壤疏松，利于保墒和提高地温，促进根系生长。从定植到开花前，每 6～7 天可中耕 1 次，中耕要深和细，不要伤根，结合中耕要经常培土，以便根茎部多生侧根，提高地温，保持土壤水分，并可控制杂草滋生。

4. 植株调整

蔓生品种在主蔓长到 30 厘米时要吊绳绑蔓或搭架引蔓，开花前第一花序下面的侧枝全部去掉，中部侧枝长到 50 厘米左右进行摘心。结荚后期要及时摘除下部的老叶、病叶。

（五）菜豆采收技术

采收标准一般是嫩荚由细变粗，豆粒膨大凸显时即可采收。蔓生种播种后 60～70 天始收，可连续采收 30～60 天或更长；矮生种播后 50～60 天始收，可连续采收 20～25 天。采收过早影响产量，过晚影响品质，一般落花后 10～15 天为采收适期。盛荚期 2～3 天采收一次，注意不要漏摘，不要伤及花序、幼荚和茎叶。

（六）主要病虫害防治技术

菜豆常见的病害主要有菌核病、枯萎病、霜霉病、细菌性角斑病、炭疽病、锈病、病毒病、灰霉病等。常见虫害主要有蚜虫、豆荚螟等。本节介绍豆荚螟的防治。

1. 菜豆锈病

（1）为害症状。发病初期，叶背产生淡黄色的小斑点，疱斑表皮破裂散出锈褐色粉末状物，通常叶背面发生较多，严重时锈粉覆满叶面（图4-32）。

图4-32 菜豆锈病症状

（2）防治技术措施。选用抗病品种，调整播期，清洁田园，加强肥水管理，适当密植，药剂防治参考小麦锈病的防治。

2. 菜豆枯萎病

（1）为害症状。病株由下部叶片先变黄，逐渐向上扩展，干枯脱落（图4-33）；茎一侧或全部维管束变黄褐；根部变色，皮层腐烂，以致引起根腐，易拔起；结荚显著减少。花期后病株大量枯死。

（2）防治技术措施。参考番茄枯萎病的防治。

3. 菜豆炭疽病

（1）为害症状。苗期染病在子叶上生成红褐色的圆斑，凹陷呈溃疡状。成株发病，叶片上病斑多发生在叶背的叶脉上、常顺叶脉扩成多角形小条斑，初为红褐色，后为黑褐色。叶柄和茎上

图 4-33　菜豆枯萎病症状

病斑凹陷龟裂。豆荚上病斑暗褐色圆形，稍凹陷，边缘有深红色的晕圈，湿度大时病斑中央有粉红色黏液分泌出来（图 4-34）。

图 4-34　菜豆炭疽病病荚症状

（2）防治技术措施。参考黄瓜枯萎病的防治。

4. 菜豆细菌性疫病

（1）为害症状。被害叶片、叶尖和叶缘初呈暗绿色油渍状小斑点，像开水烫状，后扩大呈不规则灰褐色的斑块、薄纸状，半透明（图4-35）。干燥时易脆破，病斑周围有黄绿色晕圈，严重时病斑相连似火烧状，全叶枯死，但不脱落。潮湿时腐烂变黑，病斑上分泌出黄色菌脓，嫩叶扭曲畸形。

图4-35　菜豆细菌性疫病症状

（2）防治技术措施。选用抗病品种，选用无病种子和种子消毒；轮作；加强栽培管理等可以参考番茄疫病。发病初期使用70%耐尔可湿性粉剂800倍液或72%殷实悬浮剂1 000倍液或50%达科宁600倍液或80%大生500倍液喷施2~3次，每5天1次；发病中期使用50%安克可湿性粉剂2 000倍或68%金雷多米尔800倍液50%氟吗锰锌可湿性粉剂2 000倍液喷施2~3次，每5天1次。

5. 豆荚螟

豆荚螟又称豇豆钻心虫，主要以幼虫为害豇豆、菜豆、扁豆、豌豆等豆科蔬菜的花蕾及幼荚。直接对菜豆生产的产量和品质造成严重影响。

（1）为害症状。幼虫吐丝结网使叶片翻卷，在内蛀食叶肉

（图4－36），还蛀食花瓣及嫩茎，造成落花。蛀食幼荚及种子，造成落荚或虫孔及豆荚内及虫孔附近充满虫粪，失去食用价值和商品价值。

图4－36　豆荚螟为害菜豆豆荚症状

（2）防治技术措施。清洁田园，定期清理田间落叶、落花、落荚，消灭越冬寄主来源；和非豆科蔬菜进行轮作，最好水旱轮作；及时中耕松土，有条件的在冬春进行灌水，消灭越冬虫源；选用早熟丰产的品种；在规模种植豆科类蔬菜的地方，在5～10月夜间进行黑光灯诱杀成虫；药剂防治，对于现蕾期和开花期的豇豆、菜豆，可以用苏云金杆菌、复方菜虫菌粉剂500～600倍液，5%的抑太保乳油1 500～2 000倍液，95%的敌百虫乳油和80%的敌敌畏乳油1 000倍液，48%毒死蜱乳油1 000倍液，2%甲氨基阿维菌素苯甲酸盐微乳剂（甲维盐）4 000倍液，每5～7天喷洒1次，主要喷洒花和蕾。

九、豇豆生产与病虫害防治技术

豇豆又名豆角、带豆、长豆。豆科豇豆属一年生缠绕性草本植物，原产于亚洲东南部，我国南方普遍种植。可鲜食亦可加工，以嫩荚为产品，营养极为丰富，是我国人民喜爱的日常消费蔬菜品种。

（一）豇豆主栽品种

豇豆主栽品种分为蔓生型和矮生型两类，蔓生型品种主蔓侧蔓均为无限生长，叶腋间可抽生侧枝和花序，陆续开花结荚，产量高，生长期长；矮生型品种主茎长到 4~8 节后封顶，茎直立，植株矮小，生长期短，产量较低，如品种有早矮青、一丈青、皖青 512 等。生产上一般选择蔓生型的品种实施高产栽培，选择的优良品种主要有凤豇 555、之豇特早 30、之豇翠绿、之豇 90、之豇 28、之豇特长 80、之豇 108、早丰 60、华研油青豆角、白仁豆角、中南黑籽油豆王、夏宝 2 号、夏宝 3 号、新高产 4 号豆、全能 2 号油豆王等。

（二）豇豆育苗技术

1. 营养土和营养钵的准备

育苗可选用营养钵育苗，营养土用充分腐熟的有机肥 1 份、菜园土 3~4 份或充分腐熟的厩肥 6 份、配山泥 4 份，充分混合均匀过筛后，装入口径 6 厘米、高度 8 厘米的营养钵中，并将营养钵整齐严密地摆放在整平的苗床里。

2. 种子处理

播种前，将精选的种子日晒 2~3 天，然后把种子用 30℃ 左右的温水浸泡 1~2 小时后，再用多菌灵药液浸泡 20 分钟，用清水冲洗后，放在 28~30℃ 的地方催芽，待芽露白时播种。

3. 播种

播种前将营养钵浇透水，待水渗下后，将处理过的种子播在营养钵，每钵播种 2 粒，然后覆过筛营养土 2 厘米左右。

4. 播后管理

出苗前床内温度保持 30~35℃，水分不宜过多，以防种子腐烂，一般 4 天即可出苗。出苗后及时揭开地膜，温度控制在 25~30℃，保持土壤湿润。定植前 5~7 天逐渐降温炼苗，增强抗逆

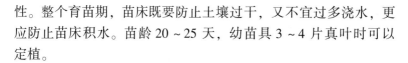

性。整个育苗期，苗床既要防止土壤过干，又不宜过多浇水，更应防止苗床积水。苗龄 20 ~ 25 天，幼苗具 3 ~ 4 片真叶时可以定植。

（三）豇豆定植技术

1. 整地施肥作畦

在定植前 1 个月或秋季扣棚前，应施足基肥。优质腐熟有机肥每亩 5 000 千克，过磷酸钙 25 千克，硫酸钾 20 千克，草木灰 150 千克，将土壤深耕 25 厘米左右，肥料和土壤混匀后，按畦宽 50 ~ 80 厘米、高 20 厘米、畦与畦间隔 50 厘米筑畦，畦面上覆盖地膜。

2. 定植

在 10 厘米地温稳定在 15℃，气温稳定在 12℃ 以上即可定植。定植时首先在栽培畦上按照营养钵大小基本一致的规格，开定植穴。按照北方密南方稀、露地稀温室密的原则，可以选择行距 35 ~ 60 厘米、株距 20 ~ 30 厘米的密度，定植的深度以子叶露出地面为宜。定植后浇足定植水，并把穴内土壤进一步填满。

（四）豇豆定植后管理技术

1. 查苗补苗

苗齐苗匀苗壮是实现高产的基础，在缓苗后要对定植的苗子进行检查，发现死苗、病苗、弱苗要及时更换。

2. 中耕除草

豇豆定植缓苗后到开花期间，每 7 ~ 10 天要进行 1 次中耕松土除草，以疏松土壤提高低温，促进根系生长。在搭架引蔓前结合施肥进行 1 次深中耕、大培土，以后不宜进行中耕。

3. 水肥管理

掌握花前少施、花后多施、荚后重施的原则。苗期根据幼苗生长情况，用 10% 的人粪尿液或 0.5% 的尿素追施 1 ~ 2 次；搭架前结合培土施用每亩 10 ~ 20 千克复合肥和 0.25 千克硼砂；结荚盛期追施每亩 15 千克复合肥和 5 千克尿素、5 千克硫酸钾进行混施，嫩荚采收 1~2 次，追施 1 次肥。

初花期不浇水，控制营养生长。第一花序开花坐荚及其后几节花序出现时，浇第一次水，同时浅锄保墒，并培土。以后每隔 15 天左右浇一次水，掌握浇荚不浇花的原则。

4. 搭架引蔓

当植株长到 5~6 片复叶、主蔓长 30~40 厘米时，就要及时搭架或吊蔓。搭架一般搭人字架，架高 2~2.5 米高，基部距植株根部 15~20 厘米，为增加坚固性，在 4/5 高出交叉绑缚后用横杆扎紧。引蔓一般在晴天的下午进行，不要在雨天或早晨进行，以防折断。

5. 整枝

打杈时一般把第一花序以下各节的侧芽全部打掉。第一花序以上各节多为混合节位，既有花芽，又有叶芽，及时摘除弱小的叶芽，不要损伤花芽。另外，当主蔓长到架顶时（8~10 节，1.5~1.6 米高时），应及时摘除顶芽，促使中、上部侧芽迅速生长，形成中、上部子蔓生长，主蔓中部以上长出的侧蔓，抽出第 1 花序后留 5~7 节打顶，以增加花序数，并促进花序良好发育。

（五）豇豆采收技术

当豇豆定植 50 天左右，开花后 15 天左右，豆荚长到该品种的标准长度，粗细均匀，豆粒未凸显时进行。下部荚可以提早采收。采收时要注意不要伤及其他的花蕾和嫩荚，更不能连花序一并摘掉，一般 5 天左右采摘一次，采收盛期 2 天采收一次。

（六）主要病虫害

豇豆主要发生病害有锈病、炭疽病、煤污病、白粉病、病毒病、细菌性疫病、叶斑病、枯萎病、根腐病等，虫害主要有豆荚螟、蚜虫、斑潜蝇、烟粉虱、斜纹夜蛾等。

1. 豇豆煤污病

豇豆煤污病是豇豆的主要病害，除为害豇豆外，还为害菜豆、蚕豆等豆科蔬菜，主要为害茎蔓和豆荚。

（1）为害病症。为害初期在病叶出现红色或深褐色斑点，后扩大为近圆形或多边形淡褐色或深褐色病斑，边缘不明显，潮湿时病斑表面密生煤烟状霉（图4-37）。

图4-37 豇豆煤污病症状

（2）防治技术措施。选用抗病品种；与非豆科蔬菜进行轮作；加强栽培管理增施磷钾肥，促使植株健壮生长；雨后或灌溉后及时排除积水；病残叶片及时摘除，豆荚全部采摘后清除病残体，烧毁或堆制堆肥；药剂防治，发病初期，每7~10天喷药一次，连喷2~3次。常用药剂有50%的多菌灵可湿性粉剂600倍液，50%腐霉利可湿性粉剂1000倍液，43%的好立克悬浮剂3000倍液，50%甲基托布津500倍液。

2. 豇豆细菌性疫病

豇豆细菌性疫病是豇豆的主要病害，主要为害叶片，也为害茎和荚。是一种细菌性病害。

（1）为害症状。叶片受害从叶尖或叶缘开始，初为暗绿色水渍状小斑，后逐渐扩大为不规则形的褐色坏死斑，病斑周围有黄色晕圈，病部变硬透明，易脆裂（图4-38）。茎蔓受害初为水渍状小斑，发展为褐色条斑，并逐渐环绕茎部一周，造成环缢病斑上部枯死。

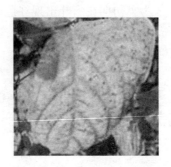

图 4 - 38　豇豆细菌性疫病症状

（2）防治技术措施。选用抗病品种；与非豆科蔬菜进行 3 年以上的轮作；加强栽培管理科学合理肥水管理，及时防治病虫草害，提高植株抗性；选择排灌条件较好的地块栽培；播前用福尔马林 200 倍液浸泡 30 分钟，农用硫酸链霉素 4 000 倍液浸泡 2 ~ 4 小时，清水清洗后，用 55℃温水浸泡 10 分钟；药剂防治，发病初期，每 7 ~ 10 天喷药一次，连喷 2 ~ 3 次。常用药剂有 72% 的农用链霉素可溶性粉剂 3 000 ~ 4 000 倍液，77% 可杀得可湿性微粒粉剂 500 倍液，14% 的络氨铜水剂 300 倍液，47% 加瑞农可湿性粉剂 800 倍液。

3. 豇豆根腐病

豇豆根腐病是一种主要为害豇豆主根及根茎部的真菌性病害，一旦发病根系吸收能力迅速降低，直接影响产量。

（1）为害症状。一般在开花结荚期开始发病，发病植株矮小，根部自根尖开始发生褐色病变，由侧根延及主根，致整个根系坏死腐烂，病部凹陷，有的开裂深达皮层，剖检病根，维管束呈红褐色，并可延及根茎部（图 4 - 39）。

（2）防治技术措施。合理与百合科、禾本科蔬菜进行轮作；选用抗病品种；施用腐熟的有机肥，杜绝肥料带菌，增施磷钾肥，提高植株抗性；实行高畦或深沟窄畦栽培，经常清沟排水，

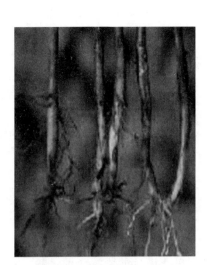

图 4 – 39　豇豆根腐病症状

降低湿度；加强田间管理，中耕时尽量少伤根，及时防治地下害虫，灌溉避免大水漫灌；药剂防治，用 50% 的多菌灵 500 倍液加生根剂灌根，每株 300 ~ 500 毫升；向根茎部喷施 75% 的百菌清 600 倍液和 70% 的甲基托布津 1 000 倍液。发病严重的植株拔出深埋或烧毁，并对根穴部位用生石灰消毒灭菌。

4. 斜纹夜蛾

斜纹夜蛾是一种广食性、暴食性的害虫，为害作物近 100 科，主要食用作物的叶、花、果，暴发后叶片受害严重大部分被吃光，丧失光合作用功能，花果被食用后丧失商品价值。

（1）为害特征。初孵幼虫群集叶片背面咬食叶肉，留下上表皮呈透明状，3 龄后取食叶片直接形成缺刻或孔洞（图 4 – 40），严重时能把叶片吃成扫帚状，仅留叶脉，4 ~ 6 龄进入暴食期，叶片、花器、荚果全部吃光。

（2）防治技术措施。清除田间杂草，并在田间及时清除有卵块或有孵化幼虫的叶片，带出栽培田销毁；收获后翻耕晒土或灌水，恶化和破坏其化蛹场所，有助于减少虫源；成虫盛发期设置

图 4 - 40　斜纹夜蛾为害特征

黑光灯进行诱杀成虫或进行糖醋液（糖：醋：酒：水的比例 3 : 4 : 1 : 2，加少量的敌百虫）诱杀成虫；可喷洒细菌杀虫剂，如B. t 乳剂和青虫菌 6 号 500 ~ 800 倍液；尽早喷洒灭幼脲一号或灭幼脲三号 20% 或 25% 胶悬剂 500 ~ 1 000 倍液，这类药剂常采用胶悬剂的剂型，喷洒后耐雨水冲刷，药效可维持半月以上。在低龄幼虫期喷洒 45% 丙溴辛硫磷 1 000 倍液或 20% 氰戊菊酯 1 500 倍液 + 乐克（5. 7% 甲维盐）2 000 倍混合液，40% 啶虫毒（必治）1 500 ~ 2 000 倍液，5% 农梦特 2 000 ~ 3 000 倍液喷杀幼虫，可连用 1 ~ 2 次，间隔 7 ~ 10 天。要注意轮换用药，以延缓抗性的产生。

思考练习题

1. 根据我国蔬菜生产现状和发展趋势，分析当地蔬菜生产适宜发展的种类和品种及种植模式和规模。

2. 如何对蔬菜种子进行播前处理？

3. 如何确定蔬菜播种的播种量、播种方法和播种深度？

4. 营养土培育蔬菜苗时营养土的配方有哪些？如何配制？

5. 穴盘育苗的设备有哪些，如何选择？

6. 穴盘育苗培育蔬菜苗的技术流程和标准有哪些？

7. 无土育苗培育蔬菜苗的技术流程和标准有哪些？

8. 如何对蔬菜幼苗期进行管理？

9. 蔬菜幼苗移栽前如何进行炼苗？

10. 蔬菜叶面施肥的方法和要求有哪些？

11. 蔬菜田间灌溉的方式有哪些，各有什么特点？

12. 如何确定蔬菜田间灌溉的适宜时期？

13. 如何做好黄瓜嫁接育苗的准备工作？

14. 黄瓜嫁接育苗的技术流程和标准有哪些？

15. 如何做好黄瓜定植后的管理？

16. 黄瓜霜霉病的农业防治技术措施有哪些？

17. 如何识别黄瓜白粉病，主要防治技术措施有哪些？

18. 黄瓜疫病和黄瓜枯萎病的为害特征主要区别是什么？

19. 如何识别黄瓜细菌性角斑病的为害特征？

20. 简述黄瓜潜叶蝇的为害主要症状及综合防治技术。

21. 西葫芦育苗的主要技术措施有哪些？

22. 如何定植西葫芦幼苗？

23. 西葫芦的植株调整技术措施有哪些？

24. 西葫芦为害果实的主要病害有哪些，并区别其主要特征？

25. 番茄种子消毒的意义有哪些，如何进行种子消毒？

26. 如何做好番茄定植后的水肥管理？

27. 如何对番茄进行多穗单干整枝？

28. 比较番茄晚疫病和早疫病为害特征的主要区别，谈番茄晚疫病和早疫病的综合防治技术。

29. 比较番茄病毒病三种类型为害特征的主要区别，谈番茄病毒的综合防治技术。

30. 简述辣椒穴盘育苗的主要技术措施。

31. 简述辣椒猝倒病的主要为害症状及综合防治技术。

32. 简述茄子嫁接育苗的主要技术措施。

33. 茄子定植后的主要管理技术措施有哪些？

34. 简述茄子褐纹病的主要为害症状及综合防治技术。

35. 简述茄子黄萎病的主要为害症状及综合防治技术。

36. 简述茄子二十八星瓢虫的主要为害特征及综合防治技术。

37. 如何定植芹菜幼苗？

38. 芹菜定植后的主要管理技术措施有哪些？

39. 简述芹菜菌核病的主要为害症状及综合防治技术。

40. 如何做好生菜定植后的水肥管理？

41. 如何做好菜豆定植后的水肥管理？

42. 简述豆荚螟的主要为害特征及综合防治技术。

43. 豇豆定植后的主要植株调整技术措施有哪些？

参考文献

［1］李振陆．作物栽培［M］．北京：中国农业出版社，2002．

［2］马新明，郭国侠．农作物生产技术（第二版）［M］．北京：高等教育出版社，2005．

［3］宋志伟，杨首乐．农艺工培训教程［M］．北京：中国农业科学技术出版社，2011．

［4］宋志伟．现代农艺基础．北京：高等教育出版社，2011．

［5］杜纪格，宋建华，杨学奎．设施园艺栽培新技术［M］．北京：中国农业科学技术出版社，2008．

［6］宋建华，石东风．无公害蔬菜栽培与病虫害防治新技术［M］．北京：中国农业科学技术出版社，2011．

［7］张蕊，张富平．蔬菜栽培实用新技术［M］．北京：中国环境出版社，2009．

［8］国家发展改革委员会．全国蔬菜产业发展规划（2011－2020年）．北京：发改农经［2012］49号，2012．

［9］司亚平，何伟明．蔬菜穴盘育苗技术［M］．北京：中国农业出版社，1999．

［10］中华人民共和国国家统计局．中国统计年鉴（2014）［M］．北京：中国统计出版社，2015．

［11］刘宜生，王贵臣．蔬菜育苗技术［M］．北京：金盾出版社，1996．

［12］刘保才．蔬菜高产栽培技术大全［M］．北京：中国林业出版社，1998．

［13］郗荣庭．果树栽培学总论［M］．北京：中国农业出版社，1997．

［14］彭士琪．果园建立［M］．上海：上海科学技术出版社，1987．

［15］中国农业科学院郑州果树研究所．中国果树栽培学［M］．北京：中国农业出版社，1987．

［16］张玉星．果树栽培学各论［M］．北京：中国农业出版社，2011．